무인항공산업-안전관리시스템의 길잡이

무인항공 드론 안전관리론

류영기·박장환 共著

GoldenBell

★ **불법복사는 지적재산을 훔치는 범죄행위입니다.**
저작권법 제97조의 5(권리의 침해죄)에 따라 위반자는 5년 이하의 징역 또는 5천만원 이하의 벌금에 처하거나 이를 병과할 수 있습니다.

머리말

1903년 12월 라이트형제에 의해 최초의 동력비행이 성공한 이후 1, 2차 세계대전을 거치면서 항공 산업은 괄목할 만한 성장을 이룩했다. 그 후 현재까지 과학기술의 발전과 함께 첨단 산업의 입지를 구축하고 있으나 안전관리가 뒷받침되지 못해 종종 항공기 사고가 뒤따르고 있는 실정이다.

최근 전 세계적으로 붐을 일으키고 있는 무인항공기(드론) 산업 역시도 급부상하고 있는 분야임에도 불구하고 안전관리에 대한 규정은 미비하여 안타까울 따름이다. 경제적인 발전과 더불어 그 뒷받침이 될 안전관리 등 제반 관리분야가 동반 발전하는 선진국형 경제발전이 절대 필요할 것이다.

이 책은 저자가 군에서 약 30년 간 헬리콥터를 조종하면서 '항공기 사고 예방 대책'에 대해 고심하며 다년간 연구한 항공안전관리의 정석이라 할 수 있으며, 또한 우리나라 군용 및 민수 무인항공기(무인헬기 등) 운용의 실무 경험을 살려 집필한 것으로 무인항공기 운용자, 관리자, 연구자들에게 많은 도움이 될 수 있을 것이라 생각한다.

물론 이 책 한권으로 무인항공안전관리 제 분야 활동에는 부족한 점이 있긴 하겠지만 운용 및 산업발전의 초기단계에 기준을 제시하여 "무사고 무인항공기(드론) 운용"의 길잡이가 될 수 있을 것으로 기대한다.

초판인 만큼 내용 중 다소 미흡한 부분이 있으리라 생각되나 점차 수정 보완해 나가기로 하겠다.

끝으로 이 책이 무인항공기(드론) 산업발전에 좋은 참고도서가 되길 기대하면서 출간되기까지 적극적으로 협조해 주신 (주)골든벨의 김길현 사장님과 편집부 관계자 등 모든 분께 깊은 감사를 드린다.

공동저자 류영기·박장환 드림

contents

제1장 무인항공기 개관

chapter 01 무인항공기(드론) 개요
제1절 무인항공기(드론)란 무엇인가 ································· 2
제2절 무인항공기 체계의 분류와 구성요소 ····················· 4
제3절 무인항공기의 기종별 구조와 구성품 ···················· 10

chapter 02 전쟁에서의 무인항공기 운용
제1절 과거 전쟁에서의 무인기 운용 사례 ······················ 18
제2절 최근 군의 무인기 운용 개념 ································ 27

chapter 03 주요 무인항공기
제1절 우리나라 군용 무인항공기 ···································· 32
제2절 우리나라 민수용 무인항공기 ································ 34
제3절 외국의 주요 무인항공기(헬리콥터형) ·················· 36
제4절 국내·외 민수 멀티콥터 및 개발현황 ··················· 41

제2장 항공·무인항공 안전관리

chapter 01 국가 안전관리 프로그램
제1절 항공안전관리 프로그램 ··· 48
제2절 항공안전 자율보고 및 금지행위 고지 ················· 51

chapter 02 항공 안전관리 시스템
제1절 항공안전관리 시스템의 승인 ································ 52
제2절 항공안전관리 시스템에 포함되어야 할 사항 ······· 53

chapter 03 항공 안전관리 활동

제1절 안전관리 ·· 56
제2절 무재해 운동 ··· 77
제3절 항공기 사고조사 ··· 94
제4절 비행 착각 ··· 118
제5절 에러와 실수 ·· 144
제6절 스트레스 ··· 154
제7절 개인 건강관리 ·· 166
제8절 의사소통 ··· 185
제9절 조류 충돌 ··· 195
제10절 시설 및 환경관리 ··· 207

chapter 04 무인항공 안전관리 활동

제1절 비행안전 ··· 210
제2절 촬영용 무인항공기 운용 간 주의사항 ································ 220
제3절 방제용 무인항공기 운용 간 주의사항 ································ 221
제4절 무인항공기 배터리 관리 시 주의사항 ································ 225
제5절 FAQ를 통해 알아보는 무인비행장치 안전관리사항 ········· 228
제6절 기상과 무인항공기 운용 ··· 236

제3장 무인항공기 안전관리 법규·규정

chapter 01 국제민간항공기구

제1절_ Annex 19 Safety Management ································ 244
제2절_ Manual on Remotely Piloted Aircraft Systems(RPAS) ·········· 250

chapter 02 우리나라 초경량비행장치 관련 법규

제1절_ 항공 안전법 ·· 257
제2절_ 항공 사업법 ·· 281
제3절_ 공항 시설법 ·· 285

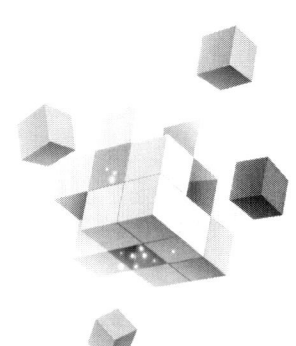

무인항공 드론 안전관리론

제1장 | 무인항공기 개관

- **1** 무인항공기(드론) 개요
- **2** 전쟁에서의 무인항공기 운용
- **3** 주요 무인항공기

chapter 01 무인항공기(드론) 개요

제1절 무인항공기(드론)란 무엇인가

01 무인항공기(드론)의 정의

- **"무인항공기"** 는 조종사가 비행체에 직접 탑승하지 않고 지상에서 원격조종(Remote piloted) 즉, 조종석이 지상으로 내려와 있는 비행체 시스템으로서 자동(auto-piloted) 또는 반자동(Semi-auto-piloted) 방식으로 자율 비행하는 시스템을 말한다.
- **비행체**(RPA: Remotely Piloted Aircraft)와 **원격통제장비**(RPS : Remote Piloting Station / System),[1] **통신장비**(Data link), **탑재임무장비**(Payload), **지원장비**(Support Equipment) 등 **종합군수지원**과 운용인력 6가지 구성 요소
- 우리나라 항공법규에서는 150kg 이하의 무인항공기를 무인비행장치로 분류
- 무인비행기, 무인헬리콥터, 무인멀티콥터, 무인비행선으로 분류하여 자격제도가 시행
- 드론이란 용어는 영문 무인항공기를 통칭하는 일종의 속어임.

02 무인항공기 영문 용어의 변화와 기술적 발전

가. Drone (1970년대 이전)

① **원격통제 기술이 부족한 상황**에서 이륙 또는 발사시킨 후 사전 입력된 경로에 따라 정찰 지역까지 비행한 후 복귀된 비행체에서 촬영된 필름 등을 회수하는 방식

② 주로 대공표적기(Target Drones) 등이 많았으며, 최근의 북한 무인기들이 이에 해당할 수 있음.

---

[1] 지상통제장비(GCS: Ground Control Station/System), 함상통제장비(SCS: Shipboard Control System) 등으로 칭하기도 한다. 최근 관제장비란 용어를 사용하기도 하는데, 항공분야에서 관제는 조종/통제가 아니라 관제사 및 조종사의 상호 교신에 따른 운항하는 절차를 주로 칭하는 용어로서 이미 오랜기간 정착되어 있으므로 원격통제장비를 관제장비 또는 관제시스템으로 칭하는 것은 부적절한 용어의 사용이다.

나. RPV(Remote Piloted Vehicle, 1980년대)

① 원격통신 제어 장비의 발전으로 조종사가 비행체를 원격조종하여 **실시간 조종이 가능**

② 즉, 무인기 조종사가 비행체를 디지털 지도상으로 모니터링하면서 비행체를 목표지역에 보냈다가 다시 더 자세히 비행체를 조종할 수 있음

다. UAV(Unmanned/Uninhabited/Unhumanized Aerial Vehicle System, 1990년대)

① **데이터링크 기술의 발달로 영상까지 실시간에 전송**받을 수 있게 됨.

② 즉, 무인기 조종사 실시간 비행경로를 변경 조종과 동시에 탑재카메라 운용관이 실시간에 표적을 찾는 **팀워크 운용이 중요**하게 됨

③ 이것은 실시간 전장상황을 지휘관이 직접 보면서 지휘함으로 **걸프전, 코소보전** 등에서 **전승에 지대한 기여**를 함으로 **무인항공기 중요성 대두**됨.

라. UAS (Unmanned Aircraft System, 2000년대)

① 무인항공기가 **민간 항공 공역에 진입하여 유인항공기와 동시 운용**될 필요성

② 무인항공기도 **유인항공기(Aircraft) 수준의 안정성과 신뢰성을 확보 필요성 강조**

④ 같은 시기 유럽에선 RPAV(Remote Piloted Air/Aerial Vehicle)란 용어를 사용함.

마. RPAS (Remotely Piloted Aircraft System, 2010년대)

① 2013년 이후 **국제민간항공기구(ICAO)에서 공식 용어로 채택**하여 무인항공기 매뉴얼에 사용

② 비행체만을 칭할 때는 RPA(Remotely Piloted Aircraft/Aerial vehicle)

③ 통제시스템을 지칭할 때는 RPS(Remote Pilot Station(s))

제 2 절 무인항공기 체계의 분류와 구성요소

01 무인기 체계의 분류

가. 무인항공기(UAV)

① 앞의 무인항공기 정의 참고

Aerosonde UAV, Aerosonde, 호주, 박장환(2001)

나. 무인지상차량(UGV)

① 운전자가 직접 탑승하지 않고 **데이터링크**를 통해 원격 운용되는 모든 차량체

② 우주 행성 탐사, 화생방 오염지역 탐지 / 제독, 화재지역 진화 / 구조, 지뢰 지대 통로 개척 등에 사용

무인지상차량

다. 무인 함정(UMV / USV / UUV)

① 항해사가 직접 탑승하지 않고 데이터링크를 통해 원격 운용되는 모든 함정 또는 잠수정

② 심해 수중 탐사, 적 잠수함 색출 / 파괴, 수중 지형 / 장애물 파악 등에 사용

출처 : www.conmilit.com
UMV, 중국

02 무인항공기 체계의 분류

가. 무인항공기(UAV) 형태에 따른 분류

① **고정익(Fixed Wing) 무인항공기** : 고정 날개 형태인 무인항공기 시스템. 연료 소모가 상대적으로 적으며, 평지 지형에서 장거리 장시간 임무 수행에 적합

Shadow-200 UAV, AAI

② **회전익(Rotary Wing) 무인항공기, 무인헬리콥터** : 헬리콥터 형인 무인항공기 시스템. 수직이착륙이 가능하여 산악지형이나 함상에서 운용하기 유리

Camcopter S-100 UAV, Schiebel, 오스트리아

③ **가변로터형(Tilt-Rotor) 무인항공기** : 로터/프로펠러 시스템이 가변형으로서 이착륙시에는 로터로 수직 양력을 발생시켜 수직 이륙을 하고, 천이비행 단계를 거쳐 고정익 비행. 단시간에 고속으로 가서 단시간에 완료해야하는 임무에 적합할 수 있음

스마트 무인기, 한국항공우주연구원

④ **동축반전형(Co-axial) 무인항공기** : 한 축에 상부, 하부 두 개의 로터를 반대 방향으로 회전하게 하여 반토큐 현상을 상쇄시키는 형태. 안정적이면서 동력 효율을 높이는 반면 상부/하부 로터 간의 간섭에 의한 양력 감소가 발생

출처 : http://www.aviastar.org/helicopters_eng/ka-37.php
KA-37/ARCH-50 농업용 무인헬기, KAMOV/대우중공업

⑤ **멀티콥터형(Multi-Copter) 무인항공기, 무인멀티콥터** : 통상 4개 이상 다중의 로터를 탑재한 비행체 형태. 조종이 용이하고 운용비가 적음

신개념 전전후 방제용 방수 멀티콥터, 마징가드론, 드론안전기술(TTA), 한국/중국

나. 다양한 무인항공기 분류 체계

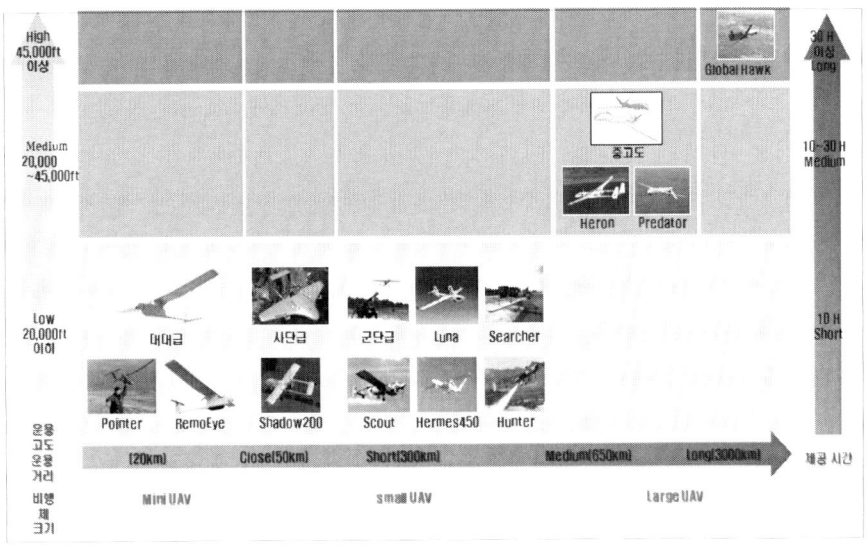

다. 무인기 체계의 구성

① **비행체** : 통상 24시간 운용을 고려해서 3~6대로 편성하는데, 비행중, 비행대기, 정비 대기 등을 고려해서 대수를 편성

② **지상통제 시스템** : 백업을 고려하여 2대 이상으로 편성

③ **통신 데이터 링크** : 주/보조 링크로 백업 구성하며, 비행데이터와 명령값, 영상감지기 등에서 수집된 데이터를 전송하기에 충분한 대역폭을 확보

④ **탑재 임무장비** : EO/IR, GMTI, SAR, LRF 등

* **EO** : Electro-Optic, IR: Infra-Red, 주야간 영상감지기
* **GMTI** : Ground Moving Target Indicator, 지상이동표적지시기
* **SAR** : Synthetic Aperture Radar, 합성개구경레이더

⑤ **지원장비 및 시스템 요소** : 운용 개념, 운용 시나리오 및 절차, 장비편성, 운용인력 편제, 부수장비 구성 등 교육훈련, 정비체계/장비, 지원 장비, 교범류, 기타 선택장비 (이·착륙 보조 장비, 원격 영상 수신 장비)

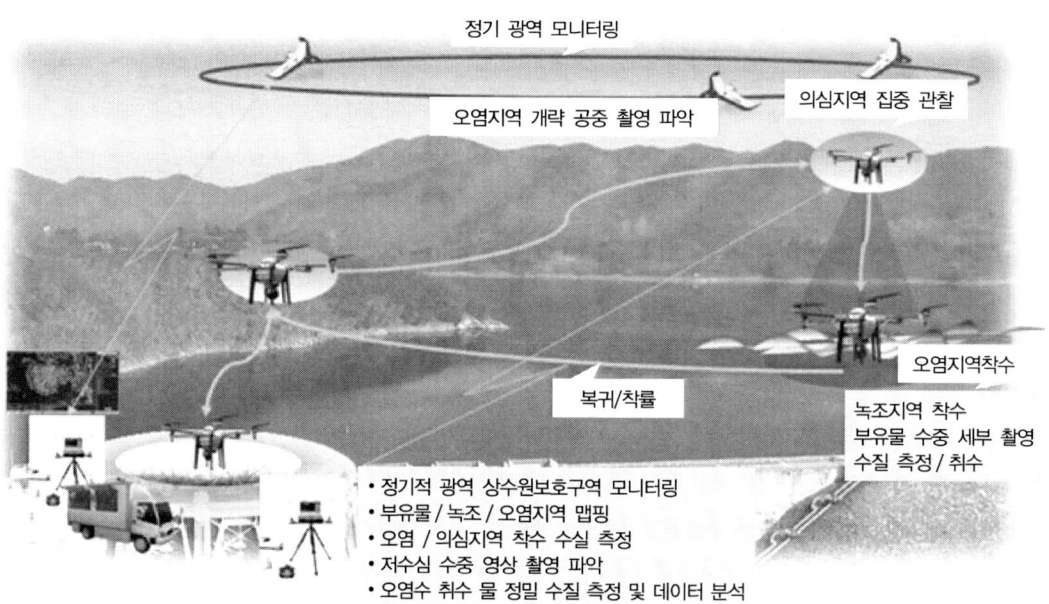

무인항공기 운용개념 예시

※출처: 무인항공 제작정비 특론, 박장환

part 1. 무인항공기 개관

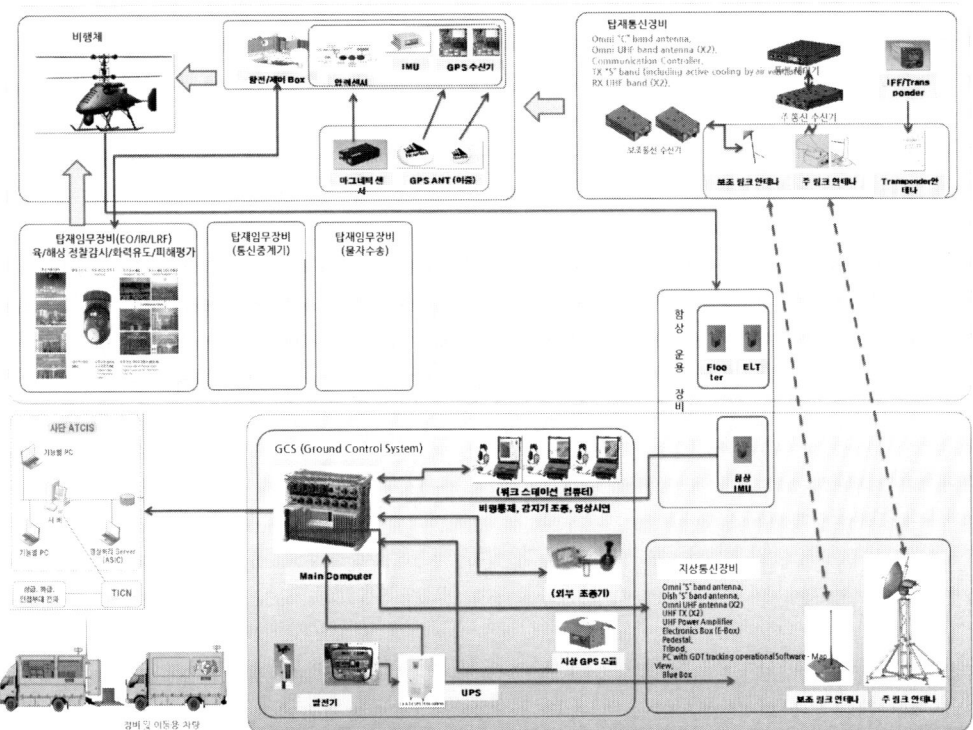

무인항공기 시스템 구성 약도

 무인항공 드론 안전관리론

제3절 무인항공기의 기종별 구조와 구성품

01 무인항공기(드론) 기종별 비행체 구조

가. 무인항공기 시스템 세부 구성

(1) 비행체 구성

　동체, 엔진/냉각/윤활계통, 동력전달계통, 조종계통, 전기계통, 비행제어시스템 등으로 구성

(2) 지상/함상통제장비(GCS) 구성

　① 주통제컴퓨터, 비행체조종부, 탑재장비운용부, 임무영상처리부, 전원분배장치, 함상이착륙용 IMU/GPS 시스템 등으로 구성

　　　지상통제시스템(GCS) 내부　　　　　이착륙통제시스템(LRS) 내부

   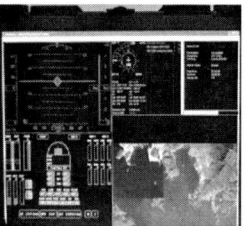

무인정찰기 지상통제시스템

(3) 데이터통신 장비 구성

① **탑재통신장비**(ADT: Airborne Data Terminal) : 주통신장비, 주통신안테나, 보조통신장비, 보조통신안테나, 피아식별장비 등으로 구성

② **지상통신장비**(GDT: Ground Data Terminal) : 통신장비, 주통신안테나, 보조통신장비, 보조통신안테나 등으로 구성

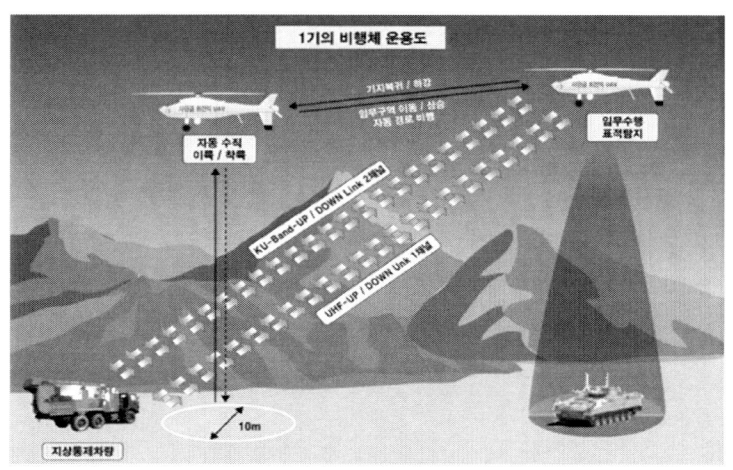

무인항공기 데이터링크 구성

무인항공기에 이용되는 주요 주파수 및 출력허용기준

구분	주파수대역 또는 중심주파수	대역폭	출력		특이사항	비고
			안테나 공급전력	안테나 이득		
1	40.715MHz, 40.735MHz, 40.755MHz, 40.775MHz, 40.795MHz, 40.815MHz, 40.835MHz, 40.855MHz, 40.875MHz, 40.895MHz, 40.915MHz, 40.935MHz, 40.955MHz, 40.975MHz, 40.995MHz, 72.630MHz, 72.650MHz, 72.670MHz, 72.690MHz, 72.710MHz, 72.730MHz, 72.750MHz, 72.770MHz, 72.790MHz, 72.890MHz, 72.910MHz, 72.930MHz, 72.950MHz, 72.970MHz, 72.990MHz	20 MHz 이내	10 mV/m 이하 @ 10m ≒-46.92dBm erp ≒0.02 mW erp		무선조종용 (상공용)	비면허**
2	13.552~13.568 MHz 26.958~27.282 MHz 40.656~40.704 MHz	지정주파수 범위 내			무선조정용(완구 조정기, 원격조정장치)	비면허**
3	2400~2483.5 MHz	무선설비규칙 참조	10mW/MHz, 6 dBi (최대 1 W***)		무선데이터 통신시스템용	비면허**
4	5030~5091 MHz	1.1 MHz 이내	10W		지상제어	허가용* (실험국)
5	5091~5150 MHz	20 MHz 이내			임무용	허가용* (실험국)
6	5650~5850 MHz	80 MHz 이내	10mW/MHz (최대 1 W***)	6 dBi	무선데이터 통신시스템용	비면허**
7	10.95~11.2 GHz, 11.45~11.7 GHz, 12.2~12.75 GHz, 19.7~20.2 GHz, 14~14.47 GHz, 29.5~30.0 GHz				위성제어	허가용* (실험국)

※ 출처 : 미래창조과학부, ICT 융합 신산업 활성화를 위한 무인항공기 주파수 공급, 2016.

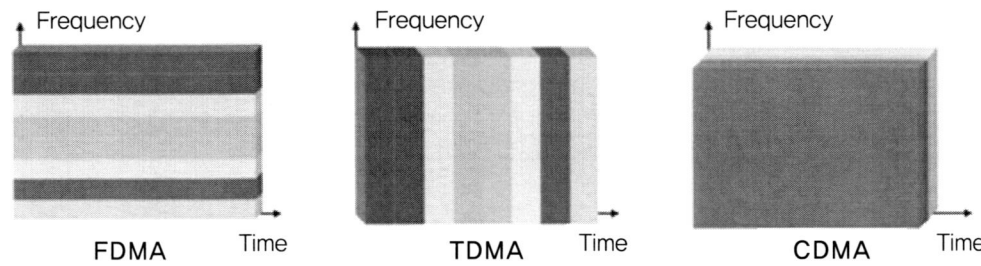

구 분	FDMA (Frequency Division Multiple Access)	TDMA (Time Division Multiple Access)	CDMA (Code Division Multiple Access)
적용 트래픽	전용회선 등 CBR	Burst data 등 VBR	전화(이동) 등 CBR
고속시 채널폭	수 MHz~수십 MHz	수 MHz ~ 수십 MHz	수백 MHz 이상 (High Spreading Code)
Timing Control	불필요	필요	필요
Variable Trans, Rate	어려움	용이	용이
Carrier Frequency Stability	High Stability	Low Stability	Low Stability (High Chip Rate)
Near-Far Problem	없음	없음	Power Control로 해결
System Complexity	단순	높다	매우 높다
적용 시스템	일부적용(Bosch 등)	대부분(Nortel 등)	-

통신 링크 다중화 방법

※출처 : 박장환 「무인항공(드론)제작/정비학」 특론

(4) 탑재임무장비 구성

① **탑재임무장비(Payload)** : 주/야간(EO/IR) 감시카메라, 대구경합성레이더(SAR), 거리측정기(LRF: Laser Ranger Finder), 라이다, 지상이동표적지시기(GMTI) 등 활용도에 따라 임무장비들도 더욱 다양해지고 있음

part 1. 무인항공기 개관

		MOST 3000	POP 300	MX-10	MX-15	STAR SAFIRE II
성능 (탐지/인지)	주간	35km/30km	20km/8km	/15km	58km/31km	58km/31km
	야간	50km/25km	25km/10km	/12km	60km/30km	60km/30km
표적 크기(가로/세로)		350mm/555mm	260mm/380mm	260mm/360mm	400mm/480mm	380mm/450mm
무게		28kg	16.3kg	16.8kg	45kg	43kg
해상도(Pixels)		640×480	640×480	640×480 1280×720	1280×1024	640×480
제조사		IAI	IAI	L3-WESCAM	L3-WESCAM	FLIR
대략 가격		6억원	2억원	4억원	9억원	4억원
장착기종			RQ-2 파이오니어 RQ-7 섀도	Camcopter S-100		
비고(Option)		LRF/LP 등	LRF/LP 등	Auto Tracker 등		
사진						

다양한 무인항공기 임무장비

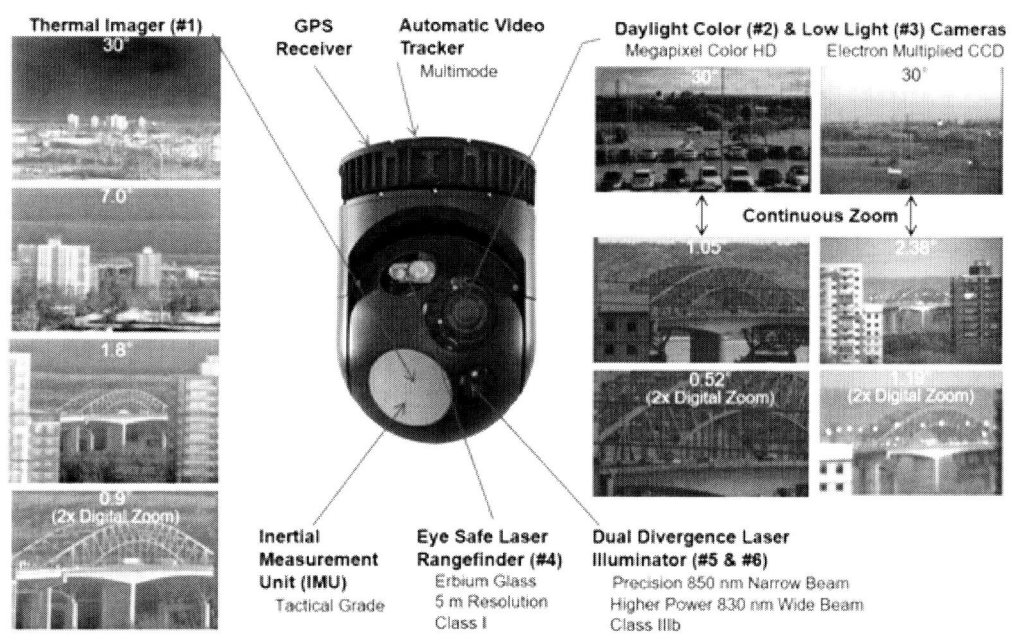

광시계(Wide FOV)	중시계(Medium FOV)	협시계(Narrow FOV)
30° × 24.2°	7.04° × 5.64°	1.83° × 1.47°
광시계(Wide FOV)	중시계(Medium FOV)	협시계(Narrow FOV)
20.9° × 15.7°		1.18° × 0.88°

EO/IR 시스템 기능 구성

※ 출처: 박장환의 무인항공기센터, www.uavcenter.com

(5) 지원장비 구성

① 장비운반 차량, 발전기, UPS, 시험장비, 훈련장비, 정비장비, 교범류 등

무인항공기 시스템 지원장비 구성 비교

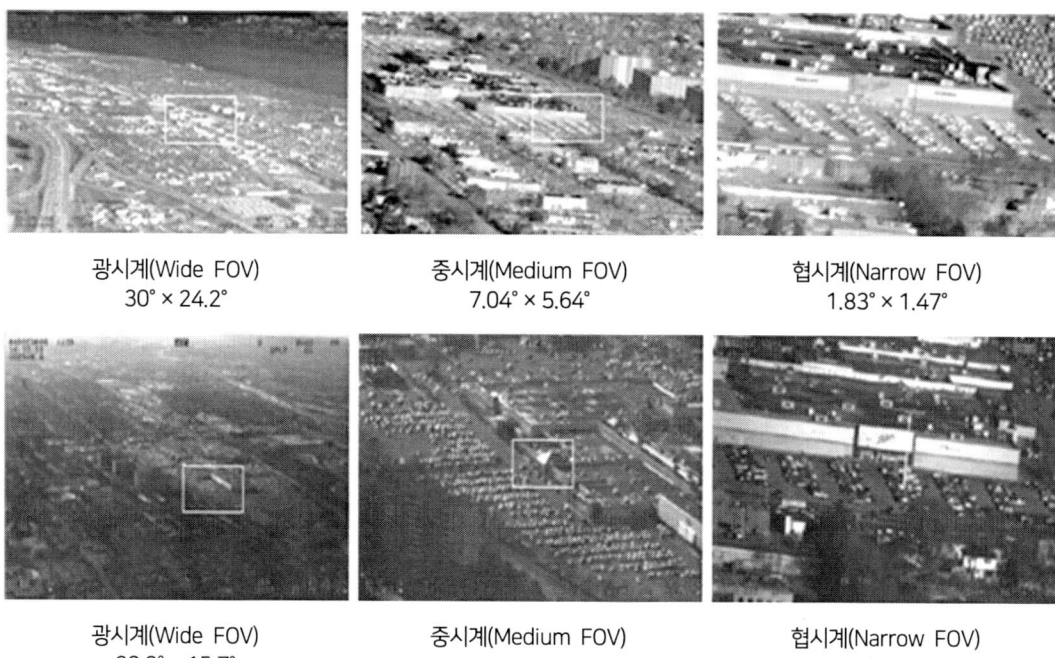

구분		지상지원 장비 일반 구성	비고
고정익	내용	지휘통제차량 / UAV 운반차량 : 3 / 연료보급차량 / 정비차량 / 회수장비 및 인원 / 발사장비	• 비행체계 • 탑재능력 감소
	설명	• 임무수행을 지원하기 위한 다양한 지상장비와 인원이 소요된다.	
회전익	내용	통합형 지휘통제차량 : 2 / UAV 운반 및 이동정비 : 2 / 지상중계차량	• 획득비 절감 • 운영유지비 절감
	설명	• 지상지원장비 및 운용요원 감소 • 획득비 절감 • 교육훈련감소 ※ 통합형 지휘 통제 및 UAV 운반 차량 운용	

| 운영/정비 교범 | (휴대형)전자 교범 | 전자 ILS 교범 프로그램 소프트웨어 | 전자 정비/ILS지원 장비 프로그램 소프트웨어 | 훈련 |

ILS 구성

(6) 운용 인력 구성

① 운용인력은 외부조종사, 내부조종사, 탑재장비 운용자, 정비/지원요원, 지휘/통제관 등으로 구성됨. 통상 부수장비가 적은 회전익에서 인력소요가 적으며, 멀티콥터의 경우 더 적은 인력으로 운용이 가능

고정익 / 회전익 UAV 운용요원 비교(단거리 이하 무인정찰기)

구분	인원수/교육기간		기 종		증 감	비 고
			고정익 UAV	회전익 UAV		
인력 소요	운용 인원	외부조종사(EP)	2	3	-3	내(외)부 조종사 통합
		내부조종사(IP)	2			
		탑재장비 운용	2			
	정비요원(MT/ET)		3	2	-1	이착륙 장비 요원 불필요
	소 계		9	5	-4	
교육 훈련	운용요원		16~20주	10주		-
	정비요원		16~20주	10주	6~10주	-

02 무인비행기 비행체 구성

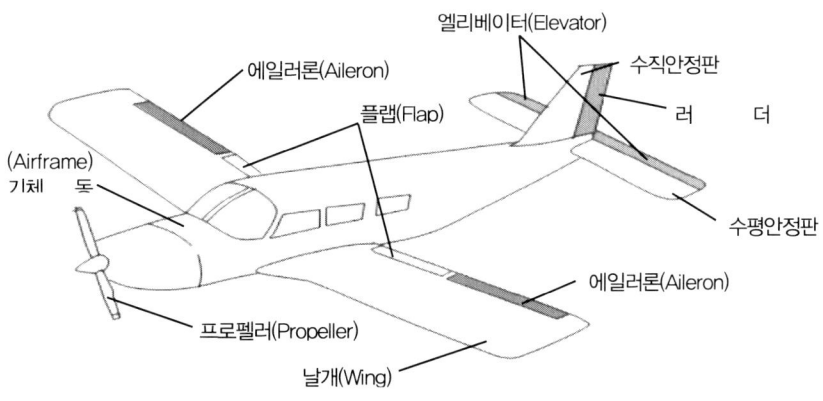

① 동체 → 주 날개(에일러론, 플랩 기능과 작동) → 미부 수평안정판(엘리베이터 기능과 작동 원리) → 수직안정판(러더 기능과 작동 원리)
② 무인비행기 조종장치는 에일러론, 엘리베이터, 스로틀, 러더, 플랩으로 구성된다.

03 무인헬리콥터 비행체 구성

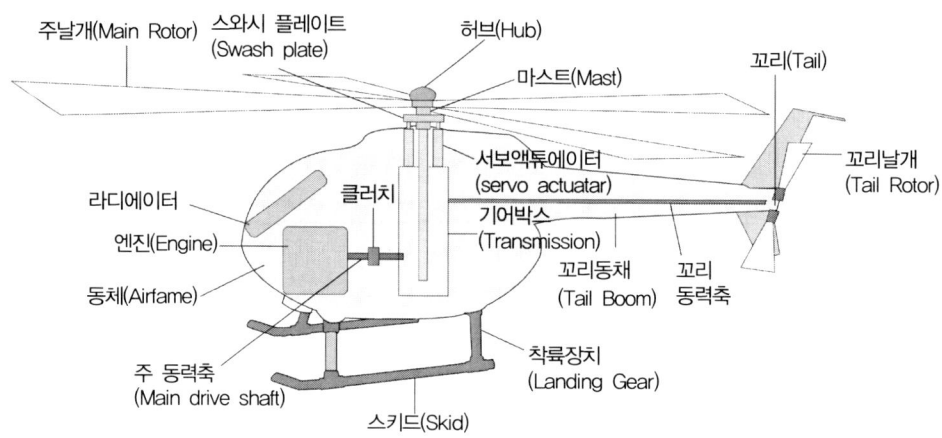

① 주날개(Main rotor) → 허브 → 마스트 → 미션 → 엔진과 드라이브 샤프트, 클러치 → 테일붐과 꼬리날개(Tail rotor) → 착륙장치부
② 헬리콥터 로터의 회전에 따른 작동원리(Torque 현상), 꼬리날개의 역할(Anti-torque)과 원리
③ 무인헬리콥터 조종장치는 **사이클릭, 컬렉티브, 패달(러더)**로 구성된다.

04 무인멀티콥터의 비행체 구성

① 동체와 암 → 로터 → 모터 → 변속기(ESC) → 비행조종장치 → 배터리

② 헬리콥터 로터의 회전에 따른 작동원리, 꼬리날개의 역할과 원리

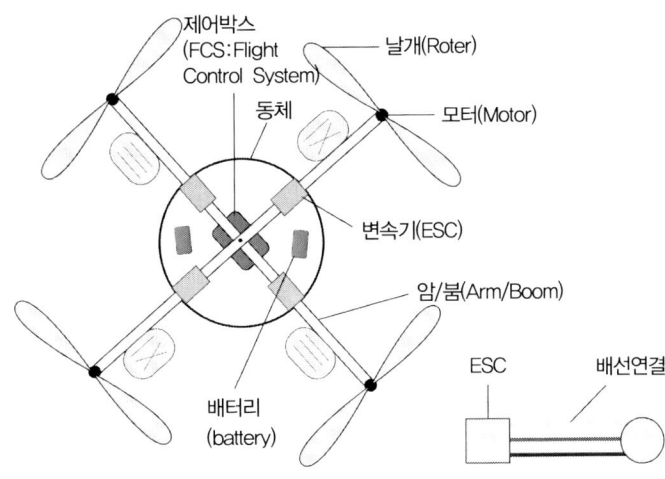

chapter 02 전쟁에서의 무인항공기 운용

제1절 과거 전쟁에서의 무인기 운용 사례

01 제1차 세계대전 이전 : "무인항공체계"

① 1887년 영국인 더글라스 아치볼드(Douglas Archibald) : 연(Kite)에 카메라를 부착하여 지상을 촬영(세계 최초 정찰용 무인항공체계)하였다.

② 1898년 미국인 윌리엄 에디(William Abner Eddy) : 다이아몬드 모양의 대형 연(Kite)에 카메라 부착하여 전투 시 적의 위치를 확인하는데 사용(전투에서 사용된 최초의 정찰용 무인항공체계)하였다.

윌리엄 에디와 운용 모습, 형상(사진 : 미 공군국립박물관)

무인기 명	장착 임무장비	활용
정찰무인체계 [1887, 영국인]	연(Kite)	지상촬영(세계최초 정찰용)
정찰무인체계 [1898, 미국인]	연(Kite) * 대형 다이아몬드형	전투 시 적위치 식별 (전투에 사용된 정찰 무인체계)

02 제1~2차 세계대전 기간 : "무인항공체계"

① 1차 대전 기간 중 영국에서 "케터링 버그(Kettering Bug)" 무인기 개발 노력
  : 기술부족으로 전쟁에 활용하지 못하였다.
② 1차 대전 기간 중 미국에서 "스페리 에어리얼 토페토" 개발에 성공하였다.
  : 전쟁이 끝나서 활용하지 못함.(1회용 폭탄식 무인기, 왕복 재사용 불가능)
③ 1차 대전 후 1934년 영국 해군이 최초로 왕복 재사용 가능한 "Queen Bee" 개발
  : 적 항공기와 대공무기의 공격을 유도하기 위한 항공표적용.

케터링 버그(Kettering Bug)(좌)와 Queen Bee(우)

④ 2차 대전 기간 중 미군이 구형 B-17기에 고성능 폭탄을 탑재하여 표적 근접지역에서 조종사는 탈출하고 B-17기를 표적지역으로 돌입시키는 무인 가미카제 특공대개념의 표적 공격용 무인기를 운용하였다.
  : 위험성이 높고 정확성이 낮아 1회용 소모품의 형태로 사용됨.

무인기 명	장착 임무장비	활용
케터링 버그(Kettering Bug)		무인기로 개발 노력 했으나 기술개발부족으로 미활용
스페리 에어리언 토페토	1회용 폭탄식 무기장착	왕복 재사용 불가
Queen Bee	항공기 자체로 표적	항공표적용으로 사용
B-17 폭격기	고성능 폭탄 탑재	표적 인근지역에서 탈출 후 기체 자체가 표적지역 돌입

03 6.25전쟁

① 미군이 유인항공기들을 원격 조종형 비행 폭탄(Flying Bomb)으로 전환사용 하였다.
② 미 해군은 F6F Hellcats항공기를 AD-4Q Skyraiders 항공기가 원격 통제하는 무인기로 전환 : 확실한 성공은 하지 못하였다.
  * F6F Hellcats항공기 : 미국 Grumman사에서 2차 대전 중 12,000대를 생산하여 미 해군, 영국군, 프랑스군에서 전폭기로 사용(승무원 1, 길이 10m)

③ 성과 : 미국의 텔레다인 라이언(Teledyne Ryne Aeronauticl)사에서 제작한 제트엔진으로 만들어진 최초의 무인 표적기 "Q-2 Firebee"를 개발, 생산하였다.

 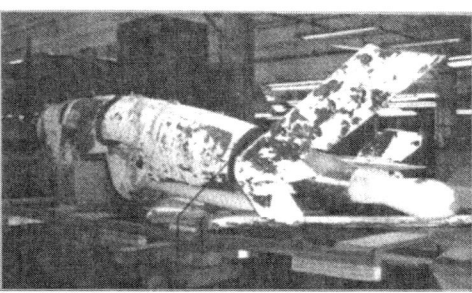

F6F Hellcats(좌)와 Q-2 Firebee(우)

※ Q-2 Firebee 무인기는 무선통제에 의해 원격으로 조종되거나 사전에 입력된 프로그램에 따라 미리 설정된 항로로 비행할 수 있다. 비록 Q-2 Firebee는 6.25전쟁에서 직접적인 영향을 미치지는 못하였으나 방공무기체계 시험을 위한 무인 표적기로서 높은 신뢰와 다재다능함을 증명하였다.

무인기 명	장착 임무장비	활용
F6F Hellcats	고성능 폭탄 장착	AD-4Q Skyraiders 항공기가 원격 통제
Q-2 Firebee	항공기 자체 표적기	방공무기체계 시험 무인표적기

04 월남전쟁

① 미군이 1965년 중국 본토 정찰, 월남 전쟁 말기에 하노이와 하이퐁 지역의 정찰 시 무인기 사용(사용된 무인기는 "Firebee" 무인기에 카메라와 센서들을 폭탄에 탑재하여 표적 공격용과 정찰용으로 사용된 "Firefly"(개똥벌레, 반딧불)이다.
② 총 2,000여대의 무인기가 사용되었으며, 각 무인기 별 5회까지 비행임무를 수행하였는데, 종전 무렵에는 30회까지 비행을 하였다.
③ 월남전에서 얻은 귀중한 교훈은 무인기들의 활약으로 조종사들의 희생을 많이 감소 시켰다는 점과 미국은 무인기들을 표적공격용과 함께 월맹군의 대공 미사일 교란 및 파괴용으로 운용하였다. 또한 표적공격용 무인기를 개조하여 공중감시 및 정찰임무용으로 사용하였으나 수집된 사진들은 기지에 복귀하여 판독함에 따라 정찰용으로는 결점이 많았다는 것이다.

무인기 명	장착 임무장비	활용
Firefly(개똥벌레) [미군, 1965년]	카메라와 센서장착 정찰 폭탄탑재 폭격용 사용	하노이, 하이퐁 지역 정찰

05 중동전

① 1982년 6월 이스라엘은 레바논 베가계곡 전투에서 기만 및 정찰용 무인기를 활용하여 시리아군의 대공시설을 파괴하는데 기여하였으며, 이때 사용된 무인기는 TV카메라를 장착하여 실시간 영상을 지상통제소에 송신하여 수신된 데이터를 실시간에 분석 및 처리하는 현재의 무인정찰기 시스템을 최초로 활용하였다.

② 당시 무인기의 역할은 시리아군의 정찰과 대공 레이더 작동과 대공 미사일의 발사를 유도하는 것이며, 이때 이스라엘 항공기와 포병, 전자전기가 적의 레이더와 대공 미사일을 제압하였다.

③ 사용된 무인기는 이스라엘 IAI(Israel Aerospace Industries)사 예하의 MALAT사의 "Scout(정찰병)"와 Tadiran사의 "Mastiff(경비견, 투견)"이다.

Scout 무인기(좌)와 Mastiff 무인기

무인기 명	장착 임무장비	활용
Scout(정찰병)와 Mastiff(경비견, 투견) [이스라엘, 1982. 6]	TV 카메라 장착	기만 및 정찰용 무인기로 활용 실시간 영상을 지상통제소에 송신하여 데이터를 실시간 분석 활용

06 걸프전

1991년 1월 17일부터 43일간 실시된 일명 "사막의 폭풍작전"이 걸프전이다. 걸프전은 무인기의 기량을 과시할 수 있는 가장 확실한 기회였으며 걸프전에 배치되었던 무인기들은 다음과 같다.

① **파이오니어(Pioneer)** : 1982년 레바논 전에서 공을 세운 바 있는 이스라엘의 Scout 무인기를 개조한 것이다. 약 40여 대가 적의 스커드 미사일 기지와 포병진지, 지상항공기, 부대 엄폐호를 수색하는 데 사용되었다. 그중 2/3는 지상군, 특히 해병대가 사용했

파이오니어(Pioneer) 무인항공기

다. 기간 중 533회 출격했으며, 1회 출격 시 3시간가량 비행했다. 26대가 손상을 입었고 12대가 파괴 되었다. 무인기는 유인항공기에 비해 손실률이 높으며 비전투손실률도 훨씬 높으나 조종사 사망은 없었으며, 파이오니어 1대의 가격은 가장 저렴한 유인 정찰기의 10% 수준이다. 걸프전에서의 장점은 지상부대 지휘관이 적 지역의 상황을 알 필요가 있다고 판단했을 때 신속하게 적 지역으로 보낼 수 있었고, 또한 아군 헬리콥터를 격추시킬 가능성이 큰 적 지상군이 많은 지역에 출격하여 정찰한 뒤 무사히 복귀할 수 있었다.

② 포인터(Pointer) : 미국에서 1986년 개발하여 1990년 미 육군에 보급되었다. 손으로 투척이 가능한 소형 무인기로 비행체 길이는 1.8m, 날개 길이 2.7m이다. 포인터는 걸프전에서 기대만큼 효과적이지 못했다. 운용시간이 1시간으로 짧고 운용반경 역시 5km밖에 안 되었고, 미풍에도 흔들리며, 흑백 카메라를 장착했다. 하지만 도시지역 작전 시에는 유용하였고 병사들은 이를 "망원경을 지닌 200ft키의 관측자"라 했다.

무인기 명	장착 임무장비	활용
Pioneer [이스라엘, 1991. 1]	TV 카메라 장착	• Scout를 개조하여 체공시간과 운용반경이 증대, 함정 운용 가능. • 미 해군함정의 16″ 대형 포 사용시 표적탐지를 위해 사용
포인터(Pointer) [미국, 1991. 1]	흑백 카메라 장착	• 기대만큼 성과가 없었음. 도시작전에 유용 • 망원경을 지닌 200ft 키의 병사

07 코소보전

1999년 3월 24일 나토가 세르비아를 공격함으로써 시작된 전쟁으로 6월 25일 나토군의 승리로 종전되었다. 투입된 무인기는 다음과 같다.

① RQ-1A 프레더터(Predator) : 미국에서 개발하였으며 최고속도는 시속 204km이고, 야간에 볼 수 있는 적외선(Infrared)센서와 비디오 촬영이 가능한 전자광학(Electro Optical)센서, 특히 구름까지 뚫고 볼 수 있는 악천후용 감시 장비인 합성개구레이더(SAR)를 탑재하고 7.6km이하의 고도에서 24시간 동안 장거리 작전반경(740km)의 비행이 가능하다. 날개 길이는 16.8m, 비행체는 8.1m이다.

코소보전에서 GPS위성과 통신위성을 이용한 위성 업 링크를 통해 작전 중인 프레더터의 정확한 위치와 현지 전장상황 및 표적정보를 영상으로 지구 반대편인 미국으로 전송하였다. 또한 정찰 임무 외에도 인공위성이 촬영한 표적 재확인, 통신 중계, 적 전파 방해 및 도청, 아군 미사일 발사에 필요한 기상정보 수집, 적지 추락 전투기 조종사에게 비상식량 및 무기 공급 등의 다양한 임무를 수행하였다.

② **RQ-5A 헌터(Hunter)** : 이스라엘 IAI사와 미국의 TRW사가 합작 생산하여 1996년 미 육군에 보급되었다. 날개 길이는 8.8m, 비행체는 7m, 4.5km고도에서 8시간 비행이 가능하며, 작전반경은 125km이다.

RQ-1A Predator(좌) 및 RQ-5A Hunter 무인항공기

③ **피닉스(Phoenix)** : 영국의 BAE System사에서 제작, 날개 길이 5.5m, 2.7km고도에서 4시간동안 비행가능, 작전반경은 50km, 이륙 중량은 50kg이다. 코소보전에서 육군 포병부대에서 표적획득 및 사격 조정용으로 운용되었다.

④ **케스트럴** : 프랑스 사젬사에서 개발하였다. 프랑스는 이 무인기를 코소보전에서 운용 후 무인기의 중요성을 인식하게 되었고 이후 변형된 스페르베르 무인기를 개발하였다. 날개 길이 10.83m, 동체길이 9m, 총중량은 265kg이다.

무인기 명	장착 임무장비	활용
RQ-1A Predator [미국, 1991. 1]	• 적외선(Infrared) 센서 장착 • 전자광학(Electro Optical) 센서 장착 • SAR(합성개구레이더) 장착	• 최고 속도 204km/H, 7.6km 이하 고도에서 24시간 장거리 작전반경(740km) 비행가능. • Infra Red : 적외선 장비 • Electro Optical : 비디오 촬영 가능 • SAR : 악천후 감시장비(구름 뚫음)
RQ-5A헌터(Hunter) [이스, 미국, 1996]	감시 카메라	날개 길이는 8.8m, 비행체는 7m, 4.5km고도에서 8시간 비행이 가능하며, 작전반경은 125km이다.
피닉스(Phoenix) [영국]		육군 포병부대에서 표적획득 및 사격 조정용으로 활용.

08 아프칸전

① 2001년 10월 7일부터 12월까지 일명 "항구적 자유 작전"이라 불리운다.
② 전투에 투입된 무인기는 미국의 MQ-1B 프레더터, 글로벌 호크, 섀도200 등이다.
③ **MQ-1B 프레더터(Predator)** : 미국에서 개발하였으며, 적 진영에 투입되어 미사일로 적을 공격하는 최초의 무인기다. 헬파이어 미사일을 장착하여 실전배치 되었다. RQ-1A와 형상은 같으나 헬파이어 미사일로 무장된 것이 다르다. 최대중량이 1톤이고, 탑재 중량

은 내부 204kg, 외부 136kg으로 헬파이어 미사일 2발 탑재한다. 프레더터는 아프칸 전쟁 기간 중 총 115발의 미사일을 발사하고 525개 목표물을 유도했으며, 미사일 발사를 통한 최고의 전과는 알카에다의 고위 군사령관 모하메드 아테프와 조직원들을 전투기와 공동으로 공습하여 사살시킨 것이다. 또한 이동하는 적차량에 미사일을 발사하여 6명의 적군을 사망시킴으로써 정찰과 표적획득이라는 기존의 임무에 추가하여 표적 타격 임무 가지 동시에 수행하였다.

④ **RQ-4A 글로벌 호크(Global Hawk)** : 무인기 중에서 가장 크고(날개 길이 35.4m, 비행체 13.5m), 터보 제트엔진 장착(프레더터 : 터보프롭 엔진)하여 시속 639km속도로 가장 빠르게 비행하며, 가장 높은(20km)고도에서 운용되고, 가장 오랜 시간(24시간) 동안 가장 멀리(22,224km) 비행을 할 수 있다. 인공 위성과 U-2 정찰기의 부족한 부분을 보완했다. 900kg의 탑재체를 실을 수 있으며 주요 탑재장비로는 EO 및 IR 감지기와 SAR 그리고 적의 지대공 미사일 공격에 대항하기 위한 전자전 장비도 탑재가능하다. 사람의 도움없이 사전에 이륙에서부터 임무수행 후 착륙까지 임무 전체를 프로 그램 할 경우 자율비행이 가능하다. 미사일 발사능력은 없다.

⑤ **RQ-7A 섀도200(Shadow 200)** : 미국 AAI사에서 정찰용으로 제작된 무인기로 미 육군과 해병대의 여단급에서 사용되었으며, 비행체 길이 3.4m, 날개 길이 3.9m, 4.6km이하의 고도에서 5시간동안 비행이 가능하고, 작전반경은 50km이다.

MQ-1B Predator   RQ-4A Global Hawk   RQ-7A 섀도 200(Shadow 200)

무인기명	장착 임무장비	활용
RQ-1B Predator [미국]	헬파이어 미사일 장착 공격	최대 중량이 1톤, 탑재 중량은 내부 204kg, 외부 136kg으로 헬파이어 미사일 2발 탑재
RQ-4A Global Hawk [미국]	EO 및 IR 감지기와 SAR 그리고 적의 지대공 미사일 공격에 대항하기 위한 전자전 장비(ESM, SIGNT) 탑재	가장 크고(날개길이 35.4m, 비행체 13.5m), 터보 제트엔진 장착(프레더터 : 터보프롭 엔진)하여 시속 639km속도로 가장 빠르게 비행하며, 가장 높은(20km) 고도에서 운용되고, 가장 오랜 시간(24시간) 동안 가장 멀리(22,224km) 비행
RQ-7A Shadow 200 [미국, AAI]	정찰, 감시용 장비 장착	미 육군과 해병대 여단급에서 사용. 비행체 길이 3.4m, 날개 길이 3.9m, 4.6km이하의 고도에서 5시간동안 비행이 가능하고, 작전반경은 50km

09 이라크전

① 2003년 3월 20일부터 5월 1일까지 실시된 "이라크의 자유작전"이다.
② 이라크 전에서는 아프칸전보다 종류도 다양하고 많으며, 성능이 많이 개량되었다. 미 공군에서 글로벌 호크, 프레더터를 미 육군에서는 섀도 200, 헌터, 포인터를 미 해군에서는 실버폭스, 파인더를 미 해병대에서는 파이오니어, 드래곤아이를 영국군에서는 피닉스를 작전에 투입하였다.
③ **실버 폭스(Silver Fox)** : "은빛 여우"라는 별명을 가지 이 소형 무인항공기는 미 해군 연구소와 Advanced Ceramics Research사에서 2001년에 개발하였다. 미 해군은 이라크전에 투입하여 이 무인항공기의 현지 실험을 하였다. 비행체 길이는 1.5m, 날개 길이는 2.4m이며, 0.3km~4.8km 고도에서 8시간 비행이 가능하다. 손으로 투척이 가능하나 손으로 던지기에는 무거워(10kg) 발사대를 이용한다. 작전반경은 37km이며, 동력은 무연휘발유 엔진을 이용한다.

실버 폭스(Silver Fox)(좌) 및 파인더(Finder)(우)

④ **파인더(Finder)** : 미 해군 연구소가 화학 작용제 탐지용으로 개발하였다. 이 무인기는 엄마 무인기(Mother UAV)가 있다. 2002년 6월 엄마 무인기 "프레더터(Predator)"로부터 공중에서 최초로 출산(발사) 되었다. 이 무인기는 프레더터 무인기의 지상통제소로부터 제어를 받거나, 자체 내장된 GPS 항법장치에 의거 10시간 동안 자율비행으로 임무를 수행한다. 수집된 정보는 프레더터에 전송하고, 프레더터는 다시 지상통제소에 전송해 준다. 임무수행 후 복귀시는 재래식 방법으로 지상의 활주로를 이용하여 착륙한다. 비행체 길이는 1.6m, 날개 길이는 2.6m이며, 비행체 무게는 26kg이다. 고도4.5km에서 70km/h 속도로 10시간 비행이 가능하며 작전반경은 93km이다.
⑤ **드래곤 아이(Dragon Eye)** : "용의 눈"이라는 별명을 가진 소형 무인기로 2000년에 에어로 바이런먼트(AeroVironment)사에서 제작하였다. 이라크 정규 군사작전 기간중에 투입되어 많은 전과를 올렸다. 미 1해병사단에 보급된 드래곤 아이는 대규모 이라크 지상군이 야간에 바그다드에서 외곽으로의 이동을 확인하고, 실시간 영상정보를 미 해병대 작전 지휘소에 제공하였으며, 미군은 항공기로 정밀 타격하여 80여대의 이라크군 차량을 파괴시켰다. 비행체 길이는 0.9m, 날개 길이는 1.4m이며, 120m 고도에서 1시간 비행이

가능하다. 배터리를 동력원으로 하며, 중량은 2.3kg이고 손으로 투척이 가능하다. 작전 반경은 10km이며, 속도는 65km/h로 차량이 보통속도로 주행 시와 비슷하다.

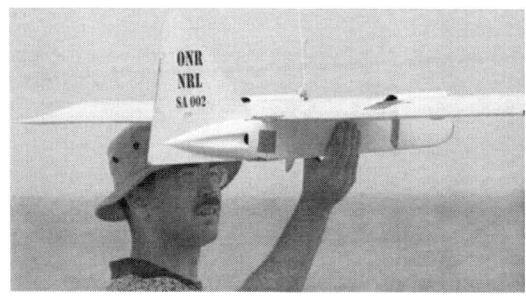 

드래곤 아이(Dragon Eye)(좌) 및 RQ-5A헌터(Hunter)(우)

⑥ **RQ-5A헌터(Hunter)** : 코소보 전쟁에서 운용된 바가 있으나, 이라크 전에서는 2003년 4월 7일 이라크 수도 바그다드 공격을 미 제 3사단이 수행하였는데, 당시 3사단의 상급제대인 5군단에서는 군단이 보유하고 있던 모든 무인항공기 자산을 3사단에 주었다. 사단은 군단으로부터 지급받은 헌터(Hunter)를 운용하여 사단 예하의 주공 부대인 2여단 전투단이 바그다드 시가지를 공격할 때 이라크 방어부대가 급조지뢰지대를 설치하는 것을 확인하고, 이를 2여단 전투단에 알려주어 지뢰지대를 우회토록 조치하였다. 이로 인해 2여단 전투단은 이라크 대통령궁을 용이하게 점령할 수 있었다. 만약 이 무인항공기가 이라크군이 매설한 급조지뢰지대를 발견하지 못했다면 미군은 위험한 지뢰지대에 걸려들어 공격이 실패되거나 지연될 수 있었기 때문에 이 무인항공기의 활용은 큰 의미가 있는 것이다

무인기 명	장착 임무장비	활용
Silver Fox (은빛여우) [미국, 2001]		• 이라크 전에서 무인항공기의 현지 실험 실시 • 손으로 투척가능, 무연휘발유 사용
Finder [미국]	화학작용제 탐지 장비 GPS 항법장비	• 엄마 무인기(Predator)로부터 공중에서 발사되어 임무수행 • 비행체 길이는 1.6m, 날개 길이는 2.6m이며, 비행체 무게는 26kg이다. • 고도 4.5km에서 70km/h 속도로 10시간 비행이 가능하며 작전반경은 93km
드래곤 아이 (Dragon Eye) [미국]	정찰, 감시용 장비 장착	• 배터리를 동력원으로 하며, 중량은 2.3kg이고 손으로 투척이 가능하다. • 작전반경은 10km이며, 속도는 65km/h

part 1. 무인항공기 개관

제2절 최근 군의 무인기 운용 개념

01 국방에서의 무기운용 개념변화(기본 개념)
① 인명중시로 인명손실방지
② 더 정밀하고 정확한 작전임무수행 요구
③ 실시간 현황파악/정보수집 후 실시간 동시 타격
④ 운용 무기체계의 상대적 저비용

02 3D 임무를 수행(대체)할 장비 및 운용개념의 필요성
① Danger : 위험한 임무, 예) 적 지역에서의 감시/정찰, 선도 공격임무
② Dull : 지루한 임무, 예) 장시간 좁은 조종석에서의 비행임무 수행 대체
③ Dirty : 지저분하고 힘든 임무, 예) 방제, 방역 등

03 군에서의 무인기 운용 발전추세

04 작전 형태별 운용

가. 실시간 감시/정찰(지역, 선, 점표적의 감시/정찰)

① 제대별 책임지역 감시/정찰 : 표적획득 후 타격수단에 영상 데이터 전송
② 무인기 → 지휘통제실, 지휘통제차량, 타격수단(포병, 헬기 등)에 실시간 전송
   타격수단은 실시간 타격 후 표적지역 영상 확인, 추가 타격.
③ 기존 보유 중인 무인기 활용 감시정찰에 활용.

Searcher II

RQ-101송골매

Shadow 400

Camcopter S-100

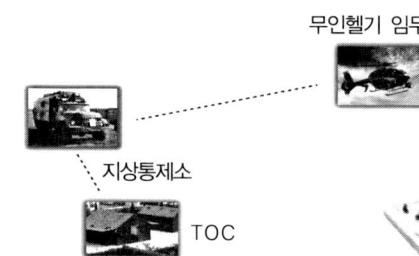

나. 탐지 : 화학, 생물학, 방사능 오염지역 탐지

① 기존의 지상 차량, 유인헬기 등에 의한 탐지 → 무인기 탐지
   : 시간절약, 사람의 2차 오염방지, 산악 및 애로지역 탐지 가능
   * 현 헬기에 의한 방법 : 조종사의 화생방 보호의 착용 하 비행은 항공안전에 절대적으로 제한됨.
② 화생방 탐지지, 장비를 무인기에 장착하여 오염 예상지역에 비행 후 결과 평가
③ 전투기, 헬기, 전차, 장갑차 등 오염된 군용장비의 제독

다. 물자운송 : 전투근무지원 활동

① 기존 유인 기동헬기 개조 무인화하여 후방지역 간 군수 보급품 운송활동
② 후방에서 전방지역으로 병력, 탄약, 보급품 지원활동
③ UH-60, CH-47 등 개조 무인화
   * **기동헬기의 무인화 실태**
     • UH-60 : 시콜스키사(미국)에서 2014년 정찰감시 및 무장공격용으로 개발착수
     • K-Max : 록히드마틴(미국)에서 물자수송용으로 2014년부터 운용 중

라. 통신지원/전자전(공격, 방어, 기만) 활동

① 무선통신 사각지역 통신 중계기로 활용
② 전자전 공격, 방어, 기만작전에 운용

마. 공격작전 : 전투 활동

(1) 유인 공격헬기의 척후 정찰용으로 운용 시

① 항공타격작전 시 대형공격헬기 전방에서 적정을 파악하고 표적을 획득하여 대형공격헬기에 전파하면 대형공격헬기가 표적에 공격을 실시하고, 무인헬기가 전투피해 평가를 실시하는 형태의 작전이다.
② 공중이동 간 항로상에서 사전 적을 식별하여 유인헬기에 제공하거나 또는 자체 제압을 할 수 있고 또한 작전지역에 사전 진입하여 정찰하고 표적획득후 유인헬기에 제공하여 신속한 작전수행이 가능한 이점이 있다.

(2) 무장 공격용으로 운용 시

접적지역, 도서 전진기지 또는 해안선에 배치하여 적 특정표적 및 침투세력 (공기 부양정/고속 침투정 등)에 대한 공격작전을 나타낸 것으로 공간이 협소하거나 유인헬기에 의한 공격이 제한될 때(또는 유인헬기 공격 이전에 공격이 필요 시) 실시하는 작전이다.

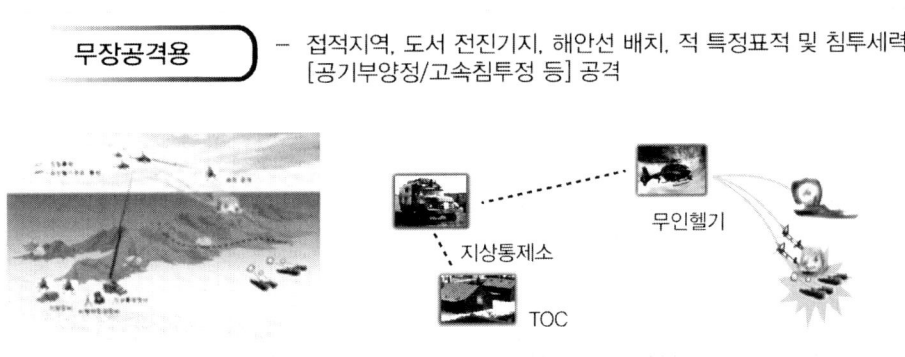

(3) 해상/ 해안 긴급대응전력으로 운용 시

해상 또는 해안에서 적 반 잠수정 및 공기부양정의 침투공격에 대비한 작전형태로서 해상에서 운용 시는 함상 또는 공중통제소를 운영, 조기에 탐지하고 타격하는 등 신속히 대응하여 적 반 잠수정 및 공기부양정 등이 해안에 접근 이전 무인헬기의 공격에 의해 격멸하는 작전이다.

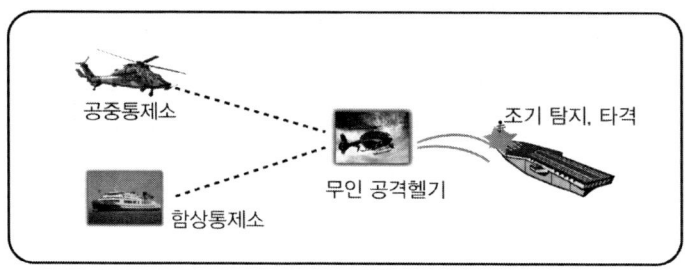

(4) 유·무인 헬기의 통합 운용 시

유무인헬기를 통합하여 적 기갑 및 기계화 부대를 공격하는 작전형태로서 먼저 ① 고공의 감시정찰 전력으로부터 적 공격징후를 파악하고, 공격로에 대한 정보를 제공받은 후 ② 유인 통제헬기의 통제에 의거 무인헬기가 축차 또는 동시에 투입되어 적 기갑 및 기계화 부대를 공격한다. ③ 무인헬기는 공격작전을 실시 후 특정장소에서 선회대기 또는 수행임무의 중요도에 따라서 자살폭격형태로도 공격할 수 있는 작전형태이다.

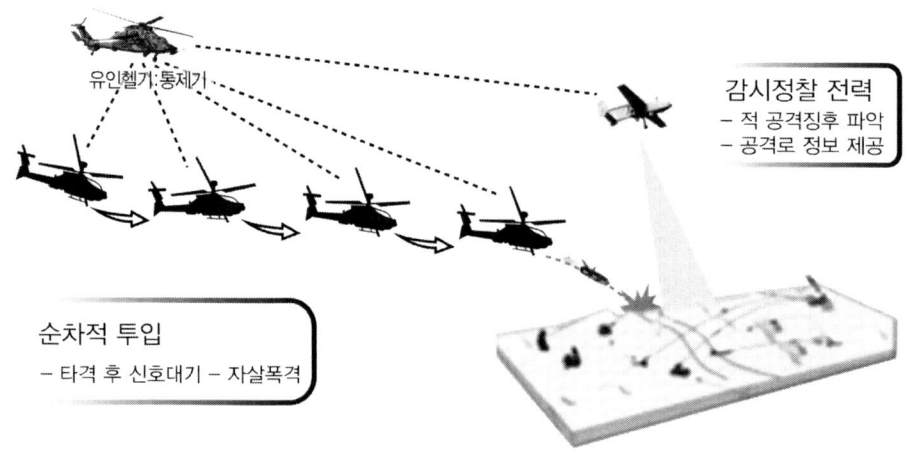

(5) 무인헬기 단독으로 운용 시

유인통제헬기에 의한 무인헬기 단독작전으로 무인헬기가 전방에서 적정을 파악하고, 표적을 획득한 후 무인헬기에게 인계하여 무인헬기가 자체 무장한 공격수단을 활용하여 공격하고 전투피해를 판정하는 작전형태이다. 이는 향후 고도로 발전된 유무인헬기 통합운용의 작전형태가 될 것이다.

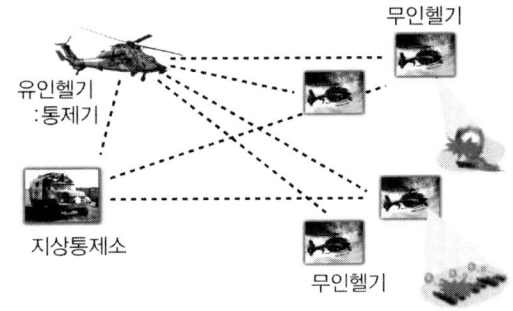

(6) 기타

① 항공작전의 허위작전부대로 운용 : 공중강습작전 시 사전 강습착륙지역 기만을 위한 허위부대로 타 지역에 운용
② 목표 탐색 및 식별
③ 포병화력 유도
④ 전투피해평가
⑤ 해상/해안 감시
⑥ 지뢰탐지
⑦ 적 레이더 교란 및 파괴
⑧ 무인공중전투
⑨ 무인폭격현황 종합(Link to Drone War)
⑩ 해안 상륙작전지원
⑪ 항로 기동로 개척
⑫ 추락 조종사 위치 식별 및 제한된 물자(식량 및 긴급 구호품) 지원 : 택배 개념

무인항공 드론 안전관리론

chapter 03 주요 무인항공기

제1절 우리나라 군용 무인항공기

01 Searcher II

Searcher는 송골매 개발의 지연으로 전력의 공백을 보완하기 위해 도입하여 육군에서 운용하고 있는 정찰용 무인항공기이다. 1997년에 도입을 추진하여 1999년 말에 전력화 배치된 한국군 최초의 무인정찰기이다. 해외도입과 운용과정을 통해 선진국의 관련 기술을 습득할 수 있는 계기가 되었고, 이를 바탕으로 송골매 무인기 개발 및 운용개념 정립을 포함하여 우리나라 무인항공기 산업 발전에 직·간접적으로 많은 기여가 되었다.

구분	제원
길이	5.15m
날개 길이	7.22m
최대이륙중량	372kg
유상하중	63kg
최대수평속도	105knots(순항속도는 60knots)
최대운용고도	15,000ft
운용반경	100km
체공시간	10시간

Searcher II

02 RQ-101 송골매

군단급 단거리 정찰용 무인항공기로서 국방과학연구소의 기술 지원 하에 한국항공우주산업에서 개발을 주도한 무인정찰기이다. 1991년부터 2년간의 탐색개발과 1993년부터 4년간의 선행개발을 통해 기술을 축적한 후 1997년부터 실용개발에 착수하여 운용시험을 거쳐 2002년부터 야전에 배치되기 시작하여 2004년 전력화되었으며, 야전 운용 면에서 '서처' 무인정찰기의 경험들이 도움이 되었다.

part 1. 무인항공기 개관

구분	제원
길이	4.7m
날개 길이	6.4m
공허중량	215kg(최대이륙중량은 290kg)
유상하중	45kg
최대수평속도	185km/h(순항속도는 120-150km/h)
운용고도	15,000ft
운용반경	200km(중계기 이용시)
체공시간	6시간

RQ-101 송골매

03 Shadow 400

Shadow 400은 함정에서 운용이 가능한 단거리 무인기로 2003년 해군에 전력화되었으며, 함정에서 운용이 가능하도록 발사대 및 그물망의 이착륙방식을 사용하여 운용되고 있다. 하지만, 연이은 사고로 인해 운용을 중단하고 타 무인정찰기로 대체하는 사업을 전개해 왔다.

Shadow 400

04 Camcopter S-100

Camcopter S-100 무인항공기는 오스트리아 Schiebel 사에서 개발한 헬기형 수직 이착륙 무인항공기로써 현재 국내 해군에서 ○대가 운용 중이다. Wescam사의 EO/IR 센서를 탑재하고 있으며, 서해 NLL 지역 북한 측 선박 감시 등의 임무를 수행할 것으로 알려져 있다.

Camcopter S-100

05 Remo Eye

주·야간 전천후 감시 정찰임무를 수행하며, 육군의 대대급 및 해병대에 운용한다. 전폭 1.8m, 전장 1.4m, 이륙 중량 3.4kg, 최고시속 80km로 1시간 이상 비행가능하며 작전반경은 10km로 촬영 영상을 실시간 지상에 전송 가능하다.

Remo Eye

06 Harpy(하피)

정찰용 무인기, 인간, 신호정보로 적 방공 레이더 기지 위치 확인 후 입력하여 목표지점에서 자폭하는 형태이다. 날개 2m, 동체 2.3m, 이륙중량 120kg, 탄두중량 32kg, 운용고도 3km, 작전반경 400km, 속도 250km/H이다. 우리나라 ○군에서 운용한다.

Harpy(하피)

제2절 우리나라 민수용 무인항공기

01 Smart 무인기

충돌 감지/회피, 능동적 속도제어 등 핵심 스마트 기술을 접목한 고성능, 고안전성, 소형경량화 및 지능형 자율비행 능력을 보유한 수직이착륙과 고속비행이 가능한 무인기로 비행체 동체길이 5m, 최대이륙중량 950kg, 최고속도 500km/h, 체공시간 5시간의 성능을 목표로 항공우주연구원에서 2012년부터 10년 간의 개발사업으로 1,400억 원을 들여 개발하였던 무인항공기이다.

02 두루미

항공우주연구원에서 호주의 기상관측용 무인기인 Aerosonde를 기본 모델로 개발을 진행했던 무인기이다. 날개길이 3.2m, 동체길이 1.8m, 이륙중량 15kg의 소형으로 Aerosonde와 같이 7L의 연료로 최대 24시간 비행하는 것을 목표로 하였으나 스마트무인기 사업의 개시로 개발은 중단되었다.

03 리모아이

유콘시스템(주)이 개발하고 있는 소형무인항공기 시리즈(Remoeye 002, 006, 015)로서 이 중 Remoeye 002B는 육군의 대대급 이하 제대에서 운용되고 있으며 일부 006 기종이 재난안전 연구원 등에서 민수용으로 운용 시험 중이다.

구분 / 제원	RemoEye-002B	RemoEye-006	RemoEye-015
전폭 × 전장	1.8 × 1.44 m	2.59 × 1.72 m	3.2 × 1.8 m
이륙중량	3.4 kg	6.8 kg	15 kg
최대속도	80 km/h	75 km/h	170 km/h
운용거리	10 km 이상	15 km	40 km
비행시간	1 시간 이상	2 시간 이상	최대 4시간
동력원	전기모터	전기모터	엔진 또는 전기모터

04 농업용 무인헬리콥터

REMO-H Ⅰ

REMO-H Ⅱ

한국헬리콥터 KMUH-200

원신스카이텍 X-Copter

제3절 외국의 주요 무인항공기(헬리콥터형)

01 미국

가. MQ-8B Fire Scout

MQ-8B는 Northrop Grumman 사에서 2000년부터 개발을 시작한 헬리콥터형 무인항공기로써 유인헬기인 Schweizer 사의 Model 330SP를 기반으로 무인화 개발을 시작하였다. 최대이륙중량은 1,430kg, 탑재중량은 단거리 임무의 경우 320kg이며, 항공기 동체에 스터브윙을 장착해 무장을 장착할 수 있으며, 가용무장으로 Hellfire 미사일, Viper Strike 레이저유도 활강폭탄, 2.75인치 로켓을 개조한 APKWS[2] 레이저유도 미사일이 있다.

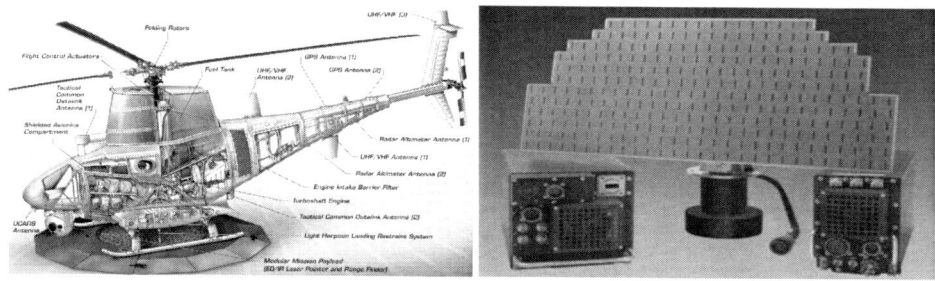

MQ-8B Fire Scout(좌), AN/ZPY-4(V) 레이더(우)

나. MQ-8C Fire Scout

MQ-8C는 미 해군 중거리 무인기 프로젝트에 입찰하기 위해 계획되었던 Fire-X가 시초였으며, Bell 사의 B402 유인 헬기를 기반으로 무인화한 기체이다. 기반이 된 기체는 다르지만 MQ-8B와 C형은 무인화, 자동화 체계부분에서 상당부분을 공유하고 있다. MQ-8B의 기반이었던 330SP보다 대형인 기체를 기반으로 개발되고 있어 탑재중량은 1,179kg이며 연료탱크를 동체 내에 추가함으로써 12시간 비행이 가능해져 이전 모델인 MQ-8B보다 비행시간은 2배, 탑재중량은 3배 증가하고, 도입가격도 2배이상 상승했다.

MQ-8C

---

2) APKWS : Advanced Precision Kill Weapon System

part 1. 무인항공기 개관

02 오스트리아의 Camcopter S-100

오스트리아의 Schiebel 사에서 UAE의 협력 프로젝트로 400억원을 지원받아 개발 및 생산하는 헬기형 무인항공기이다. 2003년부터 개발이 진행되어 현재까지 200대 가까이 생산되었으나 오너에 의한 내홍과 외부 불화 등으로 기술 개발과 사업추진력이 떨어지고 있다. S-100은 현재 UAE 등의 일부 국가에서 주로 감시정찰임무로 운용되고 있다.

LMM 미사일을 장착한 Camcopter S-100

03 독일의 Hybrid VTOL UAV : TU-150

TU-150은 독일 RAS(Rheinmetall Airborne Systems) 사의 신형 전술 무인항공기로써 2012년 베를린 에어쇼에서 처음 공개되었으며, Swiss UAV 사와 공동 개발 하였다. 독일 정부에서 각각 요구하는 고정익형, 수직 이착륙형 무인항공기의 잠재 소요에 대해 두 종류의 성능을 모두 만족시키기 위해 개발을 시작하였다. TU-150의 가장 큰 특징은 주익 양 끝단에 장착된 헬리콥터형 로터와 전진비행을 위해 동체 뒤

TU-150 Hybrid 무인항공기

쪽에 밀이식 프로펠러가 장착된 하이브리드 방식이며, 헬리콥터형 로터는 틸트로터와 같은 각도 변화가 없는 고정형으로 장착되어 있다. 탑재중량은 25kg, 체공시간은 최대 8시간, 최대속도는 220km/h이며, 동체 하부에 MX-10 크기의 EO/IR 센서가 장착되어 있고 주익 양 끝단 하부에 각 하나씩 소형의 EO/IR 센서가 장착되어 있다. 예상 임무는 감시·정찰, 피해평가, 전자/통신 정보 수집, 광물탐사 등을 한다.

04 스위스

가. Koax X-240 MkⅡ

Koax X-240 MkⅡ는 3개의 블레이드로 구성된 동축반전형 무인항공기이며, 탑재중량 8kg, 체공시간 1시간 30분의 소형 무인항공기로 2009년 개발이 완료되었다. EO/IR 센서를 비롯해 다양한 장비를 장착할 수 있으며, 주로 경찰, 국경, 항만 감시 및 기지경계, 교

통상황 모니터링 등의 임무를 수행할 수 있다. IED 탐지 등과 같은 군사용 임무도 수행 가능하도록 개발되었다.

나. Neo S-350

2011년 개발을 시작하였으며 2013년 7월 언론에 양산형 기체를 공개하였다. 동체 전방에 10kg, 동체 중앙에 25kg의 임무장비 탑재 가능하고, SAR, 레이저 감지 및 충돌회피 센서, EO/IR 센서, 화학탐지 센서 등을 탑재할 수 있다. 최대속도 145km/h, 최대운용고도 4.5km, 체공시간 5시간, 탑재중량은 35kg이다. 로터허브 상단에 VPRS(Vtol Parachute Rescue System)를 장착하여 엔진 정지 시 자동으로 파라슈트가 전개되어 기체의 손실을 방지할 수 있다.

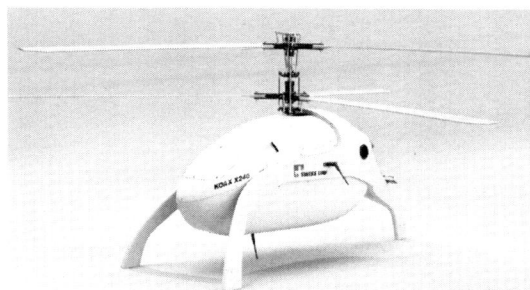

Koax X-240 MkⅡ

Neo S-350

05 스웨덴

가. Skeldar V-200

스웨덴 SAAB 사에서 개발한 Skeldar 헬리콥터형 무인항공기는 2004년부터 개념 연구가 시작되어, 2006년 개념 실증기인 Skeldar 5의 첫 시험비행이 있었고, 2007년 Skeldar V-150의 첫 시험비행을 거쳐 Skeldar V-200은 2008년에 시험비행에 성공하였다. V-200은 CybAero사의 Apid 55를 기반으로 개발되었으며,

Skeldar V-200 무인항공기

지상에서의 안전을 위해 로터의 회전을 제어하기 위한 브레이크가 장착되어 있다. 최대탑재중량은 30kg, 운용고도 4km, 최대속도 130km/h, 행동반경 100km, 체공시간 5시간이다. 육, 해군용, IED 탐지, 민간용도로 사용 가능하며, 스웨덴, 스페인 해군에서 운용 중이다.

02 오스트리아의 Camcopter S-100

오스트리아의 Schiebel 사에서 UAE의 협력 프로젝트로 400억원을 지원받아 개발 및 생산하는 헬기형 무인항공기이다. 2003년부터 개발이 진행되어 현재까지 200대 가까이 생산되었으나 오너에 의한 내홍과 외부 불화 등으로 기술 개발과 사업추진력이 떨어지고 있다. S-100은 현재 UAE 등의 일부 국가에서 주로 감시정찰임무로 운용되고 있다.

LMM 미사일을 장착한 Camcopter S-100

03 독일의 Hybrid VTOL UAV : TU-150

TU-150은 독일 RAS(Rheinmetall Airborne Systems) 사의 신형 전술 무인항공기로써 2012년 베를린 에어쇼에서 처음 공개되었으며, Swiss UAV 사와 공동 개발 하였다. 독일 정부에서 각각 요구하는 고정익형, 수직 이착륙형 무인항공기의 잠재 소요에 대해 두 종류의 성능을 모두 만족시키기 위해 개발을 시작하였다. TU-150의 가장 큰 특징은 주익 양 끝단에 장착된 헬리콥터형 로터와 전진비행을 위해 동체 뒤쪽에 밀이식 프로펠러가 장착된 하이브리드 방식이며, 헬리콥터형 로터는 틸트로터와 같은 각도 변화가 없는 고정형으로 장착되어 있다. 탑재중량은 25kg, 체공시간은 최대 8시간, 최대속도는 220km/h이며, 동체 하부에 MX-10 크기의 EO/IR 센서가 장착되어 있고 주익 양 끝단 하부에 각 하나씩 소형의 EO/IR 센서가 장착되어 있다. 예상 임무는 감시·정찰, 피해평가, 전자/통신 정보 수집, 광물탐사 등을 한다.

TU-150 Hybrid 무인항공기

04 스위스

가. Koax X-240 MkⅡ

Koax X-240 MkⅡ는 3개의 블레이드로 구성된 동축반전형 무인항공기이며, 탑재중량 8kg, 체공시간 1시간 30분의 소형 무인항공기로 2009년 개발이 완료되었다. EO/IR 센서를 비롯해 다양한 장비를 장착할 수 있으며, 주로 경찰, 국경, 항만 감시 및 기지경계, 교통상황 모니터링 등의 임무를 수행할 수 있다. IED 탐지 등과 같은 군사용 임무도 수행 가능하도록 개발되었다.

나. Neo S-350

2011년 개발을 시작하였으며 2013년 7월 언론에 양산형 기체를 공개하였다. 동체 전방에 10kg, 동체 중앙에 25kg의 임무장비 탑재 가능하고, SAR, 레이저 감지 및 충돌회피 센서, EO/IR 센서, 화학탐지 센서 등을 탑재할 수 있다. 최대속도 145km/h, 최대운용고도 4.5km, 체공시간 5시간, 탑재중량은 35kg이다. 로터허브 상단에 VPRS(Vtol Parachute Rescue System)를 장착하여 엔진 정지 시 자동으로 파라슈트가 전개되어 기체의 손실을 방지할 수 있다.

Koax X-240 MkⅡ

Neo S-350

05 스웨덴

가. Skeldar V-200

스웨덴 SAAB 사에서 개발한 Skeldar 헬리콥터형 무인항공기는 2004년부터 개념연구가 시작되어, 2006년 개념 실증기인 Skeldar 5의 첫 시험비행이 있었고, 2007년 Skeldar V-150의 첫 시험비행을 거쳐 Skeldar V-200은 2008년에 시험비행에 성공하였다. V-200은 CybAero사의 Apid 55를 기반으로 개발되었으며,

Skeldar V-200 무인항공기

지상에서의 안전을 위해 로터의 회전을 제어하기 위한 브레이크가 장착되어 있다. 최대탑재중량은 30kg, 운용고도 4km, 최대속도 130km/h, 행동반경 100km, 체공시간 5시간이다. 육, 해군용, IED 탐지, 민간용도로 사용 가능하며, 스웨덴, 스페인 해군에서 운용 중이다.

나. CybAero Apid 60

스웨덴 국방연구기관(Swedish National Defence Research Establishment)과 Link ping 대학에서 공동 개발한 헬리콥터형 무인항공기이다. 첫 시제기인 Apid Mk1의 첫 시험비행은 1996년에 있었으며 점진적 개량을 거쳐 Aipd 55는 UAE 연구기관과 공동으로 개발되었다. Apid 60은 해상 감시를 목표로 한 Pelicano 프로젝트하에서 CybAero사와 스페인의 Indra사가 공동으로 개발

Apid 60 무인항공기

하였다. 주요 임무로는 정찰, 감시, 표적획득, 전자전, 통신중계, CBRN 모니터링, 탐색구조, 국경순찰, 항공사진, 산림화재감시, 환경 모니터링, 송전선 점검 등이 있다. 최대탑재중량은 50kg, 순항속도 90km/h, 운용고도 3km, 임무반경 200km, 체공시간 3시간으로 현재 스웨덴 육군 및 민간 기관에서 운용 중이다.

06 터키의 R-300

Mosquito XE 1인승 상용 경량 헬기를 기반으로 개발되었으며, 2010년 12월 첫 시험비행을 실시했다 감시, 정찰을 수행할 수 있도록 고정, 이동 표적을 추적할 수 있는 고해상도의 EO/IR 센서를 장착할 수 있도록 개발되었다. 주요 성능은 탑재중량 50kg, 운용고도 3km, 순항속도 130km/h, 항속거리 200km, 체공시

터키에서 개발 중인 R-300 헬기형 무인항공기

간 4시간이다. 체계 개발 중 완전자동 이착륙 시스템 통합, 다양한 임무장비 탑재, 향상된 데이터 링크체계 탑재 등의 시험이 수행되었으며, 터키 국내의 해군, 헌병, 경찰에서 사용되고 있다.

07 대만의 Magic-Eye

대만의 CSIST(Chung-Shan Institute of Science and Technology)에서 개발한 소형 헬리콥터형 무인항공기로 2013년 8월 대만의 타이페이 항공우주 및 국방기술 박람회에서 처음 공개되었다. 탑재중량은 20kg, 순항속도는 50km/h, 항속시간은 1시간 이내이다. 대만 해군 및 해안경비대의 단거리 정찰, 감시, 표적획득 임무에 운용되며, 가장 큰 특징은 스텔스한 동체 외형이다.

대만의 소형 헬리콥터형 무인항공기

08 이스라엘

가. NRUAV(Naval Rotary Unmanned Air Vehicle)

인도 해군 및 해안경비대의 함정에서 사용하기 위해 제안된 이스라엘 IAI 사의 헬리콥터형 무인항공기이다. 인도 HAL 사의 316B Chetak 범용 헬기를 기반으로 개발되었으며, 해상감시 및 전자전 수집을 주목적으로 하기 때문에 기체 외부에 COMINT (COMmunications INTelligence) 수집용 안테나가 돌출되어 있는 것이 특징이다. 최대속도는 185km/h, 체공시간은 최대 6시간, 최대탑재중량은 220kg이다.

나. Picador VTOL UAV

이스라엘 ADS(Aeronautics Defense Systems) 사의 헬리콥터형 무인항공기로써 이스라엘 군에 ISR, 표적획득, 정찰 임무 등을 수행할 수 있는 용도로써 제안되었다. 벨기에 Dynali사의 H2S 헬기를 기반으로 개발되었으며 해군에서 정보

Picador 헬리콥터형 무인항공기

수집 임무에 사용되던 유인 헬기를 대체하기 위해 개발되었다. 감시정찰을 위한 EO/IR 센서, SAR 레이더를 탑재하고 있으며, 신호/전자/통신 정보 수집 장비 및 레이저 지시기 장착이 가능하다.

다. Urban Aeronautics AirMule

AirMule은 UrbanAero 사의 X-Hawk를 기반으로 하고 있으며, 상황에 따라 유인/무인조종이 가능하고 화물수송 및 전장 환자 이송 등의 임무를 수행할 수 있도록 하고 있다. Airnule은 동체 내부에 덕티드 팬 형상의 내부 로터를 이용해

Airmule 수직 이착륙 유무인혼용기

수직이착륙이 가능하며, 동체 좌우측에 화물 및 환자를 수송할 수 있는 공간이 있다. 헬리콥터 형과 같은 로터를 사용하지 않아 긴 로터 반경으로 인해 접근이 어려운 산, 숲, 도심지에서 운용할 수 있는 장점이 있다.

09 일본의 농업방제용 무인헬리콥터(YAMAHA)

RCASS(Co-Axial Rotor)

R50

RMAX

Autonomous RMAX

FAZER

Agricultural RMAX

제4절 국내·외 민수 멀티콥터 및 개발현황

01 항공촬영용 무인헬리콥터

최근 몇 년 사이에 멀티콥터가 보편화되기 전에는 주로 무인헬리콥터나 헬리콥터 형 모형 항공기를 이용하여 항공촬영작업을 진행했고, 장비가 큰 GIS용 촬영작업의 경우에는 유인헬리콥터나 세스나 등의 고정익 항공기를 사용하여 촬영 작업을 진행했다.

영화촬영용 자체 제작한 3축 짐벌을 장착한 RMAX L-17 무인헬기

영화 웰컴투 동막골 촬영 작업(삼양목장)

현대상선 광고촬영 작업
(거제도 앞바다 현대LNG선상)

항공사진 촬영용 소형 3축 짐벌을 장착한
RMAX L-17 무인헬기

항공촬영/Mobile Cam용 3축 짐벌

02 항공촬영용 멀티콥터의 개발과 사용

수많은 무인항공기 제작사에서 멀티콥터형 정찰 및 촬영장비를 개발 및 제작해 왔으나, 탑재중량, 비행안정성 및 짧은 비행시간의 문제로 인해 많이 활용되지 못하고 있었으나, 중국의 DJI에서 Wookong 등 소형이면서 상대적으로 고성능, 저가 제어시스템들을 출시하면서, 본격적으로 멀티콥터가 촬영작업의 주류로 자리 잡기 시작했다.

이 후 DJI에서 Phantom이란 촬영용 멀티콥터 시스템으로 출시를 하고, 거기에 GoPro 등 소형 고해상도 카메라가 나오면서 전 세계가 멀티콥터 열풍에 빠지고 있고, 대부분의 개인용 촬영작업은 이제 소형 멀티콥터로 가능하게 되었다. 이렇게 DJI사가 세계시장의 70%를 차지하게 되는 반면에 이 장비보다 저가로서 경쟁력 있는 비행성능을 가진 장비들이 다양하게 개발 및 생산되어 시장에 선보이고 있으나 DJI의 독점 구조 유지를 깨기는 쉽지 않을 전망이다.

DJI Phantom 3 (중국)

 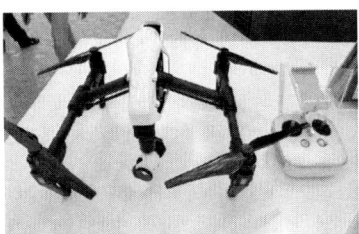 

독일 Mikrokopter사의 멀티콥터   DJI Inspire (중국)   IDEA-Fly HERO-550 (중국)

기타 멀티콥터

03 농업 방제용 멀티콥터

가. 중국의 ZOOMLION사

중국 최대 농기계 및 건설장비 업체인 ZoomLion은 2010년 항공방제용 멀티콥터 개발에 착수하여 2012년부터 본격적으로 지라이온 UAV 시리즈를 출시하면서 현재 중국 내에 3,000여대가 사용되고 있으며, 종류는 4개 기종으로 2014년 출시된 18리터 탑재 기종은 200여대가 운용되고 있다. Zoomlion은 중국 내 검증을 마친 상태에서 2015년 하반기부터 해외 수출을 개시하였다.

■ 성능 및 제원

모델	3WDM4-06(지라이온-06)	3WDM4-10(지라이온-10 A/B)	3WDM8-15A(지라이온-15)	3WDM8-20(지라이온-20)
크기(mm)	2185*2185*375	2185*2185*375	2620*2620*550±30	3800*3800*850
중량(배터리 제외)(kg)	8	12.4(8.8) / 11.5(7.9)	11	16.5
약재 탑재량(리터)	6	10±0.5	15	18±0.5
비행시간(분)	≥10	≥15	≥9	≥12
분당 살포량(리터)	0.8-0.9	0.9-1.8	1.2-2.8	1.5-4.1
살포폭(m)	6	6	5±1	≥10
1일 방제면적(ha)	20-25	20-30	20-25	30-40
배터리 충전시간	30분	30분	30분	30분

나. Art-tech 하이브리드 농업방제용

하이브리드 방식은 현재 시도 단계로서 현장에서 운용되기 위해서는 해결되어야 할 문제점을 많이 가지고 있다.

Art-tech 하이브리드 농업방제용

다. 카스컴 방제용 멀티콥터 AFOX-1

2014년 개발되어 11월 출시된 이래, 2015년에 20여대가 국내에서 사용되고 있다.

AFOX-1

04 다양한 용도의 멀티콥터 개발

인명구조

사진촬영용(한국 숨비)

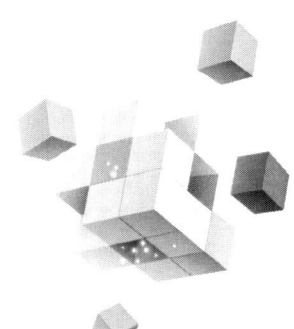

무인항공 드론 안전관리론

제2장 | 항공 · 무인항공 안전관리

- 1 국가 안전관리 프로그램
- 2 항공 안전관리 시스템
- 3 항공 안전관리 활동
- 4 무인항공 안전관리 활동

무인항공 드론 안전관리론

chapter 01 국가 안전관리 프로그램

제1절 항공안전관리 프로그램(항공안전법 제58조)

국가의 항공안전목표 달성을 위해 항공안전프로그램을 고시하고, 항공안전 의무보고를 하여야 한다.

① 국토교통부장관은 다음 각 호의 사항이 포함된 항공안전프로그램을 마련하여 고시하여야 한다.
  1. 항공안전에 관한 정책, 달성목표 및 조직체계
  2. 항공안전 위험도의 관리
  3. 항공안전보증
  4. 항공안전증진

② 다음 각 호의 어느 하나에 해당하는 자는 제작, 교육, 운항 또는 사업 등을 시작하기 전까지 제1항에 따른 항공안전프로그램에 따라 항공기사고 등의 예방 및 비행안전의 확보를 위한 항공안전관리시스템을 마련하고, 국토교통부장관의 승인을 받아 운용하여야 한다. 승인받은 사항 중 국토교통부령으로 정하는 중요사항을 변경할 때에도 또한 같다.
  1. 형식증명, 부가형식증명, 제작증명, 기술표준품형식승인 또는 부품등제작자증명을 받은 자
  2. 제35조제1호부터 제4호까지의 항공종사자 양성을 위하여 제48조제1항 단서에 따라 지정된 전문교육기관
  3. 항공교통업무증명을 받은 자
  4. 제90조(제96조제1항에서 준용하는 경우를 포함한다)에 따른 운항증명을 받은 항공운송사업자 및 항공기사용사업자
  5. 항공기정비업자로서 제97조제1항에 따른 정비조직인증을 받은 자
  6. 「공항시설법」 제38조제1항에 따라 공항운영증명을 받은 자
  7. 「공항시설법」 제43조제2항에 따라 항행안전시설을 설치한 자
  8. 제55조제2호에 따른 국외운항항공기를 소유 또는 임차하여 사용할 수 있는 권리가 있는 자

③ 국토교통부장관은 제83조제1항부터 제3항까지에 따라 국토교통부장관이 하는 업무를 체계적으로 수행하기 위하여 제1항에 따른 항공안전프로그램에 따라 그 업무에 관한 항공안전관리시스템을 구축·운용하여야 한다.

④ 제2항제4호에 따른 항공운송사업자 중 국토교통부령으로 정하는 항공운송사업자는 항공안전관리시스템을 구축할 때 다음 각 호의 사항을 포함한 비행자료분석프로그램(Flight data analysis program)을 마련하여야 한다.
  1. 비행자료를 수집할 수 있는 장치의 장착 및 운영절차
  2. 비행자료와 분석결과의 보호 및 활용에 관한 사항
  3. 그 밖에 비행자료의 보존 및 품질관리 요건 등 국토교통부장관이 고시하는 사항

⑤ 국토교통부장관 또는 제2항제3호에 따라 항공안전관리시스템을 마련해야 하는 자가 제83조제1항에 따른 항공교통관제 업무 중 레이더를 이용하여 항공교통관제 업무를 수행하려는 경우에는 항공안전관리시스템에 다음 각 호의 사항을 포함하여야 한다. 〈신설 2019. 8. 27.〉
  1. 레이더 자료를 수집할 수 있는 장치의 설치 및 운영절차
  2. 레이더 자료와 분석결과의 보호 및 활용에 관한 사항

⑥ 제4항에 따른 항공운송사업자 또는 제5항에 따라 레이더를 이용하여 항공교통관제 업무를 수행하는 자는 제4항 또는 제5항에 따라 수집한 자료와 그 분석결과를 항공기사고 등을 예방하고 항공안전을 확보할 목적으로만 사용하여야 하며, 분석결과를 이유로 관련된 사람에게 해고·전보·징계·부당한 대우 또는 그 밖에 신분이나 처우와 관련하여 불이익한 조치를 취해서는 아니 된다. 다만, 범죄 또는 고의적인 법령 위반행위가 확인되는 경우에는 그러하지 아니하다.

⑦ 제1항부터 제3항까지에서 규정한 사항 외에 다음 각 호의 사항은 국토교통부령으로 정한다.
  1. 제1항에 따른 항공안전프로그램의 마련에 필요한 사항
  2. 제2항에 따른 항공안전관리시스템에 포함되어야 할 사항, 항공안전관리시스템의 승인기준 및 구축·운용에 필요한 사항
  3. 제3항에 따른 업무에 관한 항공안전관리시스템의 구축·운용에 필요한 사항

항공안전프로그램 마련에 필요한 사항은(항공안전법 시행규칙 제131조) 다음과 같다.

법 제58조제7항제1호에 따라 항공안전프로그램을 마련할 때에는 다음 각 호의 사항을 반영하여야 한다.
  1. 항공안전에 관한 정책, 달성목표 및 조직체계
     가. 항공안전분야의 기본법령에 관한 사항
     나. 기본법령에 따른 세부기준에 관한 사항
     다. 항공안전 관련 조직의 구성, 기능 및 임무에 관한 사항

　　　라. 항공안전 관련 법령 등의 이행을 위한 전문인력 확보에 관한 사항
　　　마. 기본법령을 이행하기 위한 세부지침 및 주요 안전정보의 제공에 관한 사항
　2. 항공안전 위험도 관리
　　　가. 항공안전 확보를 위해 국토교통부장관이 수행하는 증명, 인증, 승인, 지정 등에 관한 사항
　　　나. 항공안전관리시스템 이행의무에 관한 사항
　　　다. 항공기사고 및 항공기준사고 조사에 관한 사항
　　　라. 항공안전위해요인의 식별 및 항공안전 위험도 평가에 관한 사항
　　　마. 항공안전문제의 해소 등 항공안전 위험도의 경감에 관한 사항
　3. 항공안전보증
　　　가. 안전감독 등 감시활동에 관한 사항
　　　나. 국가의 항공안전성과에 관한 사항
　4. 항공안전증진
　　　가. 정부 내 항공안전에 관한 업무를 수행하는 부처 간의 안전정보 공유 및 안전문화 조성에 관한 사항
　　　나. 정부 내 항공안전에 관한 업무를 수행하는 부처와 항공안전관리시스템을 운영하는 자, 국제민간항공기구 및 외국의 항공당국 등 간의 안전정보 공유 및 안전문화 조성에 관한 사항
　5. 국제기준관리시스템의 구축·운영
　6. 그 밖에 국토교통부장관이 항공안전목표 달성에 필요하다고 정하는 사항

항공안전의무보고 사항(항공안전법 제59조)은 아래와 같다.
① 항공기사고, 항공기준사고 또는 항공안전장애 중 국토교통부령으로 정하는 사항(이하 "의무보고 대상 항공안전장애"라 한다)을 발생시켰거나 항공기사고, 항공기준사고 또는 의무보고 대상 항공안전장애가 발생한 것을 알게 된 항공종사자 등 관계인은 국토교통부장관에게 그 사실을 보고하여야 한다. 다만, 제33조에 따라 고장, 결함 또는 기능장애가 발생한 사실을 국토교통부장관에게 보고한 경우에는 이 조에 따른 보고를 한 것으로 본다.
② 국토교통부장관은 제1항에 따른 보고(이하 "항공안전 의무보고"라 한다)를 통하여 접수한 내용을 이 법에 따른 경우를 제외하고는 제3자에게 제공하거나 일반에게 공개해서는 아니 된다.
③ 누구든지 항공안전 의무보고를 한 사람에 대하여 이를 이유로 해고·전보·징계·부당한 대우 또는 그 밖에 신분이나 처우와 관련하여 불이익한 조치를 취해서는 아니 된다.
④ 제1항에 따른 항공종사자 등 관계인의 범위, 보고에 포함되어야 할 사항, 시기, 보고 방법 및 절차 등은 국토교통부령으로 정한다.

제2절 항공안전 자율보고 및 금지행위 고지

항공안전을 해치거나 해칠 우려가 있는 경우 항공안전자율보고를 해야 하며, 비행 중 금지 행위를 고지하여야 한다.

항공안전 자율보고(항공안전법 제61조)는 다음과 같다.
① 누구든지 제59조제1항에 따른 의무보고 대상 항공안전장애 외의 항공안전장애(이하 "자율보고대상 항공안전장애"라 한다)를 발생시켰거나 발생한 것을 알게 된 경우 또는 항공안전위해요인이 발생한 것을 알게 되거나 발생이 의심되는 경우에는 국토교통부령으로 정하는 바에 따라 그 사실을 국토교통부장관에게 보고할 수 있다.
② 국토교통부장관은 제1항에 따른 보고(이하 "항공안전 자율보고"라 한다)를 통하여 접수한 내용을 이 법에 따른 경우를 제외하고는 제3자에게 제공하거나 일반에게 공개해서는 아니 된다.
③ 누구든지 항공안전 자율보고를 한 사람에 대하여 이를 이유로 해고·전보·징계·부당한 대우 또는 그 밖에 신분이나 처우와 관련하여 불이익한 조치를 해서는 아니 된다.
④ 국토교통부장관은 자율보고대상 항공안전장애 또는 항공안전위해요인을 발생시킨 사람이 그 발생일부터 10일 이내에 항공안전 자율보고를 한 경우에는 고의 또는 중대한 과실로 발생시킨 경우에 해당하지 아니하면 이 법 및 「공항시설법」에 따른 처분을 하여서는 아니 된다.
⑤ 제1항부터 제4항까지에서 규정한 사항 외에 항공안전 자율보고에 포함되어야 할 사항, 보고 방법 및 절차 등은 국토교통부령으로 정한다.

비행 중 금지행위 등(항공안전법 제68조) 항공기를 운항하려는 사람은 생명과 재산을 보호하기 위하여 다음 각 호의 어느 하나에 해당하는 비행 또는 행위를 해서는 아니 된다. 다만, 국토교통부령으로 정하는 바에 따라 국토교통부장관의 허가를 받은 경우에는 그러하지 아니하다.
 1. 국토교통부령으로 정하는 최저비행고도(最低飛行高度) 아래에서의 비행
 2. 물건의 투하(投下) 또는 살포
 3. 낙하산 강하(降下)
 4. 국토교통부령으로 정하는 구역에서 뒤집어서 비행하거나 옆으로 세워서 비행하는 등의 곡예비행
 5. 무인항공기의 비행
 6. 그 밖에 생명과 재산에 위해를 끼치거나 위해를 끼칠 우려가 있는 비행 또는 행위로서 국토교통부령으로 정하는 비행 또는 행위

항공 안전관리 시스템

제1절 항공안전관리 시스템의 승인

항공안전관리시스템의 승인 등(항공안전법 시행규칙 제130조)은 다음과 같다.
① 법 제58조제2항에 따라 항공안전관리시스템을 승인받으려는 자는 별지 제62호서식의 항공안전관리시스템 승인신청서에 다음 각 호의 서류를 첨부하여 제작·교육·운항 또는 사업 등을 시작하기 30일 전까지 국토교통부장관 또는 지방항공청장에게 제출해야 한다.
  1. 항공안전관리시스템 매뉴얼
  2. 항공안전관리시스템 이행계획서 및 이행확약서
  3. 제2항에서 정하는 항공안전관리시스템 승인기준에 미달하는 사항이 있는 경우 이를 보완할 수 있는 대체운영절차
② 제1항에 따라 항공안전관리시스템 승인신청서를 받은 국토교통부장관 또는 지방항공청장은 해당 항공안전관리시스템이 별표 20에서 정한 항공안전관리시스템 구축·운용 및 승인기준을 충족하고 국토교통부장관이 고시한 운용조직의 규모 및 업무특성별 운용요건에 적합하다고 인정되는 경우에는 별지 제63호서식의 항공안전관리시스템 승인서를 발급하여야 한다.
③ 법 제58조제2항 후단에서 "국토교통부령으로 정하는 중요사항"이란 다음 각 호의 사항을 말한다.
  1. 안전목표에 관한 사항
  2. 안전조직에 관한 사항
  3. 항공안전장애 등 항공안전데이터 및 항공안전정보에 대한 보고체계에 관한 사항
  4. 항공안전위해요인 식별 및 위험도 관리
  5. 안전성과지표의 운영(지표의 선정, 경향성 모니터링, 확인된 위험에 대한 경감 조치 등)에 관한 사항
  6. 변화관리에 관한 사항
  7. 자체 안전감사 등 안전보증에 관한 사항
④ 제3항에서 정한 중요사항을 변경하려는 자는 별지 제64호서식의 항공안전관리시스템 변경승인 신청서에 다음 각 호의 서류를 첨부하여 국토교통부장관 또는 지방항공청장에게

제출하여야 한다.
1. 변경된 항공안전관리시스템 매뉴얼
2. 항공안전관리시스템 매뉴얼 신·구대조표
⑤ 국토교통부장관 또는 지방항공청장은 제4항에 따라 제출된 변경사항이 별표 20에서 정한 항공안전관리시스템 승인기준에 적합하다고 인정되는 경우 이를 승인하여야 한다.

제2절 항공안전관리 시스템에 포함되어야 할 사항

항공안전관리시스템에 포함되어야 할 사항(항공안전법 시행규칙 제132조)은 다음과 같다.
① 법 제58조제4항제2호에 따른 항공안전관리시스템에 포함되어야 할 사항은 다음 각 호와 같다.
  1. 항공안전에 관한 정책 및 달성목표
    가. 최고경영자의 권한 및 책임에 관한 사항
    나. 안전관리 관련 업무분장에 관한 사항
    다. 총괄 안전관리자의 지정에 관한 사항
    라. 위기대응계획 관련 관계기관 협의에 관한 사항
    마. 매뉴얼 등 항공안전관리시스템 관련 기록·관리에 관한 사항
  2. 항공안전 위험도의 관리
    가. 항공안전위해요인의 식별절차에 관한 사항
    나. 위험도 평가 및 경감조치에 관한 사항
    다. 자체 안전보고의 운영에 관한 사항
  3. 항공안전보증
    가. 안전성과의 모니터링 및 측정에 관한 사항
    나. 변화관리에 관한 사항
    다. 항공안전관리시스템 운영절차 개선에 관한 사항
  4. 항공안전증진
    가. 안전교육 및 훈련에 관한 사항
    나. 안전관리 관련 정보 등의 공유에 관한 사항
  5. 그 밖에 국토교통부장관이 항공안전관리시스템 운영에 필요하다고 정하는 사항

항공안전 의무보고 절차(항공안전법 시행규칙 제134조)는 다음과 같다.
① 법 제59조제1항 본문에서 "항공안전장애 중 국토교통부령으로 정하는 사항"이란 별표 20의2에 따른 사항을 말한다.

② 법 제59조제1항 및 법 제62조제5항에 따라 다음 각 호의 어느 하나에 해당하는 사람은 별지 제65호서식에 따른 항공안전 의무보고서(항공기가 조류 또는 동물과 충돌한 경우에는 별지 제65호의2서식에 따른 조류 및 동물 충돌 보고서) 또는 국토교통부장관이 정하여 고시하는 전자적인 보고방법에 따라 국토교통부장관 또는 지방항공청장에게 보고해야 한다.
  1. 항공기사고를 발생시켰거나 항공기사고가 발생한 것을 알게 된 항공종사자 등 관계인
  2. 항공기준사고를 발생시켰거나 항공기준사고가 발생한 것을 알게 된 항공종사자 등 관계인
  3. 법 제59조제1항 본문에 따른 의무보고 대상 항공안전장애(이하 "의무보고 대상 항공안전장애"라 한다)를 발생시켰거나 의무보고 대상 항공안전장애가 발생한 것을 알게 된 항공종사자 등 관계인(법 제33조에 따른 보고 의무자는 제외한다)
③ 법 제59조제1항에 따른 항공종사자 등 관계인의 범위는 다음 각 호와 같다.
  1. 항공기 기장(항공기 기장이 보고할 수 없는 경우에는 그 항공기의 소유자등을 말한다)
  2. 항공정비사(항공정비사가 보고할 수 없는 경우에는 그 항공정비사가 소속된 기관・법인 등의 대표자를 말한다)
  3. 항공교통관제사(항공교통관제사가 보고할 수 없는 경우 그 관제사가 소속된 항공교통관제기관의 장을 말한다)
  4. 「공항시설법」에 따라 공항시설을 관리・유지하는 자
  5. 「공항시설법」에 따라 항행안전시설을 설치・관리하는 자
  6. 법 제70조제3항에 따른 위험물취급자
  7. 「항공사업법」 제2조제20호에 따른 항공기취급업자 중 다음 각 호의 업무를 수행하는 자
    가. 항공기 중량 및 균형관리를 위한 화물 등의 탑재관리, 지상에서 항공기에 대한 동력지원
    나. 지상에서 항공기의 안전한 이동을 위한 항공기 유도
④ 제2항에 따른 보고서의 제출 시기는 다음 각 호와 같다.
  1. 항공기사고 및 항공기준사고: 즉시
  2. 항공안전장애:
    가. 별표 20의2 제1호부터 제4호까지, 제6호 및 제7호에 해당하는 의무보고 대상 항공안전장애의 경우 다음의 구분에 따른 때부터 72시간 이내(해당 기간에 포함된 토요일 및 법정공휴일에 해당하는 시간은 제외한다). 다만, 제6호가목, 나목 및 마목에 해당하는 사항은 즉시 보고해야 한다.
      1) 의무보고 대상 항공안전장애를 발생시킨 자: 해당 의무보고 대상 항공안전장애가 발생한 때

2) 의무보고 대상 항공안전장애가 발생한 것을 알게 된 자: 해당 의무보고 대상 항공안전장애가 발생한 사실을 안 때
나. 별표 20의2 제5호에 해당하는 의무보고 대상 항공안전장애의 경우 다음의 구분에 따른 때부터 96시간 이내. 다만, 해당 기간에 포함된 토요일 및 법정공휴일에 해당하는 시간은 제외한다.
　　1) 의무보고 대상 항공안전장애를 발생시킨 자: 해당 의무보고 대상 항공안전장애가 발생한 때
　　2) 의무보고 대상 항공안전장애가 발생한 것을 알게 된 자: 해당 의무보고 대상 항공안전장애가 발생한 사실을 안 때
다. 가목 및 나목에도 불구하고, 의무보고 대상 항공안전장애를 발생시켰거나 의무보고 대상 항공안전장애가 발생한 것을 알게 된 자가 부상, 통신 불능, 그 밖의 부득이한 사유로 기한 내 보고를 할 수 없는 경우에는 그 사유가 해소된 시점부터 72시간 이내

항공안전 자율보고의 절차(항공안전법 시행규칙 제135조)는 다음과 같다.
① 법 제61조제1항에 따라 항공안전 자율보고를 하려는 사람은 별지 제66호서식의 항공안전 자율보고서 또는 국토교통부장관이 정하여 고시하는 전자적인 보고방법에 따라 한국교통안전공단의 이사장에게 보고할 수 있다.
② 제1항에 따른 항공안전 자율보고의 접수·분석 및 전파 등에 관하여 필요한 사항은 국토교통부장관이 정하여 고시한다.

chapter 03 항공 안전관리 활동

제1절 안전관리

01 기본 개념

가. 안전(Safety, 安全)의 정의

안전이란 위험이 없는 상태를 말하며, 한자의 뜻풀이를 하여보면 편안할 安에 온전할 全으로 편안함이 온전하다는 뜻으로 해석해 볼 수 있다. 안전은 여러 문헌별로 그 목적에 부합되게 그 정의가 다양하게 표현되어 있다. 먼저 기업에서의 안전이란 재해나 위험의 소지가 없고 사람이 상해를 받지 않으며, 물자의 손해나 손상을 입지 않는 상태를 말한다. 구체적으로 알아보면 먼저 광의의 의미로 안전은 인간생활의 복지향상을 위하여 산업을 통해 직접 또는 간접적으로 어떤 형태의 생존권 침해도 받지 않는 상태이며, 이를 적극적인 안전이라 한다. 협의의 안전은 산업을 위한 재난으로부터의 보호이며, 소극적인 안전이라 할 수 있다. 작업자가 업무수행 과정에서의 안전이란 구체적으로 위험이나 잠재적 위험성이 존재할 염려가 없는 상태, 또는 조건이며, 상해를 입을만한 절박한 위험이 존재하지 않는 것이다.

안전의 기본원리는 사고방지 차원에서의 산업재해 예방활동을 통해 무재해를 이룩한다는 것이다. 근본적으로 사고는 물적 불안전한 상태 및 인적 불안전한 행동의 두 가지의 불안전한 요소가 직접 원인으로 작용하여 발생하는 것이기 때문에 이들 불안전 요소를 찾아내어 제거해 주면 사고는 방지할 수 있다. 최근에는 사고는 위험으로부터 초래하는 것이기 때문에 사고방지를 위해서는 현장에서 존재하는 위험을 찾아내어 이를 제거해 주거나, 위험성을 최소화한다는 위험통제의 개념이 적용되고 있다.

안전에 대한 또 다른 의미를 살펴보자.

① 국어사전에서는 "위험이 생기거나 사고가 날 염려가 없음. 또는 그런 상태" "위험이 생기거나 사고가 날 염려가 없는 상태"라고 하며,

② 웹스터 사전에서의 안전은 "상해, 손실, 감손, 위해 또는 위험에 노출되는 것으로부터의 자유를 말하며, 그와 같은 자유를 위한 보관, 보호 또는 방호장치와 잠금장치, 질병의 방지에 필요한 기술 및 지식"을 말한다.
③ 하인리히는 안전을 "사고예방"이라 하고, 과학과 기술의 체계를 안전에 도입하여 '사고예방은 물리적 환경과 인간 및 기계의 관계를 통제하는 과학인 동시에 기술(art)'라고 하였다.

이에 항공안전은 항공기를 운용함에 있어서 Human Error와 같은 인적요인, 풍향·풍속·안개·강우 등과 같은 환경적 요인 그리고 기체결함, 정비결함과 같은 물적 요인에 의해 발생 가능한 사고의 위험으로부터 벗어난 상태라 할 수 있다. 비행안전은 이러한 항공안전을 실천하기 위해비행 전·중·후를 망라 하여 규정과 절차를 준수하면서 운항하는 것을 의미한다. 정비안전은 항공안전 분야 중 물적 요인에 해당하는 것으로 안전운항을 보장하기 위해 규정과 절차에 의해 정비 업무를 수행하며, 항공기 상태를 고려하여 예방정비를 실시하는 등 항공안전을 실천하기 위한 가장 기초단계라 할 수 있다.

나. 안전관리(Safety management)

최근 산업의 발전과 더불어 기업의 생산성 향상과 원가 절감을 위해 복잡한 기계, 고도로 발달된 과학기술을 사용함으로써 보이지 않는 위험요인은 더 많아지고, 기계, 설비의 대형화와 사용되는 동력의 증가는 사망으로 직접 연결되는 등 중대한 재해의 발생 위험성이 더 가중되고 있으며, 주변의 환경오염으로 지역 주민들에게 막대한 피해를 주게 되어 사회적인 문제로 확대되고 있는 실정이다. 이러한 각종 재해의 발생이 대형화되고 복잡해짐에 따라 재해 예방의 대책도 이에 맞는 관리가 필요하게 되었다.

안전관리란 생산성의 향상과 재해로부터의 손실을 최소화하기 위하여 행하는 것으로 재해의 원인 및 경과의 규명과 재해방지에 필요한 과학 기술에 관한 계통적인 지식체계의 관리를 말한다. 즉, 사업의 운영에 수반되는 재해의 예방을 위한 경영자의 합리적이고 조직적인 일련의 조치이다. 또한 안전관리는 "비능률적 요소인 재해가 발생하지 않는 상태를 유지하기 위한 활동" 즉 "재해로부터 인간의 생명과 재산을 보호하기 위한 계획이고 체계적인 제반 활동"을 말한다.

다. 항공안전관리

항공안전관리란 전 항공종사자가 부여된 항공임무를 성공적으로 수행하기 위해 비행임무를 계획하고 준비하고 시행하는 과정의 위험요인들을 찾아내어 이를 통제하거나 관리함으로써 항공자원을 보호하기 위해 실시하는 조직적인 활동 또는 과정을 말한다.

항공안전관리의 중요성은 경제적인 측면과 조직의 운영유지 측면에서 매우 중요하다. 먼저 경제적인 측면을 볼 때 안전에 대한 대다수 사람들의 인식은 의외로 극히 소극적이다.

안전관리업무를 추진하면서 가장 어려운 점은 안전이 최고로 중요하다고 말로만 주장하는 것이다. 이를 엄밀하게 살펴보면 안전관리의 문제는 규정과 절차를 지켜야 한다는 어렵고 곤란한 문제가 아니라 궁극적으로는 경제적 논리와 윤리의 문제이다.

실제적으로 안전에 대한 인식은 경제적 측면에서 재산상의 손실 등이 구체적으로 부각될 때 그 중요성을 새삼 재인식하게 된다. 그러나 우리는 안전사고로 인해 재산상의 손실이 발생하게 되는 경제적인 피해보다는 인명피해에 따른 윤리적 측면의 문제를 더욱더 중시해야 된다. 만약 임무수행 중 발생한 사고로 인하여 조종사가 상해 또는 부상을 입었다면, 부상자가 치료를 받고 다시 직무수행을 할 수 있을 때까지의 경제적 가치와 윤리적·도덕적 가치를 환산했을 때, 사고발생 후 사고비용을 지불하는 것보다 이를 미연에 방지하는 것이 훨씬 저렴하다는 경제적 논리를 생각해야 할 것이다.

항공기(무인항공기 포함)는 사고 발생 시 첫째, 시간손실과 추가비용에 따른 손실이 발생하게 된다. 항공기 사고가 발생하면 일반적으로 항공기 운항은 항공기 사고조사를 위해 정지되며 적어도 사고의 잠정적인 이유가 밝혀지면 운항이 재개된다. 이때, 사고 처리를 위해서는 본연의 업무 이외에 추가적인 업무(사고조사, 공청회, 기술검토회 등)들이 부여되며, 이에 대한 모든 비용을 지불해야 한다. 둘째, 대체 인력양성 비용이 증가하게 된다는 점이다. 조종사가 사망하거나 다치면 이들에 대한 손실인력을 훈련시키고 양성해야 하며 이를 위해서는 상당한 비용이 수반된다. 셋째, 항공기 사고 시 막대한 자연정화 및 질서회복 비용이 수반된다. 사고 항공기의 남은 연료가 땅에 흡수되므로 이를 정화시켜야 한다. 더구나 경우에 따라 소송이 발생되면 엄청난 금전적 손실이 온다. 또한 탑승자나 승무원 중에 사망자가 발생되면 유가족에 대한 교통과 숙박, 장례 준비비, 의료비, 추모 행사비용 등에도 막대한 비용이 수반된다. 넷째, 항공기 사고로 인해 보유항공기의 가동률이 감소된다. 사고 항공기를 제외한 나머지 항공기로 동일한 비행임무를 수행 시 예상치 않은 정비와 검사비용이 수반된다.

다음으로 조직의 운영유지 측면을 보면 조직의 활동간 발생할 수 있는 제반 위험요소를 찾아내어 통제 및 관리함으로써 항공기 사고를 사전에 예방하고 인적·물적 자원을 보전하여 최상의 운영능력을 유지할 수 있다.

- 사고 및 재해로부터 인명과 재산의 보호
- 시설 및 장비 보존을 통한 비용의 절약
- 구성원의 사기 앙양
- 효율적인 항공 임무수행 가능
- 유능한 인재양성을 통한 부서 운영능력 향상

라. 항공안전관리 요소 및 원칙

(1) 항공안전관리 요소

A 건강관리

항공종사자는 임무수행을 위해 항상 최상의 건강상태를 유지할 수 있도록 평상시 건강관리에 유의해야 한다. 임무수행 전 충분한 수면과 음식을 섭취하고 비행 전 적당한 휴식을 취하고 평시 체력향상에 힘써야 한다.

B 자격관리

부서의 장은 자기 부서에 소속된 조종사에 대해 내실 있는 비행훈련을 통해 명시된 자격을 관리 유지해야 한다. 현재 운영되고 있는 항공기 및 무인항공기는 과학화, 첨단화 되어가고 있으며 많은 임무형 장비를 탑재 운영하고 있다. 조종사는 이와 같은 고가, 고성능화 되어 있는 장비체계 및 비행업무 절차와 규정 등을 숙지하고 비행임무를 수행할 수 있는 능력을 구비해야 한다.

C 부서(조직)관리

부서(조직)의 장은 부서(조직)의 임무 또는 과업을 완수하기 위해 인원, 물자, 장비, 시설, 예산 및 시간 등을 효율적으로 활용하고 안정적인 부서(조직)운영을 통해 공동의 목표를 달성하기 위한 역량을 집중해야 한다. 부서(조직) 역량 집중을 위한 선결조건은 항공안전의 실천이다. 항공안전관리를 소홀히 하여 항공기 사고로 인명손실이 발생된다면 항공기 사고조사로 인한 노력과 낭비로 안정적인 부서(조직)운영이 불가능하다.

(2) 안전관리 원칙

- 사전 문제점 파악
- 상황과 조건 확인 및 통제
- 임무수행을 위한 관리체제와 통합
- 책임감 부여
- 불안전 요소 확인·분류·통제
- 제도·절차상 결함 발굴
- 불안전한 행동을 유발하는 물리적·심리적 환경 변화
- 효율적인 안전체계를 구축하는 필수 요소는 인간·기계·환경이므로 상호 다른 요소에 미치는 영향 고려
- 안전관리 체계는 조직 문화에 적합
- 안전절차가 효과적으로 운영되도록 기준 마련

A 사전 문제점 파악

불안전한 행동과 조건으로 발생되는 사고는 부서(조직)관리 시스템내의 무엇인가가 잘못되었다는 징후의 표시이다. 모든 사고는 우리가 시스템이나 절차들의 문제점을 관찰할 수 있는 창이 되어 있다. 사고나 불안전한 행동 및 불안전한 조건은 원인이 아니라 증상이며, 이러한 증상이 나타나는 원인이 무엇인가를 결정하기 위해 그 불안전한 행동과 조건이 발생하게 된 배경을 살펴야 한다. 모든 항공종사자는 이러한 불안전한 행동과 사고를 발생시킬 수 있는 원인이 무엇인가를 결정하기 위해 증상을 진단하고 제거해야 하며, 안전을 위해 어떠한 규정과 절차를 적용하게 되어 있는지 확인하고 적용하는 습성을 갖추어야 한다.

B 상황과 조건 확인 및 통제

항공기 사고는 사고발생 이전에 인적, 물적, 환경적 요인에 의한 불안전 요소가 사전 인지될 수 있다. 따라서 부서(조직)의 장 및 참모는 사고발생 요인을 찾아내어 사전 통제하고 관리하는 조치가 필요하다.

C 임무수행을 위한 관리체제와 통합

안전활동은 부서(조직)활동과 통합관리 되어야 한다. 관리는 부서(조직)의 임무 또는 과업을 능률적으로 완수하기 위하여 인원, 시설, 물자, 장비 및 시간 등 가용자원을 효율적으로 활용하는 과정이다. 부서(조직)의 장은 안정적인 부서(조직)관리를 통해 성취 가능한 목표를 설정·계획·조직하고, 목표를 달성하기 위한 통제를 실시함으로써 안전이 보장될 수 있도록 해야 한다.

D 책임감 부여

부서(조직)의 장은 부서(조직)의 임무와 특성에 따라 부서(조직)원 개개인의 능력을 고려하여 직책을 부여하고, 이에 따른 명확한 임무와 책임을 부여해 주어야 한다. 안전업무와 관련하여 책임이 강조되는 이유는 항공기 운항을 위해 각 기능이 맡은바 제 임무를 수행하지 못했을 때는 돌이킬 수 없는 위험한 결과를 초래하기 때문이다. 부서(조직)에서 수행하는 임무는 어려운 환경과 생사를 초월한 극한적인 상황에서 수행되므로 왕성한 책임감이 없으면 임무수행이 불가능하다.

E 불안전 요소 확인·분류·통제

항공기 사고예방을 위해 불안전한 행동의 원인들을 확인하고 통제하는 것은 가능하다. 확인된 불안전한 행동의 원인에는 과부하(개인의 능력을 넘어서는 업무가 부과될 때)나, 스트레스 등으로 실수를 유발하여 잘못된 결정을 하는 경우 등이 있다. 이러한 각각의 원인들은 통제가 가능하다. 안전의 관점에서 부서(조직)의 장 및 참모의 기본적인 임무는 불안전한 행동 자체가 아니라 불안전 행동의 원인을 확인하고 조치하는 것이다.

F 제도·절차상 결함 발굴

안전에서 해야 하는 기능은 사고가 발생되지 않도록 조직 내의 결함요소를 발견, 부서(조직) 특성에 맞는 효율적인 안전관련 제도와 규정을 보완하는 것이다.

G 불안전한 행동을 유발하는 물리적·심리적 환경 변화

대부분의 경우 불안전한 행동이라는 것은 정상적인 사람의 행동이다. 불안전한 행동은 정상적인 사람이 그들이 처한 환경에 반응한 결과이다. 따라서 우리의 과제는 부서(조직)원들을 불안전한 행동으로 이끄는 물리적 환경과 심리적 환경을 변화시키는 것이다.

H 효율적인 안전체계를 구축하는 필수 요소는 인간·기계·환경이므로 상호 다른 요소에 미치는 영향 고려

효과적인 안전 시스템을 구축하기 위한 3가지 주요한 시스템은 물리적 요소, 관리적 요소, 그리고 사람의 행동적 요소이다. 안전업무를 담당하는 부서(조직)의 장 및 참모는 이러한 시스템을 효율적으로 관리하고 통제하기 위한 항공안전이론 및 적용방법을 지속적으로 연구해야 한다.

I 안전관리 체계는 조직 문화에 적합

안전 시스템은 부서(조직)의 임무와 특성에 부합된 조직의 문화를 창출할 수 있어야 한다. 지시적이고 권위적인 안전 프로그램은 조직 내에 개방적이고 참여적인 문화를 구축시키지 못한다.

J 안전절차가 효과적으로 운영되도록 기준 마련

단 한 가지 방법으로 안전성과를 기대하기는 곤란하므로 안전절차가 효과적으로 운영되도록 기준을 마련해야 한다. 부서(조직)내에서 안전을 달성하기 위한 방법으로 옳은 방법이 하나만 있는 것은 아니다. 안전 시스템이 효과적으로 작동하기 위해서는 다음 사항이 충족되도록 해야 한다.

- 부서(조직)의 장은 부여된 안전관련 업무수행을 확인·감독하라
- 안전관련 활동에 전 참모를 개입시켜라
- 상급 부서(조직)의 장이 관심을 가지고 있음을 가시적으로 보여라
- 부서(조직)원들을 참여시켜라
- 유연성(융통성)을 유지하라
- 긍정으로 지각하라(긍정적인 면을 보여라)

마. 안전제일(Safety First)

(1) 안전제일의 유래

안전제일은 생산이나 품질의 향상에 중점을 두기보다 안전을 최우선적으로 고려하여 실행하는 것을 말한다. 1906년 미국의 U.S Steel Co.에서 산업재해가 많이 발생하여 회장인 E.H. Gary는 주변의 많은 반대를 무릅쓰고 회사의 경영방침인 '품질 제1, 생산 제2, 안전 제3'을 '안전 제1, 품질 제2, 생산 제3'으로 바꾸고 시책을 실시하였다. 그 결과 재해가 감소함과 동시에 품질이 좋아지고 생산성이 향상되어 회사의 번영을 가져왔다는 것에서 "Safety First"이란 말이 하나의 슬로건으로 널리 사용되었다. Gary 회장의 "안전제일" 방침은 작업자에게 요구하는 것보다도 경영자나 관리자가 행하여야 할 직무가 더 크므로 경영자나 관리자의 의욕과 실천이 선행될 때 비로소 달성될 수 있는 것이라고 할 수 있다.

(2) Gary 회장의 안전제일 행동

첫째, 안전제일의 공장설비는 ① 공장시설과 기계 배치는 작업순서와 운반의 단축을 최대로 고려하여 배치하고 ② 구내 철도의 연장거리를 최소로 단축하고, 교차로에는 정지 및 경고표시를 설치하였다. ③ 모든 기호는 여러 나라의 국어로 연서하고, 기계와 기계 사이에는 터널을 구축하여 작업자들이 기계 사이를 횡단하지 않게 하였다. ④ 기계에는 반드시 안전장치를 설치하고, 노출된 회전부에는 보호덮개를 설치하였으며, ⑤ 공장 내의 조명을 밝게 하고, 정리정돈 및 청결을 유지하게 하였다.

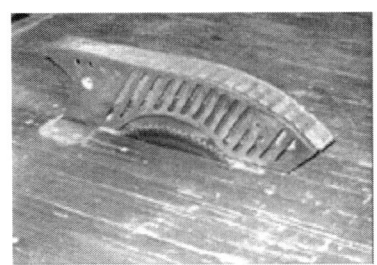

둘째, 근로자의 복지를 위한 공장이외의 안전제일 시설(Gary 시 건설)은 ① 근로자들의 사택을 건설하고, 꽃밭이나 채소밭의 토지를 공급하고, ② 병원의 시설을 완비하고 명의를 채용하였으며, ③ 학교를 설립하여 자녀 교육에 대한 부담을 일소시켰다. ④ 기타 위생, 수도, 가스, 교통편의 등의 설비를 완전하게 조치하여 주었다.

02 사고와 재해

가. 개요

사고(accident)라는 말의 어원은 라틴어에서 유래된 것으로 라틴어의 cido(떨어지다, 전도되다)라는 단어에 접두어 ac가 붙여져서 영어의 accident로 명사화한 것으로서 떨어지거나 전도되는 것이 '사고'라는 의미로 변화된 것은 인간이 원시시대부터 입어온 불행 중에서 가장 큰 원인을 제공한 것이 'cido'였기 때문이다.

또 사고는 인간이 원시시대로부터 농경사회를 거쳐 산업혁명으로 기계가 인간의 역할을 대신할 수 있는 시대까지 인간의 모든 활동과 생활에서, 그리고 모든 산업 활동에서 필연적으로 발생하면서 불행을 안겨주었기에 일찍이 국제노동기구(ILO)는 「사고란 사람이 물체나 물질 또는 다른 사람과의 접촉에 의해서 혹은 그 작업방법 등에 의해서 상해를 입는 사건을 말한다.(An accident is an event involving the contact of a person with an object, on a substant, or another person, or the exposure of the person to object or conditions, or the movement of person, which results in a personal injury.)」로 정의하고 옥스퍼드 영영 사전에는 「사고란 뜻밖에 잘못 발생하거나 저절로 일어난 일이나 탈(event without apparent cause, the unexpected, unintentional act, chance misfortune, mishap)」로 표현되어 있다.

나. 사고의 정의

(1) 일반적 사고의 정의

미국의 안전보건 백과사전에서는 사고를 다음과 같이 정의하고 있다.

「사고란 상해를 수반하는 바람직하지 않은, 예기치 않은, 비계획적이고, 비의도적인 사건으로 정의될 수 있다. (An accident may be defined as an undesirable, unexpected, unplanned, unintended occurrence which involve injury.)」 즉, 현대와 같은 각종 산업사회에서 발생하는 새로운 산업안전개념의 사고가 출현되고 있다.

A 바람직하지 않은 사건 (Undesirable event)

바람직하지 않은 사건, 소망스럽지 않은 사건이란 오늘날의 복잡한 사회환경 및 산업현장에서 발생하는 각종 원인에 의한 화재, 폭발사건, 산업적인 낭비(industrial waste), 에너지의 손실(loss), 기계 및 장비의 마모, 작업 과정의 흐름을 방해하는 병목현상, 각종 오염물질이나 유해물질 등의 공해, 시간손실, 상해 사건 등을 사고로 인정하면서 이러한 바람직하지 않은 사건을 모두 새로운 사고 개념으로 표현하고 있다.

B 비능률적 사건 (Inefficient event)

1951년 뉴욕대학의 카터가 주장한 바 있는 "모든 산업 활동에서 비능률적인, 비효율적인 일들"을 사고의 개념으로 정리하고 있다. 일찍이 하인리히도 1931년 그의 저서에서 "생산적인 안전관리계획이 가장 효율적인 안전관리 계획이다."라고 지적하여 능률적인 산업 활동이 곧 가장 효율적인 생산이고 안전이라는 점에서 합리적인 표현이라 하겠다.

C 계획되지 않은 사건 (Unplanned event)

계획되어 있는 위해 또는 계산에 넣은 위험이나 피해(calculated risk)를 사람이나 물질이 입었을 때 이를 사고로 볼 수 없다는 이론이다. 즉 계산되어진 위해 및 위험의 개연성, 고의성이 뚜렷한 사건(planned event)은 안전업무에서 사고로 인정하지 않고 있는 것이 일반적인 통념이다.

D 긴장된 사건 (Strained event)

인간이 외부로부터 중압감을 계속 받고 긴장된 상태가 지속되면 육체적으로, 정신적으로 견디기 힘든 한계에 이르게 되고 풍선이 팽창한계를 넘어 터지거나 물체가 변형되는 것과 같은 상태가 되어 위험을 초래하게 된다. 근래에는 특히 복잡한 산업사회, 인간관계에서 심리적으로 스트레스가 지속될 때 인적, 물적 피해를 가져오게 되는데 이러한 긴장된 사건을 사고의 개념으로 인정하고 있다

다. 안전사고와 재해

(1) 안전사고(Accident)

"공장이나 공사장 등에서 안전 교육의 미비, 또는 부주의 따위로 일어나는 사고"를 말한다. 즉 고의성이 없는 어떤 불안전한 행동이나 조건이 선행되어, 작업능률을 저하시키며, 직접 또는 간접적으로 인명이나 재산상의 손실을 가져 올 수 있는 사건이다. 안전사고는 업무활동의 능률을 저하시키고 조직의 사기를 떨어뜨리는 좋지 않는 사고라고 할 수 있다.

(2) 재해(Loss, calamity)

재앙으로 말미암아 받는 피해. 지진, 태풍, 홍수, 가뭄, 해일, 화재, 전염병 따위에 의하여 받게 되는 피해를 말하며, 안전사고의 결과로 일어난 인명과 재산상의 손실을 가져올 수 있는 사건을 말한다. 산업안전관리 전문가인 박필수는 그의 저서에서 재해란 물체, 물질, 인간 또는 방사선의 작용 또는 반작용에 의해서 인간의 상해 또는 그 가능성이 생기는 것과 같은 예상 외의 더욱이 억제되지 않는 사상이라고 하였다. 이것은 발생한 것만이 아니라 발생할 가능성이 있는 것도 포함됨을 의미한다.

(3) 산업재해(Industrial Loss)

통제를 벗어난 에너지의 광란으로 인하여 입은 인명과 재산의 피해현상을 말한다. 즉, 노동과정에서 작업환경 또는 작업행동 등 업무상의 사유로 발생하는 노동자의 신체적·정신적 피해를 말하며, 노동재해라고도 한다. 여기에는 부상, 그로 인한 질병·사망, 작업환경의 부실로 인한 직업병 등이 포함된다. 산업재해는 제조업의 노동과정에서뿐만 아니라 광업·토목·운수업 등 모든 분야에서 발생할 가능성이 있다.

산업재해에 대하여 ILO(국제노동기구)에서는 "사람이 물체나 물질 또는 타인과 접촉하였거나, 각종의 물체 및 작업조건에 놓여 짐으로써, 또는 사람의 동작으로 인하여 사람의 상해를 동반하는 사건이 일어나는 것"을 말한다.

미국 NSC(국가안전협의회의)에서 업무상의 상해를 "직업병을 포함하여 작업과 관련한 노동에서 발생한 것으로 정의하고 가정과 농장의 잡무 등에 관련된 사무는 제외한다"고 하였다.

R. P. Blake는 산업재해를 "관련하는 산업활동의 정상적인 진행을 저지하고 또는 방해할 사건이 일어나는 것이다"라고 하였다. F. G. Lippert는 산업재해를 "결함이 있는 작업조건 및 부적성의 작업방법에 의해 초래되는 계획되지 않은 사건이 일어나는 것"이다.

Heinrich는 산업재해를 "물체, 물질, 사람 또는 방사선의 작용 혹은 반작용 때문에 사람에게 상해를 가져오는 계획을 하지 않은 통제의 범위 외 사건이 일어나는 것"을 말한다.

라. 사고와 상해의 차이

사고는 반드시 인명피해나 재산상의 손실을 수반하나 경우에 따라서 인명 또는 재산상의 일방적 손실만을 수반할 때도 있고 또는 아무런 손실을 수반하지 않는 경우도 있을 수 있어 다음과 같이 구분해 볼 수 있다.

먼저 상해란 인명피해만을 초래하였을 경우를 말하고 사고는 인명피해 없이 물적 피해만을 수반할 경우를 말하며 이 경우 상해라는 용어는 사용할 수 없으므로 재해 또는 손실이란 용어를 사용하는 것이 타당할 것이다.

마. 산업안전보건법상의 산업재해의 정의(법률 제11862호, 2013.6.4, 타법개정)

산업안전보건법상에서 정의하는 "산업재해"란 근로자가 업무에 관계되는 건설물·설비·원재료·가스·증기·분진 등에 의하거나 작업 또는 그 밖의 업무로 인하여 사망 또는 부상하거나 질병에 걸리는 것을 말한다.

위의 정의에서 물적 손실을 포함하지 않는 이유는 안전의 주체가 사람이며, 또한 재해예방의 주체도 사람이기 때문이다. 산업재해보험보상법 제5조에서 정의하는 "업무상의 재해"란 업무상의 사유에 따른 근로자의 부상·질병·장해 또는 사망을 말한다.

03 사고발생 이론

가. H. W. Heinrich의 Domino 이론

안전을 거론함에 있어서는 하인리히를 빼놓을 수 없다. 그는 1931년 산업안전 프로그램 원칙을 발표하여 안전이론 정립에 큰 획을 그었으며, 근대 안전관리 이론 발달의 아버지로 칭송받고 있다. 하인리히 이론은 70여년이 지난 지금까지도 산업안전에 대한 원리로써 모든 안전 활동과 노력의 안내자 역할을 하고 있다. 그의 이론에 따르면 산업재해의 발생은 항상 사고요인의 연쇄반응의 결과로 초래되며, 사고발생은 불안전 행동과 불안전 상태에 기인된다. 그리고 그 대부분의 책임은 인간의 불안전한 행동에 의한 것으로 재해를 수반하는 사고의 대부분은 예방이 가능하다.

(1) 사고발생 이론

어떤 원인에 의해서 사고가 발생하면 연쇄적으로 다른 사고가 계속하여 발생한다는 '사고연쇄반응 이론'으로 사고발생 과정을 설명하는 대표적인 학설로서 하인리히는 다음과 같은 5단계로 정리하였다.

① 사회적 환경 및 유전적 요소(선천적 결함)
② 개인적인 결함(인간의 결함)
③ 불안전한 행동 및 불안전한 상태(물리적, 기계적 위험)
④ 사고
⑤ 재해

먼저 ① 일반적으로 인간이 선천적으로 타고난 성격적 특성 즉 주의력이나 인내심의 부족, 신중하지 못하고, 신경질적이거나 과격한 성격과 같은 유전적 요인인 내력과 사회적 환경과 유전적인 요소가 사고의 원인이 되어, ② 인간의 심신의 결함을 유발하게 되고, 이로써 ③ 불안전한 행동 및 불안전한 상태를 유발하며 이것이 원인이 되어 ④ 사고가 발생하고 ⑤ 그로 인하여 재해(상해와 손해)가 순차적으로 이어지는 것이다. 이들 5단계를 골패에 비유하면 각 요소는 상호 밀접한 관계를 가지고 한 쪽에서 쓰러지면 연속적으로 모두 쓰러지는 것과 같이 사고 발생은 선행 요인에 의해서 일어나고 이들 요인이 겹쳐서 연쇄적으로 생기는 것이다.

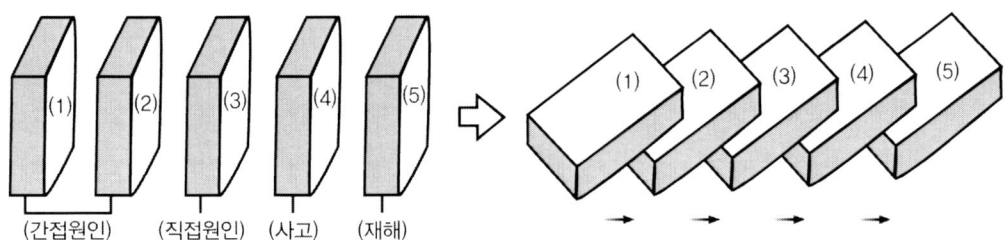

골패에 의한 사고발생의 연쇄 과정

(2) 사고 예방 대책

하인리히는 세 번째 요소인 불안전한 행동 및 불안전한 상태의 요인제거에 안전관리의 중점을 두어야 한다고 하였다. 즉, 이를 제거하면 사고를 예방할 수 있다는 것이다.

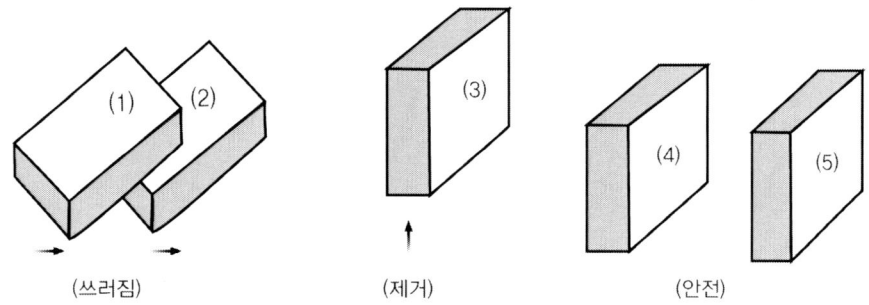

불안전한 행동 및 상태의 제거

사고발생 원인은 직접 원인과 간접 원인으로 나누어지며, 사고 발생의 과정은 아래 그림과 같이 연쇄과정을 거쳐 진행된다. 따라서 연쇄과정 중 하나의 원인을 제거하면 사고의 발생을 방지할 수 있다.

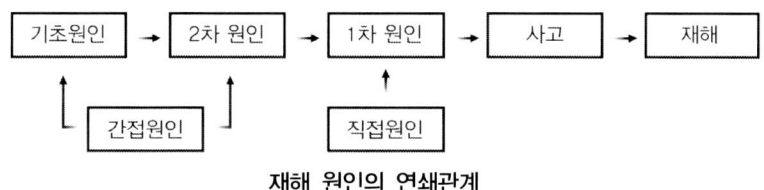

재해 원인의 연쇄관계

여기에서 사고의 직접원인(1차 원인)은 시간적으로 사고발생에 가장 가까운 원인으로 물적 요인은 불안전한 상태로 설비 및 환경 등의 불량을 들 수 있으며, 인적요인은 사람의 불안전한 행동을 말한다. 간접원인은 사고의 가장 깊은 곳에 존재하는 사고발생의 원인이다. 가장 기초적인 1차원인은 학교 교육적 원인 그리고 사회적 환경 및 유전적 요소인 관리적 원인으로는 들 수 있다. 2차원인은 신체적 원인, 정신적 원인, 안전 교육적 원인, 기술적 원인(인적 결함) 등을 들 수 있다.

위의 직접 원인과 간접 원인의 상호관계를 살펴보면 어느 하나의 원인을 제거하여 연쇄관계를 끊음으로써 사고를 예방할 수 있으므로, 정확한 원인분석은 필수이다. 그러나 직접 원인만 제거한다고 해서 사고가 발생하지 않는 것은 아니다. 이는 간접 요인이 남아 있기 때문인데 정확한 원인분석을 위해서는 2차원인 또는 1차 즉 기초원인까지도 면밀히 검토하여 근본적인 대책을 세워야 한다는 것이다.

나. Frank Bird의 Domino 이론

Frank Bird Jr는 하인리히의 이론을 수정하여 산업재해 발생 연쇄관계에 대한 새로운 생각을 하였는데 사고의 출발은 관리의 결여로 시작되며, 기본적 원인이 반드시 존재하고 직접 원인이 징후가 되어 사고가 발생되고 상해 및 손상이 초래된다고 하는 것이다. 또한 사고의 직접원인인 불안전 상태나 불안전 행동을 발생시키는 근본이 되는 기본원인을 "관리상 결함"으로 오늘날 안전관리의 기본을 마련하였다. 관리를 실행하기 위해 계획(planning), 조직(organizing), 감독(leading), 조정(controlling) 순으로 제어를 수행한다.

(1) 사고발생 이론

버드의 이론은 작업자(man), 기계(machine), 작업(media), 관리(management)에서 기인하며 근원적 원인은 관리의 부족에서 발생한다고 주장하였다. 사고발생과정은 다음의 5단계로 진행되며, 직접원인의 제거만으로는 사고가 예방되지 않으며, 기본적인 원인을 제거하여야 사고가 방지 될 수 있다고 주장하였다.

① **제1단계** : 관리(통제)의 부족, 여기서 관리(통제)는 전문적 관리기능인 계획, 조직, 지시, 통제중의 하나의 기능에 근거한다.
② **제2단계** : 기본적 원인(개인적 원인, 작업상 원인), 개인적 원인은 지식 기능의 부족, 부적당한 동기부여, 육체/정신적 문제 등이며, 작업상 요인은 기계설비의 결함, 부적절한 작업기준, 부적절한 기기 사용법 등이다.
③ **제3단계** : 직접원인의 징후로 불안전한 행동과 불안전한 상태가 있다.
④ **제4단계** : 사고(접촉) 발생, 이는 인체 또는 물체가 안전한계를 넘는 에너지원, 즉 전기적·화학적 에너지·열 또는 전리방사선 등의 에너지와 접촉하거나 정상적인 신체의 기능을 저해하는 유해물질과 접촉하여 사고가 발생하는 것이다.
⑤ **제5단계** : 재해로 손실, 이것은 반대로 알아볼 때 사고의 발생은 그 직접적인 원인이 있으며, 그 원인이 나타날 수밖에 없는 발단인 기본원인이 있다. 또한 직접적인 원인은 관리의 부재로 나타나는 것이다.

(2) 안전대책

예를 들어서 여름철 하계휴가를 위해 복잡한 도심인 서울에서 속초 앞바다로 휴가를 가려고 한다. 드라이브를 즐기기 위해 고속도로가 아닌 한계령 옛길을 선택하여 꼬불꼬불한 길을 열심히 달려가고 있었다. 드디어 바다가 보이고 해수욕장의 형형색색 아름다운 모습들이 보인다. 잠깐 한 눈을 판 사이에 갑자기 위험한 상황에 놓이게 되어 브레이크를 밟았다. 그러나 브레이크가 제 성능을 발휘하지 못하여 사고가 발생하였다. 여기에서 직접원인은 브레이크가 성능을 발휘하지 못한 것과 전방주시 미흡이 사고를 초래하게 하였다. 간접원인은 해수욕장의 형형색색 아름다운 모습과 도로상태정도가 되겠다. 관리의 부족은 방어 운전하는 연습이 제대로 되지 않았거나 장거리 운행 시 차량점검미흡이 될 수 있다. 그렇다면, 이를 예방하기 위한 방법은 무엇일까?

하인리히의 이론과 마찬가지로 5단계로 사고 발생과정을 설명하고 있지만 하인리히와는 달리 사고의 직접 원인을 인간의 불안전한 행동이나 불안전한 상태에서 기인하는 것이 아니라 관리의 부재가 그 원인이라고 하고 있으며, 관리의 부재로부터 오는 직접원인(징후)을 제거하여 사고를 예방할 수 있다고 주장하는 것이다.

다. Edward Adams의 사고연쇄 이론

사고의 직접적인 원인은 관리시스템 내의 불안전한 행동과 불안전한 상태를 Tactical error로 정의하여 이 error들이 작업의 성질에 영향을 준다고 주장하였다.

아담스는 사고발생 과정을 아래와 같은 5단계로 구분하였다.

① 관리구조의 결함
② 작전적 에러(운영상 에러)
③ 전술적 에러
④ 사고
⑤ 재해(상해)

불안전한 행동이나 관리상의 잘못으로 의사 결정된 경우 상해가 발생되고, 책임, 지도, 규칙에 의한 물적 손해사고가 발생된다. 관리의 잘못은 수평적이냐, 수직적이냐에 따라 사고가 발생하게 된다. 이에 대한 해결방법으로 조직의 중심이 되는 의사결정자의 신념, 목표, 기준을 강하게 반영하여 관리자로부터 감독자까지의 행동에 대한 우선도, 기준, 지도방침이 확립되어야 된다는 것이다.

라. 피렌체의 시스템 모델 이론

일의 3요소는 인간-기계-환경으로 구성되어 있으며, 모든 일상 업무는 인간-기계-환경으로 구성된 시스템으로 볼 수 있는데 이 시스템이 제대로 작동이 되면 기대하는 결과가 나오지만 이중 어느 하나라도 잘못 작용할 때에는 사고가 발생된다는 이론이다.

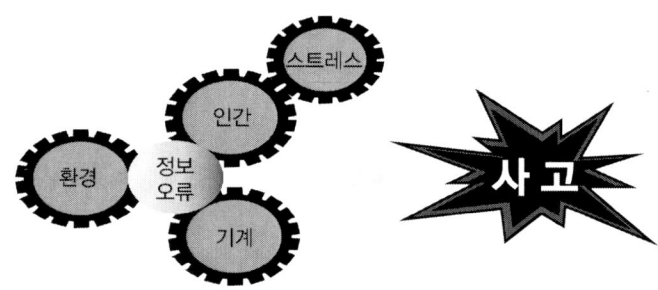

이러한 시스템이 정상적으로 작동되기 위해서는 올바른 정보가 필요하다. 즉, 올바른 정보를 획득하여 입력하면 원하는 결과를 얻을 수 있으나, 그릇된 정보를 획득하여 입력한다면 위험 및 사고로 연결된다는 것이다. 기계는 정상적으로 작동을 하는데 인간이 정보를 잘 못 입력하는 상황이거나, 인간은 제대로 된 정보를 입력했는데 기계가 오류를 일으키거나 또는 이러한 모든 상황이 혼합되어 일어난다면 사고로 이어진다는 이론이다.

기계나 인간이나 스트레스를 받게 되면 잘못된 정보를 통해 사고를 유발시키며, 이는 환경도 동일하게 적용한다. 우리가 환경을 파괴함으로써 자연재해가 유발되는 현상도 마찬가지이므로 피렌체는 이러한 스트레스를 없애거나 최소화시켜 그릇된 정보의 발생을 억제해야 한다는 것이다.

마. 사고의 인과이론

자베타키스(Zabetakis)는 사고의 직접원인은 '과도한 양의 에너지 및 위험한 물질의 예기치 못한 방출'이라는 개념을 도입하여 다음 그림에서 나타난 바와 같이 사고는 에너지의 예기치 않은 이동 또는 방출에 의해 발생한다고 주장하였다.

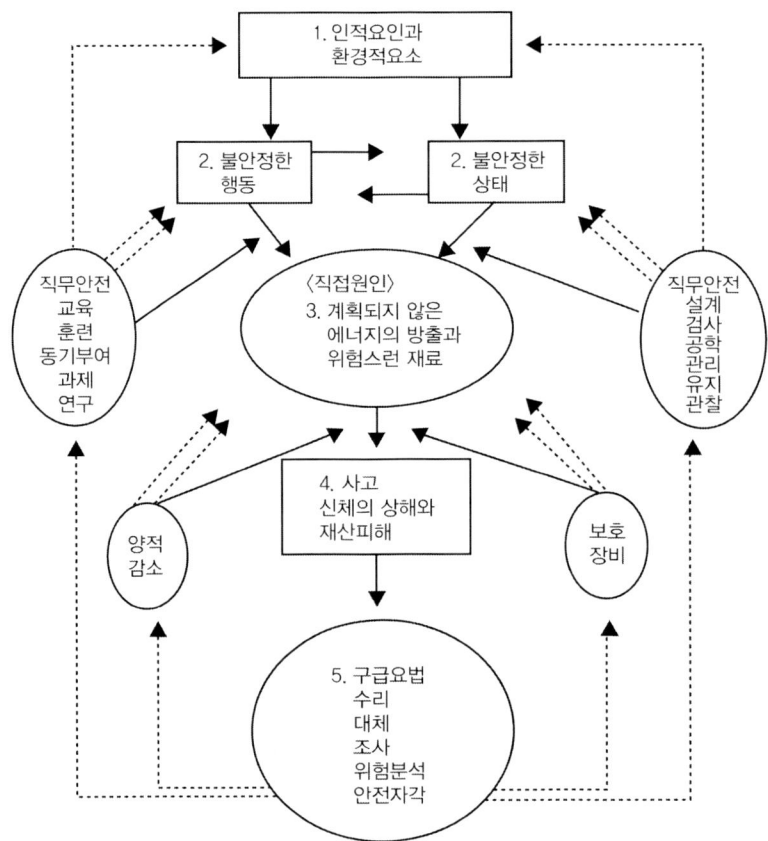

바. 재해 발생의 4가지 기본적인 모델

세계적으로 활용되고 있는 사고 및 재해분석의 기법으로 미국 공군에서 개발되어 미국의 국가교통안전위원회가 채택하고 있는 기법이 있다. 이 기법에서는 재해라고 하는 최종결과에 중대한 관계를 가지고 있는 모든 요인들을 시계열적으로 나타내고 이들 간의 연쇄관계를 명확하게 나타내고 있다. 그 결과를 검토하는 열쇠가 되는 기본요인으로 다음의 4가지 M이 있다고 한다. 이 4개의 M은 인간이 기계설비와 안전을 공존하면서 근로할 수 있는 시스템의 기본 조건이다.

(1) Man(인간)

실수(error)를 일으키는 인간요소를 말한다. 여기서 Man이란 본인뿐만 아니라, 본인 이외의 사람 즉, 종료나 상사 등 인간관계를 중시한다. 직장에서의 인간관계, 집단의 모습은 지휘, 명령, 지시, 연락 등에 영향을 주어 인간행동의 신뢰성에 관계를 하고 있는 것이다.

(2) Machine(기계)

기계설비의 결함, 교정 등의 물적 조건을 말하는 것으로서 기계의 위험방호설비, 통로의 안전유지, 인간-기계 인터페이스의 인간공학적 설계 등을 나타낸다.

(3) Media(매체)

원래 사람과 기계를 연결하는 매체라는 의미이지만 구체적으로는 작업정보, 작업방법, 작업환경 등을 나타낸다.

(4) Management(관리)

안전법규의 철저, 안전기준의 정비, 안전관리조직, 교육훈련, 계획, 지휘감독 등이다.

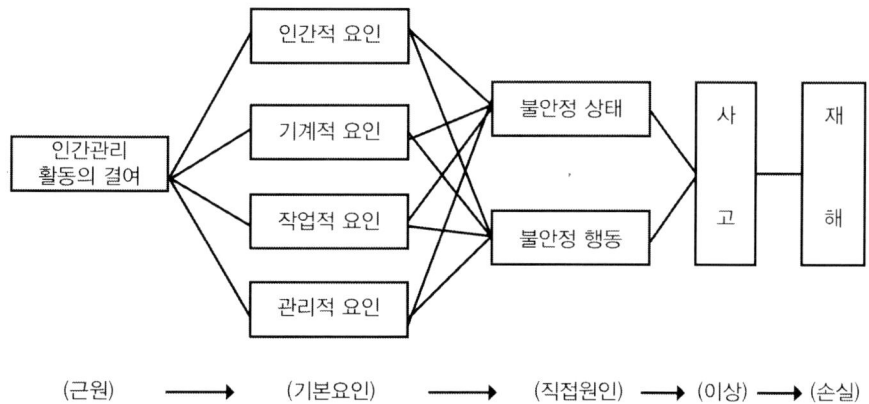

이때에 4개의 M이 불안전한 상태 및 불안전한 행동의 원인이 된다. 이 4개의 M의 주요한 요소들을 표시하면 다음 표와 같이 될 수 있다.

Man (사람)	① 심리적 원인: 망각, 주변적 동작, 생각(고민 등), 무의식 행동, 위험감각, 성급한 반응, 생략행위, 억측판단, 착오, 착각 ② 생리적 원인: 피로, 수면부족, 신체기능, 질병 등 ③ 인간관계적 원인: 직장의 인간관계, 의사소통, 통솔력 등
Machine (기계)	① 기계, 설비의 설계상의 결함 ② 위험방호의 불량 ③ 근원안전화의 미흡 ④ 점검 정비의 불량 등
Media (작업)	① 작업정보의 부적절 ② 작업 자세, 작업동작의 결함 ③ 작업공간의 불량 ④ 작업환경조건의 불량 등
Management (관리)	① 안전관리조직의 결함 ② 안전관리규정의 의미 ③ 안전관리계획의 미수립 ④ 안전교육훈련의 부족 ⑤ 적성배치 부적절 ⑥ 건강관리 불량 ⑦ 부하에 대한 지도감독 부족

사. SHELL 이론

SHEL 이론은 1972년 미국의 심리학 교수인 Elwyn Edward에 의해 처음 만들어 졌으며 이후 1975년 네덜란드 KLM 항공사 기장 출신인 Frank. H. Hawkins는 Elwyn Edward가 고안한 SHEL 이론을 수정하여 새로운 SHELL 이론을 정립하였다.

SHELL 이론은 "Liveware"을 중심으로 이를 둘러싸고 있는 SHEL 즉, 소프트웨어(S), 하드웨어(H), 환경(E), 인간(L) 등 각 구성요소간의 상호관계를 분석한 것이다. SHELL 이론에서는 인간(항공종사자)을 중심으로 한 주변의 모든 요소들은 항공기 운항과 직접적인 관련성을 가지고 있으므로 조종실 업무의 능률성과 효율성 및 안전성 확보를 위하여 조종사들은 이러한 요소들을 업무에 적용시 상호 관련성을 항상 최적의 상태로 유지한 가운데 임무를 수행하여야 한다는 것이 SHELL 이론의 핵심이다. 이 이론을 기초로 조종사를 중심으로 한 주변의 제 요소들과 상호 관련성을 살펴보면 다음과 같다.

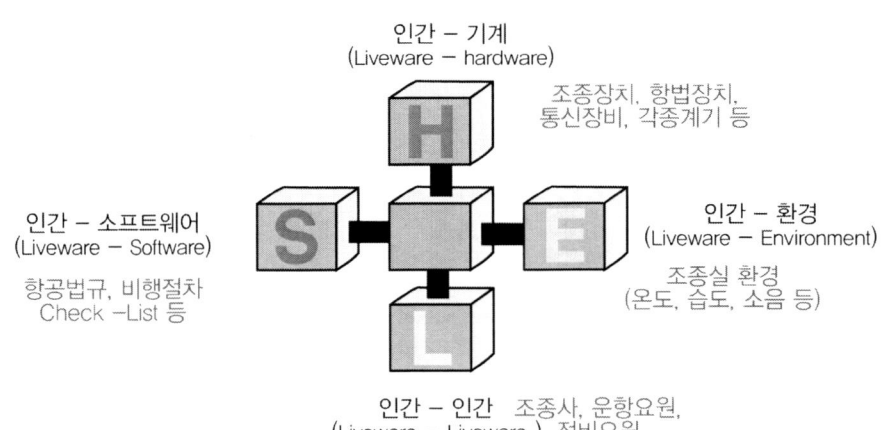

항공기 운항 중 항공기내 모든 시스템이 효과적으로 제 기능을 발휘하기 위해서는 조종사의 역할이 가장 기본이 된다. 조종사는 기내에서 각종 시스템을 효과적으로 운영하는 주체로써 다음과 같은 사항을 판단해 보아야 한다.

■ **신체적 조건** : 조종사의 신체적 조건은 조종실에 적합해야 한다. 조종석에 앉은 상태에서 모든 스위치나 계기를 작동하는데 불편한 것은 없는지, 조종실내 공간이 임무수행을 위한 최적의 시스템으로 구성되었는지 판단해 보아야 한다.

■ **욕구충족** : 조종사는 자신이 임무를 수행하는데 필요한 욕구를 적시적절하게 통제해야 한다. 인간에게 가장 근본이 되는 생리적 욕구가 우선적으로 충족되어야 안전 욕구, 사회적 욕구, 존경 욕구, 자아실현 욕구를 갖게 된다. 조종사 개개인에 대한 이러한 욕구충족 정도도 임무를 수행하고 능력을 발휘하는데 매우 중요하다.

■ **정보관리 능력** : 항공기를 운용하는 조종사는 비행 중 각종 정보를 인지하게 되며 이러한 정보를 처리하는 과정은 신속하고 적시 적절한 상황판단과 지각능력을 필요로 한다. 모든 조종사는 각각의 정보관리 능력이 상이함으로 자신이 정보를 인지하거나 감지하는 능력과 취득한 정보를 처리하는 과정에서 올바른 판단과 결심을 통해 행동화할 수 있는 능력이 있는지 분석해 보아야 한다.

■ **태도·성격** : 조종사는 조종사 개개인의 태도와 성격이 공중공간에서 적합한지 판단해야 한다. 항공기는 조종사를 포함하여 승무원의 활동범위가 제한되어 있는 공간에서 여러 가지 상황을 맞이할 수 있고, 수시로 중요한 결정을 해야만 한다. 이러한 경우에 우리 자신들이 소유하고 있는 태도와 성격에 따라 의사결정을 하는 과정에서 잘못된 결정을 내릴 수 있게 된다. 임무수행 중 발생가능한 조종사들의 위험한 태도의 유형과 특징을 살펴보면 다음과 같다.

태도 유형	특징
권위지향적 태도	나에게 어떠한 지시도 하지마라!
충동적 태도	무엇이든 즉시 지시하라!
불사신적 태도	나에게는 절대로 무슨 일이 일어나지 않는다.
자기과신적 태도	나는 무엇이든 다 할 수 있다.
체념적 태도	어떤 일을 하든 무슨 소용이 있는가?

■ **환경 적응력** : 조종사는 환경에 대한 적응능력과 감수능력을 고려해야 한다. 조종실내에서의 환경, 즉 온도, 습도, 기압, 소음 및 조명 등 여러 가지 환경적 요인들에 대한 우리 자신들의 적응능력과 이러한 환경요인들이 부과하는 한계사항을 얼마만큼 참고 극복할 수 있는지를 살펴보는 것이 매우 중요하다. 조종사(Liveware)는 항공기 운항의 중추적 역할을 담당하기 때문에 조종사 자신에 대한 능력을 정확히 인지하고 항공기의 소프트웨어, 장비, 환경 등 제반 요소를 이해하고 통제할 수 있어야 한다.

■ **조종사 – 소프트웨어** : 항공기는 정해진 규정과 절차를 준수하면서 운항해야 한다. 이러한 과정에서 조종사는 복잡 다양한 항공정보의 표시를 해독하고 운항과 관련한 각종 규정에 따라 업무를 수행해야 하므로 조종사와 소프트웨어의 관계는 외형적이기 보다는 정신적인 요소이며, 행동을 결정하는데 있어 근원이 된다는 점에서 매우 중요하다.

조종사(L) – 규정 및 절차(S)

항공기 운항과 관련한 법 규정과 비행절차가 불합리하거나, 조종사들이 제 규정을 올바로 준수하지 않거나, 제대로 숙지하지 못하는 경우 또는, 각종 기호, 표시(지) 등의 해석을 잘못하여 오류를 유발하는 경우 등 이러한 인적과실은 항공기 안전운항에 중대한 영향을 미칠 수 있다. 그러므로 조종사는 항상 운항과 안전에 필요한 제반규정과 절차 및 표시(지) 등을 숙지하고 있어야 하며, 이를 항공기 운항에 적용 시에도 최적의 기능을 발휘할 수 있도록 다음 사항을 고려해야 한다. 첫째, 안전규정, 지침 및 지시, 비행점검표 등 각종 절차에서 사용하는 용어는 통일되어 있는가? 둘째, 비행점검표는 암기식이나 생략한 채로 사용하고 있지 않는가? 셋째, 각종 절차나 비행점검 시 실제 상태나 수치를 이야기하지 않고 애매한 Check나 Set과 같은 용어를 사용하고 있지는 않는가?

항공기 운항과 관련하여 임무수행 전 그 절차가 운항 환경에 적합하고, 절차가 일관성 있고 논리적인가를 재고해 보아야 한다. 무엇보다도 중요한 것은 조종사들로 하여금 절차를 위반하게 하는 그 무엇이 절차의 구성이나 수행방법 중 하나에 존재한다는 것이다.

조종사 – 소프트웨어적 측면에서 비행임무수행을 위해 필요한 일반적인 절차란 다음과 같은 6가지 사항을 모호하지 않게 규정하기 위해 만들어진다.

- 임무가 무엇인가?
- 임무를 언제 수행해야 하는가?
- 임무를 누가 수행하는가?
- 임무를 어떻게 수행하는가?
- 임무가 어떤 순서로 이루어졌는가?
- 임무가 어떠한 형태로 환류(Feed Back)되어 제공되는가?

위에서 언급한 바와 같이 절차는 사용자의 운영이라는 기본개념에 기초로 하고 있어야 한다. 이러한 기본개념은 장비를 효율적으로 운영하는 방법을 규정하기 위하여 작업방침이나 절차에 반영이 된다.

조종사 – 소프트웨어적 측면에서 점검표는 조종사가 항공기를 운영하는데 있어서 사용상의 큰 약점 중의 하나로 대두되고 있다. 예전에는 항공기를 조종할 때 점검표에 의하지 않고 비행하는 것이 그리 놀라운 일이 아니었다. 하지만 이러한 것이 잠재적 실패의 요소가 되고 있다. 이는 외부의 어떤 요소와 결합하여 질병을 일으키는 내재하는 병원체와 유사한 것이다.

조종사는 점검표를 사용치 않거나 잘못 사용하는 것에 대하여 관대하다. 그러나 정확하지 않고 부적절한 점검표의 사용은 그 자체가 내재하는 병원체 즉, 사고유발 요소가 되는 것이다. 초기의 점검표는 본래 기억력을 보조하기 위해 제작되었다. 현재 사용되고 있는 점검표와 유사한 형태를 갖추기 시작한 것은 2차 대전 이후이며, 일반적인 점검표의 기능은 다음과 같다.

- 조종사의 조작절차 환기
- 항공기 조작의 기본적 표준안 제공
- 계기를 점검하는 적절한 순서 제공
- 조종석 내외부 운항에 필요한 요구조건을 순서에 따라 점검할 수 있는 절차 제공
- 조종사간의 상호확인 및 감독(Cross Checking)
- 조종사간 운항체계 확립을 위한 팀웍 향상
- 조종사간 상호협조 및 최적화를 촉진시키고 승무원 각자의 임무 규정

조종사는 점검표를 사용할 때 발생되는 문제점을 명확히 인식해야 한다. 첫째, 과도한 업무수행으로 인한 스트레스 상황 하에서 Check-list 혼돈 둘째, 각 항목을 빠른 속도로 수행하는 경우 정확도 저하 셋째, 표준용어를 사용하지 않으므로 부정확한 정보전달의 문제 넷째, Set, Check, Completed 등 애매한 문장의 사용 등은 시정되어야 한다.

■ **조종사 – 기기** : 조종사들은 항공기 운항 중 상황에 따라 조종실 내의 각종 계기를 조작하게 된다. 이 때 계기의 형태나 조작의 방향, 색깔, 위치, 경보의 형태와 방법 등은 조종사들의 인지구조 및 체계 등에 영향을 미치기 때문에, 이러한 하드웨어가 인간공학적 조건에 맞지 않거나, 조종사의 조건이 이러한 하드웨어에 제대로 적응하지 못하면, 항공기 조종업무의 능률성과 효율성 및 안전성을 보장할 수 없게 되어 사고의 잠재요소가 되고, 경우에 따라서는 인적과실로 이어져 사고의 원인으로 작용할 수도 있다.

조종사(L) – 기기(H)

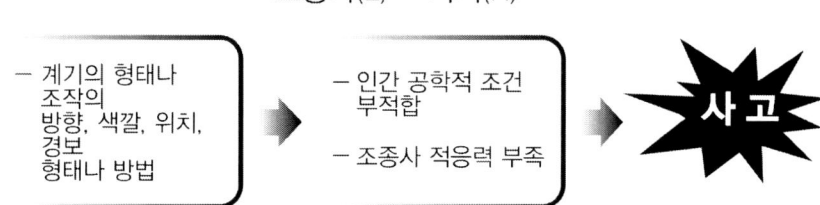

표시장치와 감각관계를 살펴보면 표시장치는 시각, 촉각 또는 청각을 이용하는 장치가 있다. 운항 중 조종사는 항공기에 장착된 표시장치의 제 기능 및 조치사항을 정확히 숙지하고 활용할 수 있도록 인간의 정보 감각기관의 특성을 이해해야 한다.

경고(Warning) 표시장치는 시스템의 안전을 유지하기 위하여 조종사의 즉각적인 조치를 필요로 하는 상태를 나타내며, 표지색은 일반적으로 빨간색이다. 주의(Caution)는 진전되거나 나빠지면 비상사태가 발생할 수 있으므로 즉각적인 것은 아니지만 운용자의 적절한 주의를 요구하며, 표지색은 주로 적색이나 황색으로 나타낸다. 충고(Advisory)는 일반적으로 정보만이 해당되는데 조종사의 조치를 필요로 하거나 그렇지 않을 수도 있다.

■ **조종사 – 조종사** : 조종사와 조종사의 인적교류에 대하여 살펴보면, 조종사는 SHELL 이론에서 중심에 위치하여 융통성이 있으면서도 가장 중요한 역할을 하고 있다. 비행임무수행 과정에서는 비행임무와 관련한 주변의 다른 항공기의 조종사, 지휘관, 정비사, 항공관제사, 탑승자, 기타 비행임무와 관련한 종사자들과의 관계를 의미한다.

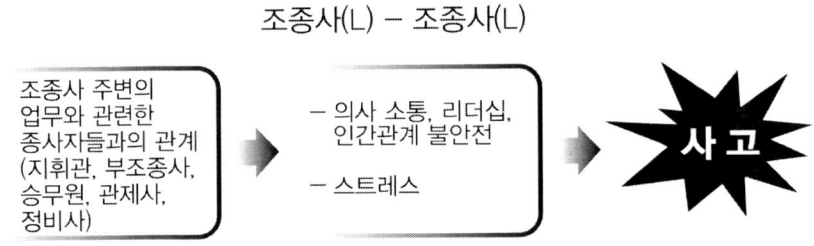

조종사는 인체기관을 이용하여 항공기의 각종 기기를 직접 조작하고 운용하는데, 과학기술의 발달과 비행환경의 변화에 따라 항공기를 운용하는데 필요한 조종사들의 기능과 역할도 변화하고 있다. 역사적으로 볼 때 조종사 훈련은 조종기술이나 항공기 계통에 관한 지식에 중점을 두었던 반면, 조종사 상호간 원활한 의사소통과 효과적인 정보교환 및 활용을 통한 합리적인 의사결정 방법 등에 대해서는 간과해 온 점이 있다. 안전책임을 지고 있는 지휘관 및 참모, 관련 업무종사자는 조종사와 조종사간의 인적교류 대상이 되는 모든 인원에 대해 합리적이고 원활한 의사소통이 가능토록 노력해야 한다.

■ **조종사 – 환경** : 인간은 비행을 시작한 초창기부터 공중에서 원활한 생존환경을 조성하기 위해서 많은 관심과 연구가 이루어져 왔다. 초기에는 인간이 환경(공중)에 적응하기 위하여 산소마스크, 반중력복(Anti-G-Suits) 등을 사용하였으나, 기기문명의 발달에 따라 항공기내 여압조절과 조명, 온도, 습도의 유지 및 방음 등이 가능해짐으로써 환경을 인간의 생존조건에 어느 정도 맞추게 되었다. 그러나 시설·장비 및 기상 등 환경적 요소에 의하여 업무수행 조건이 취약하게 되면, 조종사들의 항공기 운항 업무수행 능률이 저하되고, 나아가서는 사고요인으로도 작용할 수 있다. 따라서 항공기 조종사와

환경에 영향을 미치는 여러 가지 요소 중에 소음, 기온, 기압, 조명, 진동, 습도 등이 조종사에게 미치는 영향을 명확히 인식해야 한다.

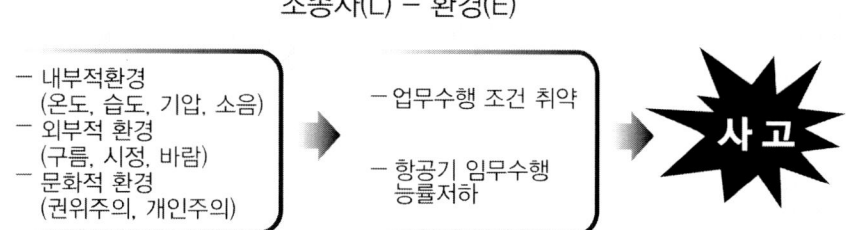

제2절 무재해 운동

01 개요

가. 정의와 목적

무재해란? 무재해 운동 시행사업장에서 근로자가 업무에 기인하여 사망 또는 4일 이상의 요양을 요하는 부상 또는 질병에 이환되지 않는 것이다. (다만, 다음 각목의 1에 해당하는 경우는 무재해로 본다. – 산업재해보상보험법 시행규칙 제34조~제38조 참고)

① 작업시간 중 천재지변 또는 돌발적인 사고로 인한 구조행위 또는 긴급 피난 중 발생한 사고
② 작업 시간 외 천재지변 또는 돌발적인 사고 우려가 많은 장소에서 사회통념상 인정되는 업무 수행 중 발생한 사고
③ 출근, 퇴근 중 발생한 재해
④ 운동경기 등 각종 행사 중 발생한 사고
⑤ 제3자의 행위에 의한 업무상 재해
⑥ 업무상 재해 인정기준 중 뇌혈관질환 또는 심장질환에 의한 재해
⑦ 업무시간 외에 발생한 재해, 다만 사업주가 제공한 사업장내의 시설물에서 발생한 재해 또는 작업개시 전 작업준비 및 작업 종료 후 정리정돈 과정에서 발생한 재해는 제외한다. 라고 하여 근로자가 상해를 입지 않았을 뿐만 아니라, 상해를 입을 수 있는 위험요소가 없는 상태를 말한다.

따라서 무재해는 근로자가 상해를 입을 소지가 있는 위험요소가 없는 상태를 말하는 것이다. 근로자가 상해를 입지 않는다는 것과 상해를 입을 수 있는 위험요소가 없는 상태라는 말은 근로자가 작업현장에서 작업으로 인해 재해를 입어서는 안 되며, 본래의 건강이 보

장되어야 한다는 것이다. 그리하여 근로자와 기업의 생산성도 최대한 보장 받을 수 있어야 한다는 것이다.

그리하여 무재해 운동은 인간존중의 이념을 바탕으로 경영자, 관리감독자, 근로자 등 사업장에 참여하는 모든 요원이 적극적으로 참여하여 작업현장의 안전을 보장받아 일체의 산업재해를 근절하고, 인간중심의 밝고 활기찬 직장문화를 조성하는 것을 목적으로 한다고 할 수 있다. 사업장 내 무재해운동의 의의는 최우선적으로 인간존중에 있으며, 합리적인 기업의 경영에 있다고 할 수 있다.

또한 고용노동부에서는 무재해운동의 목적을 "사업주와 근로자가 다 같이 참여하여 자율적인 산업재해예방운동을 전개함으로써 재해예방의식을 고취하고 나아가 산업재해를 근절하기 위한 운동"이라고 천명하였다. 즉, 직장의 안전과 보건을 확보하고 일체 산업재해를 근절하기 위함이다. 4일 이상의 중상해 뿐만 아니라 아차사고 및 모든 잠재위험요인을 포함하여 제거하여야 한다.

나. 무재해 운동의 3원칙

(1) 무(zero)의 원칙

비 휴업재해는 물론 직장 내 모든 위험요인을 적극적으로 사전에 발견, 파악하여 해결함으로써 근본적으로 산업재해를 없애는 것으로 인간애(人間愛)가 중심이 되어야 한다. 즉, 단순히 사망재해, 휴업재해만 없으면 되는 것이 아니라 불휴재해를 포함하여 직장의 일체 잠재위험요인을 적극적으로 사전에 발견, 파악, 해결하여 뿌리에서부터 산업재해를 없앤다는 것이다. 여기에서 말하는 불휴재해란 근로자가 산업재해에 의한 부상이나 질병의 요양을 위해 1일 이상 휴무하는 일이 없는 경미한 재해를 말한다.

(2) 안전제일의 원칙

무재해, 무 질병 직장 실현의 궁극적인 목표 달성을 위해 사전 위험요인을 행동하기 전에 예지하여 발견, 파악, 해결함으로써 재해발생을 예방하거나 사전에 재해를 방지하는 것이다.

(3) 참여의 원칙

위험을 발견, 제거하기 위하여 전원이 참가, 협력하여 각 자의 처지에서 의욕적으로 문제 해결을 실천 즉 제거하겠다는 의욕으로 문제 해결을 위한 행동 실천이다.

02 무재해 운동의 종류와 방법

가. 지적 확인

사람의 눈, 귀 등 오감을 이용하여 작업을 오 조작 없이 안전하게 하기 위하여 작업공정의 요소에서 자신의 행동을 (--좋아)하고 대상을 지적하여 큰 소리로 확인하는 것을 말한다. 즉, 사람의 모든 분야를 총 동원하여 작업의 정확성, 안정성 등을 확인하는 것을 말한다.("좋아"라고 외치면서 안전에 관한 사항을 지적하고 확인하는 것)

▶ **지적 확인 실시 방법 :** ① 눈은 확인해야 할 것을 똑바로 응시하고 ② 오른팔을 뻗어서 검지로 가리키며 ③ 큰 소리로 "○○ 이상없음", "압력 0kg 좋아!" 등과 같이 외치며 귀로는 자신의 소리를 듣는다. 즉, 오감(눈, 팔, 손가락, 입, 귀) 등을 총동원하여 확인하는 것이다.

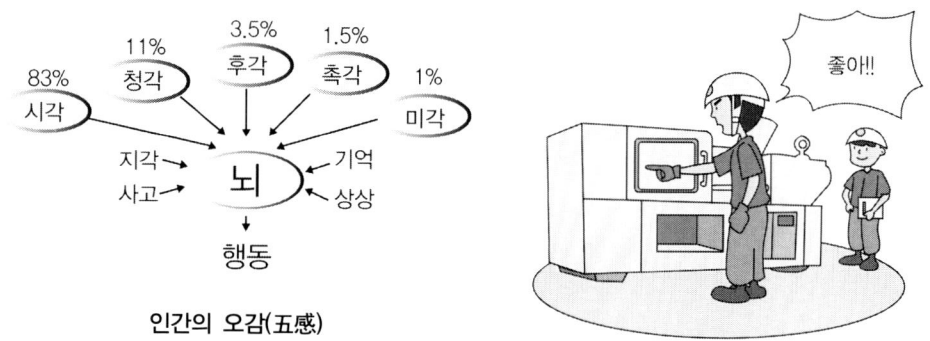

인간의 오감(五感)

지적 확인은 사람이 작업 중에 일으키기 쉬운 '부주의, 착각, 서두름'으로 인해 '오 판단, 오 조작' 등을 범하고 따라서 불의의 사고를 당하거나 발생시키는데 이러한 실수를 없애기 위하여 자신의 눈, 손, 입 그리고 귀를 이용하여 작업시작하기 전 또는 작업완료 후에 확인하고자 하는 대상물체를 지적 확인함으로써 자신의 행동과 작업결과에 대해 안전을 확보하는데 있다.

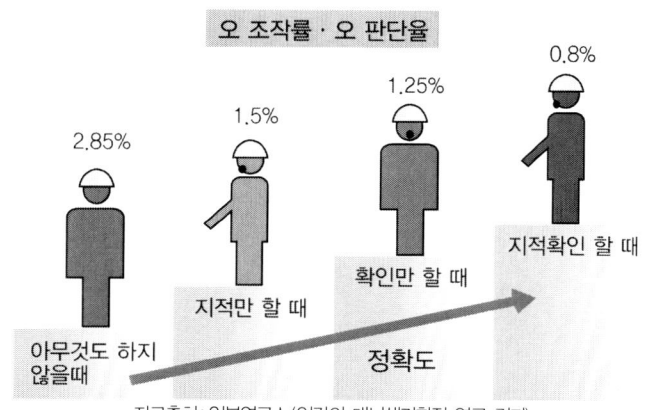

자료출처: 일본연구소(인간의 대뇌생리학적 연구 결과)

지적 확인과 정확도

나. 터치 앤드 콜

근로자 전원의 스킨십(피부를 맞대고 같이 소리치는 것)을 말하며, 이는 팀의 일체감, 연대감, 동료애를 조성할 수 있다. 작업현장에서 같이 호흡하는 동료끼리 서로의 피부를 맞대고 느낌을 교류하면 동료애가 저절로 우러나온다. 여기에는 고리 형, 포개기 형, 어깨동무 형 등이 있다.

터치 앤 콜의 자세

왼손엄지를 서로 맞잡아 둥근원을 만든다.

터치 앤 콜의 자세(좌 : 엄지 손가락, 우 : 어깨동무 형)

다. 브레인스토밍(brainstorming) 기법

일정한 테마에 관하여 회의형식을 채택하고, 구성원의 자유발언을 통한 아이디어의 제시를 요구하여 발상을 찾아내려는 방법을 말한다. 자유로운 토론으로 창조적인 아이디어를 끌어내는 일이며, 기업의 기획 회의에서 아이디어 개발 방식의 하나로 사용한다.

원리는 ① 한 사람보다 다수인 쪽이 제기되는 아이디어가 많다. ② 아이디어 수가 많을수록 질적으로 우수한 아이디어가 나올 가능성이 많다. ③ 일반적으로 아이디어는 비판이

가해지지 않으면 많아진다. 등의 원칙에서 구할 수 있다. 그러므로 브레인스토밍에서는 어떠한 내용의 발언이라도 그에 대한 비판을 해서는 안 되며, 오히려 자유분방하고 엉뚱하기까지 한 의견을 출발점으로 해서 아이디어를 전개시켜 나가도록 하고 있다. 편안한 분위기 속에서 아이디어 방출 (공상+연상의 연쇄반응)한다.

이를테면, 일종의 자유연상법이라고도 할 수 있다. 회의에는 리더를 두고, 구성원 수는 10명 내외를 한도로 한다. 1941년에 미국의 광고회사 부사장 알렉스 F. 오즈번이 제창하여 그의 저서 《독창력을 신장하라》(1953)로 널리 소개되었다.

브레인 스토밍의 4가지 기본

◆ 비판금지 : 좋다, 나쁘다 비판하지 않는다.
◆ 대량발언 : 아이디어는 많을수록 좋다
◆ 수정발언 : 아이디어를 힌트로 연결해서 새로운 아이디어를 전개한다.
◆ 자유분방 : 자유자재로 변하는 아이디어를 개발한다.

라. 위험예지훈련(危險豫知訓鍊)

(1) 위험예지와 위험예지훈련이란?

위험예지란 말 그대로 위험을 미리 안다는 뜻으로서 작업 중에 발생할 수 있는 위험요인을 발견·파악하여 그에 따른 대책을 강구하고 작업이 시작되기 전에 위험요인을 제거함으로써 안전을 확보하자는 뜻이다. 현장 제일선의 안전을 매일 시시각각으로 확보해 가기 위해서는 리더를 중심으로 하여 단시간미팅(회합)을 통해서 작업현장에 잠재되어 있는 위험요인을 파악·해결하기 위한 기법이 필요한데 무재해운동에서는 특히 위험예지기법을 활용하고 있다.

이 위험예지과정이나 활동에 지적 확인 및 터치 앤드 콜 기법을 병행하여 실시함으로써 침체되어 있는 현장 분위기를 생동감 있고 살아 꿈틀거리게 하며 팀웍 활동을 북돋우어 밝고 명랑한 직장분위기를 조성하는데 크게 기여할 수 있다. 위험을 미리 찾아내어 해결책을 강구하기 위한 작업요원들의 실력배양을 위하여 연습활동을 하여야 하는데 이 과정을 위험예지훈련이라고 말한다.

위험예지훈련이란?

① 직장이나 작업의 상황 속에 숨어 있는 위험요인과 그것이 초래하는 현상을
② 작업의 상황을 묘사한 도해를 사용하거나

③ 현물로 작업을 시켜가면서
④ 소집단에서 다함께 대화하고 생각하며 합의한 뒤
⑤ 위험의 포인트를 정하고 중점 실시항목을 선정하여 지적 확인함으로써
⑥ 행동하기 전에 위험을 해결하기 위한 훈련이며 이것을 습관화하기 위해 매일 훈련하는 것이다.

(2) 위험예지훈련의 종류

A 4라운드 위험예지훈련 기법

도해 속에 그려진 작업의 상황 속에 '어떠한 위험이 잠재하고 있는가?'에 대하여 직장의 동료 간에 대화를 나누는 경우, 무재해운동에서는 위험예지 4라운드를 거쳐 단계적으로 진행해 나간다. 또한 대화에 들어가기 전에 준비 작업으로서 다음 사항이 필요하다.

① 준비할 것 : 도해, 갱지, 칼라 펜 (흑, 적 각 1개)
② 팀 편성 : 실기에서는 보통 한 팀을 5~7인으로 한다.
③ 역할분담 : 리더와 서기를 정한다. 필요에 따라 발표자, 보고서, 강평담당 등을 정한다(서기는 리더가 겸해도 좋다).
④ 시간배분과 항목수 : 몇 라운드까지 하는가, 각 라운드를 몇 분에 마칠 것인가, 각 라운드에는 몇 항목을 만들어야 하는가 등을 미리 정해 놓고 멤버에게 알려 준다.
⑤ 미팅의 진행방법 : 전원의 대화방법으로 다음 4가지 사항에 유의한다.

- 본심으로 왁자지껄 대화한다(편안한 분위기로).
- 본심으로 자꾸자꾸 대화한다(현장의 생생한 정보).
- 본심으로 끊임없이 대화한다(단시간).
- '과연 이것이다'라고 합의한다(납득해서 합의한다).

4라운드 위험예지훈련 기법의 진행방법은 다음과 같다.

위험예지훈련 4R 진행방법

도해 속에 그려진 작업의 상황을 관찰하고 어떠한 위험이 잠재하고 있는가에 대하여 동료 간에 대화를 나누는 훈련을 말한다. 이것은 현상파악, 본질추구, 대책수립, 목표설정이라는 4라운드의 단계를 거쳐서 진행된다.

1R : 현상 파악	위험예지훈련 1R 위험 발굴	2R : 본질 추구

어떤 위험이 잠재하고 있는가?
◇ 도해의 배포 및 상황을 설명
◇ 위험요인과 초래되는 현상(5~7항목)
◇ "~해서 ~ㄴ다, ~때문에 ~ㄴ다"
❖ Brain Storming : BS로 아이디어 개발
	다양한 위험 도출 / 교육적 측면 / 관리적 측면 / 기술적 측면 / 다양한 관점
	위험발굴
	위험예지훈련의 첫 단계이자 가장 중요
		이것이 위험의 포인트이다!
		◇ 문제라고 생각되는 항목 ○표
		  위험의 포인트 ◎표
		◇ ◎표 2항목 정도, 팀원합의 요약
		◇ 위험의 포인트(지적 확인 제창)
		  "~해서 ~ㄴ다, 좋아!"

3R : 대책 수립	4R : 목표 설정
당신이라면 어떻게 하겠는가?	우리들은 이렇게 하자
◇ ◎표를 한 중요 항목에 대한 구체적이고 실천 가능한 대책 수립. 2~3항목 정도 ◇ ※표(1~2항목)	◇ 중점 실시 항목 : 합의요약(※표) ◇ 팀의 행동목표 : 지적 확인 제창 "~을 ~하여 ~하자, 좋아!"

확 인	발표 및 강평
원 포인트, 터치 앤드 콜	Fish Bowl System
◇ 원 포인트 지적 확인 : 3회 "○○○, 좋아!" ◇ 터치 앤드 콜 : 3회 "○○팀 무재해로 나가자, 좋아!"	◇ 발표자 : 1R~4R 순서대로 읽는다. ◇ 상대팀의 발표에 대한 강평 실시

준비	멤버가 많을 때에는 서브 팀 편성	멤버 4~6명 역할분담 : 리더, 서기, 발표자, 강평, 보고서 담당, 실습용지 배포 등
도입	전원 기립 / 리더(서브리더) 인사	정렬, 구령, 건강확인 등
1R	〈현상파악〉 어떤 위험이 잠재하고 있는가?	(도해의 배포) 위험요인과 초래되는 현상(5~7 항목 정도) 「~해서 ~ㄴ다」 「~ 때문에 ~ㄴ다」
2R	〈본질추구〉 이것이 위험의 포인트이다!	· 문제라고 생각되는 항목에 ○표, 위험의 포인트에 ◎ · ◎표 2항목 정도(합의 요약), 밑줄, 위험의 포인트 (지적 확인제창) 「~해서 ~ㄴ다, 좋아!」
3R	〈대책수립〉 당신이라면 어떻게 하겠는가?	◎표 항목에 대한 구체적이고 실천 가능한 대책 → 3항목 정도 → 전체 5~7항목 정도
4R	〈목표설정〉	· 4R-(1) 중점실시항목(합의요약) →(1~2항목) 밑줄 · 4R-(2) 팀의 행동목표 → 지적 확인 제창 「~을 ~하여 ~하자, 좋아!」
확인		· 원 포인트 지적 확인 연습(3회) 「○○○ 좋아!」 · 터치 앤드 콜(Touch and Call) 「무재해로 나가자, 좋아!」
강평	팀끼리	· 발표자....1R~4R 순서대로 읽어 나간다. · 상대팀의 발표 → 강평(Comment)

(소요시간) 실기 : 1R, 2R... 15분, 3R, 4R...5분, 합계 30분 이내
보고서 : 위험예지훈련 보고서 사용

4라운드 위험예지훈련 기법의 세부적인 진행방법은 다음과 같다.

① 제1라운드(현상파악)

| 어떤 위험이 잠재하고 있는가?(위험에 대한 현상들을 파악하기 위한 브레인 스토밍(BS)을 실시하는 라운드이다) | 전원이 대화로써 도해의 상황 속에 잠재하고 있는 위험요인을 발견해 내고 그 요인이 초래하는 현상(사고)을 생각해 낸다.
모조지 1매

도해 No.　　　팀명
1R
1.
2.
3.
4.
5.
6. | 1. 리더는 도해를 멤버에게 보이고 상황을 읽어준다.
2. 리더는 이 상황 속에 "어떤 위험이 잠재하고 있는가"에 대하여 멤버에게 질문한다.
3. 멤버는 도해의 상황 속에 자기 자신을 놓고, 그 속에 어떤 위험요인(불안전행동, 불안전상태)이 있는가를 발견하고 기탄없이 발언한다.
4. 위험요인은 그것이 초래하는 현상을 생각해서 "…하여 …ㄴ다" "… 때문에 …ㄴ다"라고 표현하도록 한다.
5. 서기는 멤버가 말한 것을 종이에 알기 쉽게 빨리 써 나간다.
6. 리더는 전원이 발언하도록 유도한다. 물(物)의 문제만이 아니라 사람이나 행동면의 위험도 발견하도록 촉구한다.
7. 소정 시간 내에 미리 정한 항목수 이상의 위험요인을 발견하도록 한다.
8. 멤버가 거의 발언했다고 생각될 때, 제1라운드를 끝내고 제2라운드에 들어간다. |

② 제2라운드(본질추구)

| 이것이 위험의 포인트이다(BS로 발견해 낸 위험 중에서 가장 위험한 것을 합의로서 결정하는 라운드) | 발견한 위험요인 가운데 이것이 가장 중요하다고 생각되는 위험요인을 파악하여 ○표, 다시 요약하여 ◎표를 붙여 지적 확인한다. | 1. 제1라운드에서 파악한 위험요인을 전원(멤버)이 바라본다. 리더는 그중에서 우리 팀에 가장 중요한 문제가 있는 위험요인이 무엇인가 물으며 하나하나 읽어 나가면서 내용을 확인한다.
2. "이것이 문제이다. 이것을 소홀히 하다가 큰일난다"라고 생각되는 위험에 빨간 매직펜으로 ○표를 붙여 나간다. ○표는 몇 개가 되어도 괜찮다.
3. ○표 항목중 특히 전원이 관심이 높은 것, 중대재해가 될 가능성이 높은 것, 대책에 긴급을 요하는 것에 ◎표를 붙인다. ◎표 항목에는 빨간색으로 밑줄을 긋는다.
4. ◎표는 다수결이 아니고 팀의 합의로서 "과연 이것이다"라는 공감대를 형성하여 전원이 납득할 수 있는 것을 찾아낸다. ◎표는 2~3항목 정도로 요약한다.
5. 전원이 기립하여 ◎표 항목을 오른쪽 인지로 지적하여 리더의 선창으로 "위험의 포인트, …하여 …ㄴ다. 좋아"라고 지적 확인 후 제2라운드를 마친다. |

③ 제3라운드(대책수립)

당신이라면 어떻게 할 것인가(보다 더 위험도가 높은 것에 대하여 BS로 대책을 세운다.)	◎표를 붙인 중요위험요인을 해결하려면 어떻게 하면 좋은가를 생각하여 구체적인 대책을 세운다.	1. ◎표를 붙여 중요위험요인에 대해서 그것을 예방하거나 방지하는데 있어서 "당신이라면 어떻게 하겠는가"라고 멤버에게 물어서 생각하게 한다. 2. "이런 상황에서는 이렇게 한다" "이렇게 하는 것이 필요하다"라는 구체적이고 실행 가능한 대책을 수립해 나간다. 3. 특히 "우리팀으로서는 이렇게 해야 한다"라는 실천 가능한 행동내용의 대책을 중점적으로 생각한다. 4. 하나의 ◎표에 대해서 2~3항목의 대책을 생각해낸다. 대책의 아이디어가 나왔을 때 제3라운드를 마친다.

④ 제4라운드(목표설정)

우리들은 이렇게 하자 (BS로 수립한 대책 가운데서 질 높은 항목을 합의하는 라운드이다).	대책중 중점실시 항목을 요약해서 ※표를 하고 밑줄을 그어 그것을 실천하기 위한 행동목표를 설정하여 제창한다.	1. 구체적인 대책 가운데 팀으로서 지금 곧 실시할 필요가 있는 것 어떻게 하든 하지 않으면 안되는 것을 중점 실시 항목을 결정하여 ※표를 붙인다. (※표 항목에는 빨간 매직펜으로 밑줄을 긋는다) 2. ※표 항목은 1~2개 정도로 하고 그 항목을 그대로 표현한 슬로건적인 팀의 행동목표를 설정한다. 3. 팀의 행동목표는 그 상황의 위험을 해결하는데 필요한 당면의 행동내용으로 눈에 선하게 떠오르는 것이 바람직하며 "…을‥하여…하자!"라는 식으로 진취적인 목표를 정한다. 4. 팀의 행동목표가 정해졌으면 전원이 일어서서 "…을‥하여…하자, 좋아!"라고 지적 확인 제창한다. 5. 그런 뒤 팀의 행동목표를 One Point로 줄여, 큰소리로 세번 반복해서 지적 확인 제창한다. 6. 마지막으로 리더는 마무리로서 터치 앤드 콜(Touch & Call)을 하고 제4라운드를 마친다.

B T.B.M – 위험예지(즉시 즉응법)란?

T.B.M(Tool Box Meeting)으로 실시하는 위험예지활동을 말한다. 이는 현장에서 그때 그 장소의 상황에 즉응하여 실시하는 위험예지활동으로서 즉시 즉응법이라고도 한다.
T.B.M-위험예지훈련의 진행순서는 다음과 같다.

① **미팅의 형식**
  - 조회, 오전, 정오, 오후 교체하여 시행한다.
  - 토의는 소수인(10명 이하)이 좋다.
  - 10분 정도가 바람직하다.

② **사전준비**
  - 주제를 정하고 자료 등을 준비한다.
  - 흑판이나 차트 등을 활용한다.
  - 리더는 주제의 주안점에 대해서 연구해 둔다.
  - 예정표를 작성해 둔다.

③ **진행법**
  - '도입', '의견도출', '종합'의 3단계로 계획성 있게 진행한다.
  - 주제는 적절한 것으로 하며 자료를 활용한다.
  - 리더는 열의를 표시한다.
  - 토의 시에는 한 사람씩 발언시켜 목적 이외의 토의는 피하도록 한다.
  - 리더는 아는 척 하지 말고, 또 자기의 의견을 고집해서는 안되며 결론을 확실하게 말한다.
  - 참가자의 능력에 맞게 질문하고 말재주가 없는 사람에게 무리한 발언을 요구하지 않는다.
  - 결론을 내릴 수 없는 것도 있으므로 결론은 가급적 서두르지 않는다. 이 경우에는 기록을 보존하여 다음 기회로 미루고 새로운 자료를 작성한다.
  - 전원이 미팅방법을 검토하여 즐겁고 효과적인 운영을 연구한다.

C T.B.M(Tool Box Meeting) 역할연기 훈련

T.B.M(Tool Box Meeting) 역할연기 훈련은 하나의 팀이 T.B.M-위험예지활동을 역할 연기하는 것을 다른 팀이 관찰하여 연기 종료 후 전원이 강평한다. 다음에 T.B.M-위험예지활동의 역할연습을 서로 교대하여 강평한다. 이렇듯 연습하거나 강평을 실시함으로써 T.B.M-위험예지를 체험 학습시키기 위한 훈련이다.
훈련의 진행방법은 다음과 같이 진행한다.

① **팀의 편성**
  - 두 개의 팀이 한 조가 되어 실시한다.
  - 하나의 팀을 2조로 세분해도 좋다. 전원이 리더를 맡기 위해서는 그렇게 하는 것이 회전이 빠르다.
  - 리더와 서기를 정한다(서기를 겸해도 좋다).

② T.B.M – 위험예지의 역할 연기
- 리더는 현장의 직장 또는 조장 즉 제일선 감독자로 정하고 그 부하인 작업자들에게 역할을 설정한다.
- 작업 개시전에 T.B.M에서 자기 직장의 작업과 관련 있는 아찔·앗차사고에 대하여 매우 단시간의 위험예지훈련을 실시한다.
- 도해를 보면서 1~4R를 10분 이내에 실시(대화)하고 팀 목표를 정한 뒤 전원이 지적 확인한다.
- T.B.M의 연기이므로 일제인사, 건강 확인, 정렬, Touch and Call로 작업에 착수하는 데까지는 가급적 그 역할을 진지하게 실제처럼 연기하여야 한다.

  - T.B.M 위험예지의 실기는?
    ① 일제인사, 건강 확인, 정렬   (1분)
    ② 1R~2R(위험의 포인트 제창)   (4분)
    ③ 3R, 4R   (3분)
    ④ 확인, 목표제창, One Point 지적 확인 연습 (1분)
    ⑤ Touch and Call   (1분)
    ─────────────────────────────────────
                  합계   10분

- 단시간에 실시하기 때문에 기록하는 문장은 위험요인과 그것에 기인하는 현상을 메모하는 정도가 좋다. 또는 쓰는 데에 시간을 빼앗기지 않기 위해 기호를 사용해도 좋다(멤버가 알아보기만 하면 됨).
- 도해없이 현장에서 현물로 직접 해도 좋다. '지금부터 해야 할 이 작업에 어떤 위험이 있는가, 이 작업의 단계, 이 동작에 어떤 위험이 있는가'라는 설정으로 한다. 도해로 실시할 때는 '어제 이러한 앗차사고가 타 직장에서 있었다'라는 설정으로 실시한다.
- 팀 위험예지 활동은 2라운드까지만 실시하고 나머지는 리더가 중점실시항목과 팀의 행동목표를 지시해도 상관없다. 이 경우에는 시간을 2~3분 단축시킬 수 있다.

D One Point 위험예지훈련이란?

위험예지훈련 4라운드 중 2R, 3R, 4R를 모두 One Point로 요약하여 실시하는 T.B.M 위험예지훈련이다. 흑판이나 용지를 사용치 않고 또한 삼각 위험예지훈련 같이 기호나 메모를 사용하지 않고 구두로 실시한다. 선 채로 2분간이면 할 수 있으므로 누구나, 언제든지, 어디서나 할 수 있다.

훈련의 진행순서는 다음과 같다.

① **서브팀(Subteam)의 편성** : 먼저 팀을 3명(또는 2명)씩의 서브팀으로 나눈다. 인원수를 3명으로 하는 것은 다음과 같은 이유 때문이며 멤버 중 1명이 서브리더(Sub leader)가 된다.

- 대화에서 참가도를 높이고
- 단시간에 할 수 있도록 하고
- 훈련의 회전을 빠르게 한다.

② **사용할 도해** : 도해는 가급적 포인트를 하나로 요약할 수 있는 쉽고 단순한 도해를 준비한다. 가급적 회사에서 손수 만든 도해가 좋다.

③ **관찰방식의 활용** : 처음 2~3회는 서브팀이 동시에 훈련해서 워밍업한 뒤 관찰방식으로 진지하게 역할연기를 하여 서로 강평하는 것이 좋다. 실기시간을 4분으로 계산하고 있으나 통상 2~4분으로 완료하고 있다.

④ **순서 및 요령**
- 서브리더는 정렬, 구령, 일제인사, 건강 확인을 실시한 후 앞으로 실시할 작업내용의 위험 포인트에 대해서 본 도해로 One Point 위험예지를 실행한다는 것을 멤버에게 알린다. 전원이 일어서 둥그렇게 서서 실시한다.
- 1라운드(어떤 위험이 잠재하고 있는가): 60초 이내. 구두로 선 채 도해의 위험요인에 대해서(…해서…ㄴ다)는 식으로 전원이 발언케 한다. 항목은 3~5항목 정도가 좋다.
- 2라운드(이것이 위험의 포인트이다): 30초 이내. 리더는 멤버와 상의하여 ◎표를 One Point로 요약해서 지적 확인하여 제창한다.
- 3라운드(당신이라면 어떻게 하겠는가): 30초 이내. ◎표의 One Point에 대해서 어떻게 하면 좋은가 대책을 대화한다.
- 4라운드(우리들은 이렇게 하자): 30초 이내. '지금 곧 이렇게 하자' 또는 '반드시 이렇게 하자'라는 중점실시사항(※표)을 하나로 요약한다. 그것을 「…을…하여…하자!」 라는 구호로서 팀의 행동목표를 설정한다.
- 지적 확인: 30초 이내. 리더는 멤버에게 구호를 확인시키고 전원이 지적 확인한다. 나아가서 One Point 지적 확인과 Touch & Call로 완료한다.

위의 6개 항목의 순서와 요령으로 진행시킨다. 전체를 3분 이내에 완료하도록 노력한다.

⑤ **관찰방식 강평** : 서브팀 1조만 역할연기하고 다른 2조의 서브팀은 관찰팀이 된다. 실기 완료 후 관찰팀은 전원 1인당 30초~1분 이내의 강평을 해야 한다.
- 리더의 리더십과 소요시간
- One Point 위험예지의 내용(실효성)
- 팀워크

등으로 정성어린 충고를 해야 한다(격려, 자신감의 고취).

⑥ **보고서(One Point 위험예지카드)** : 리더는 실기종료 후 소정의 보고서 용지(One Point 위험예지카드)에 써서 보고한다.
- 2R : ◎…하나(One Point Only)
- 3R : ※표(중점실시사항)…하나(One Point Only)
- 4R : 팀의 행동목표…하나(One Point Only)

다음 One Point(1인) 위험예지카드는 2매를 복사하여 그중 1매는 강평을 붙여 본인에게 반려하고 1매는 상사가 보관한다. 우수한 것과 문제가 있는 것은 스탭에게 주면 된다. 크레인기사, 지게차 운전자 등 하루종일 혼자서 작업하는 작업자는 이 카드로 보고하면 좋다.
원 포인트 위험예지훈련을 도해로 알아보자.

위험예지훈련 4라운드 중 2라운드, 3라운드, 4라운드를 모두 One Point로 요약하여 실시하는 위험예지훈련이다. 2~3명씩 서브팀으로 나눈 후 처음 2~3회는 서브팀이 동시에 훈련해서 워밍업을 한 뒤 관찰방식으로 진지하게 역할연기를 하여 서로 강평하는 것이 좋다.

진행방법

제1라운드 '어떤 위험이 잠재하고 있는가' : 60초 이내
① 전원이 참여하며 도해의 위험요인에 대해 "~해서 ~ㄴ다"는 식으로 발언
② 항목은 3~5개 정도

제2라운드 '이것이 위험 포인트다' : 30초 이내
① 리더는 멤버와 상의하여 ◎표를 one point로 요약
② 요약한 것을 지적 확인하여 제창

제3라운드 '당신이라면 어떻게 하겠는가' : 30초 이내
① ◎표의 one point에 대해 어떻게 하면 좋은가를 논의

제4라운드 '우리들은 이렇게 하자' : 30초 이내
① "지금 곧 이렇게 하자", "반드시 이렇게 하자"라는 중점 실시 사항을 하나로 요약
② 요약된 중점 실시 사항은 "~을 ~하여 ~하자!"라는 구호로 표현하며 팀의 행동 목표를 설정

지적 확인 30초 이내
① 리더는 멤버에게 구호를 확인시키고 전원이 지적 확인
② one point 지적 확인 실시 후 touch & call로 완료

상황 : 공기를 불어서 청소

기계 밑에 쌓인 먼지를 에어 호스의 압축공기로 불어내고 있다.

위험의 포인트

① 에어 호스의 앞을 길게 잡고 있어 에어의 힘으로 호스가 튀어 몸을 때린다.
② 통로에 호스가 나와 있어 작업자가 걸려 넘어진다.
③ 들여다보고 청소를 하고 있어 고압 에어에 날리고 있는 먼지가 눈에 들어간다.
④ 일어날 때 몸이 전원상자에 부딪친다.
⑤ 기계를 작동한 채로 청소를 하고 있기 때문에 손이 기계에 끼인다.

E 기타 위험예지훈련

① **1인 위험예지훈련** : 한 사람 한 사람의 위험에 대한 감수성 향상을 도모하기 위해 삼각 및 원 포인트 위험예지훈련을 통합한 활용기법의 하나이다. 한 사람 한 사람(리더 제외)이 동시에 공통의 도해로 4라운드까지의 1인 위험예지를 지적 확인하면서 단시간에 실시한 뒤, 그 결과를 리더의 사회로 서로서로 발표하고 강평함으로써 자기 개발의 도모를 겨냥하고 있다.

개개인이 위험에 대한 감수성을 도모하기 위해 3각 위험예지훈련과 원포인트 위험예지 훈련을 통합한 것 리더를 제외한 한 사람 한 사람이 동시에 똑같은 도해로 4라운드 위험예지훈련을 실시한 뒤 1인 위험예지 카드를 작성한다.

> **진행방법**
>
> **제1라운드**
> ① 리더를 제외한 각자가 도해를 보고 위험요인을 찾아 △표
> ② 3각 위험예지 훈련의 요령으로 3~5항목 정도의 원인이나 현상에 대해 메모
>
> **제2라운드**
> ① 위험의 포인트라고 생각되는 항목(가급적 one point로 합의요약)에 ◎표
> ② '위험의 포인트, ~해서 ~ㄴ다, 좋아!'라고 혼자서 절도 있는 태도로 지적 확인
>
> **제3·4라운드**
> ① ◎표 항목에 대한 대책을 생각하여 도해에 메모
> ② 중점실시항목을 하나로 좁혀서 "나의 행동목표, ~을 ~하여 ~하자, 좋아!"라고 혼자 큰 소리로 지적 확인
>
> **지적 확인**
> ① one point 지적 확인 항목을 정하여 3회 큰 소리로 복창
> ② 지적 확인 사항을 도해에 메모

② **자문자답 카드 위험예지훈련** : 한 사람 한 사람이 「자문자답 카드」의 체크 항목을 큰 소리로 자문자답하면서 위험요인을 발견, 파악하여 단시간에 행동목표를 정하여 지적 확인하는 것이다. 이는 비 정상작업에 있어서 안전을 확보하기 위한 훈련이다.

> **상황** 인쇄기에 종이가 끼어서 스위치를 끄고, 롤러 커버를 열어 끼인 종이를 제거하고 있다.

③ **삼각 위험예지훈련** : 보다 빠르게, 보다 간편하게 명실 공히 전원 참여로 말하거나 쓰는 것이 미숙한 작업자를 위하여 개발한 것으로 적은 인원수로 나누어 기호와 메모로 팀의 합의 형성을 기하려는 일종의 TBM 위험예지이다.

④ **H.K.T 위험인식훈련** : 직장, 작업 속에 숨어 있는 위험요인과 현상을 작업상황 설명 도해를 이용하거나, 현물로 작업을 시켜 수행해보면서 리더가 주축이 되어 다 같이 대화하고 의견을 수렴한 후 위험요인을 정하고, 전원이 따라가게 하는 기법을 말한다. 여기에는 상황파악 / 핵심유형 / 실천행동의 단계를 수행한다.

⑤ **기타 기법들**

기법 명	내 용
5C운동	작업장에서 기본적으로 꼭 지켜야 할 복장단정(Correctness), 정리정돈(Clearance), 청소청결(Cleaning), 점검확인(Checking)의 4가지에 전심전력(Concentration)을 추가한 다섯 가지 항목의 영문자 첫 자인 'C'를 따서 5C운동이라고 하는 무재해추진기법
안전제안 제도	안전에 대한 동기부여의 일환으로 지속적인 안전의식 함양에 있으며 심사 후 좋은 내용은 포상하여 설비, 제도 등의 개선에 전사원이 적극 동참토록 유도
설비 사전 안전성 심사제도	사내에 신규로 반입되거나 이전, 변경되는 기계설비에 대해 안전보건위원회 산하 안전기술 전문위원회에서 기계설비의 설계, 도입 단계에서부터 안전성을 심사하여 근원적으로 안전을 확보
ZERO 운동	안전의 기본요소인 정리, 정돈, 청소, 청결 의식상태를 확보하여 안전하고 쾌적한 작업공간을 조성하고 의식의 선진화를 통해 임직원의 의식개혁 및 안전사고 예방을 위해 매주 토요일 1시간씩 전원참가의 안전활동을 실시
집단 페널티 제도	사고 발생부서는 전원 8시간 집단 OJT 실시로 지식, 기능, 태도 등 교육을 통해 동일사고 예방

제3절 항공기 사고조사

01 항공사고조사

가. 사고조사란(About The Accident)?

"사고예방의 목적을 위해 수행하는 절차"로서 정보의 수집과 분석을 포함하여 사고의 원인을 결정하는 사항을 포함하며 이러한 결론을 도출하고 안전권고사항을 발행한다. 특히 사고조사는 누구의 잘못을 비난하거나 책임을 부과하기 위한 것이 아니라 "유사한 사고의 재발 방지에 목적"이 있다.

따라서 항공사고 조사는 다음과 같이 시행한다.

첫째, 기본적으로 항공사고가 발생한 영토가 속한 국가가 사고조사의 권리와 의무를 갖는다.

둘째, 이 국가는 사고조사의 업무수행의 전부 또는 일부분을 항공기 등록 국 또는 항공기 운영국에 위임할 수 있다.

셋째, 조약체결국으로부터 기술적인 지원을 요청할 수 있다.

넷째, 항공사고 발생국은 국제민간항공기구와 관련국에 통보하며 사고조사단장을 임명하고 사고조사보고서를 준비한다.

다섯째, 만약 항공사고가 공해상에서 발생하면 항공기 등록 국이 항공기 사고의 권리와 의무를 갖는다.

나. 국제민간항공기구(ICAO)의 항공기 사고 정의

(1) 항공기 사고(Accident)란?

비행을 목적으로 사람이 탑승한 때로부터 하기 시 사이에 항공기 운항과 관련하여 다음의 결과가 초래된 사건

가) 아래의 결과로 사람이 사망하거나 중상을 당한 경우

- 항공기의 탑승
- 항공기로부터 분리된 부품을 포함한 항공기의 부품과의 직접적인 접촉
- 제트 분출에 직접적인 노출 등

단, 통상적으로 승객과 승무원들의 접근이 허용되지 않는 장소에서 발생하였거나, 타인 또는 자신에 의한 경우, 자연적 원인에 의해 발생된 경우는 제외한다.

나) 항공기가 다음의 손상이나 구조상의 결함이 발생한 경우

- 항공기의 비행특성이나 구조상의 강도, 성능에 악영향을 주는 경우
- 통상적으로 손상된 부품의 교체 또는 주요 수리를 요하는 경우

단, 손상이 엔진에 한정될 때의 엔진결함, 엔진의 덮개나 부속품, 또는 손상이 프로펠러에 한정되거나 날개 끝, 안테나, 타이어, 브레이크, 페어링, 작은 눌린 자국, 또는 항공기 표면의 작은 구멍은 제외

다) 항공기의 행방불명 또는 완전히 접근이 곤란한 경우

(2) 항공기준사고(incident)란?

항공기의 운용과 관련하여 발생된 운항안전에 영향을 주거나 줄 수 있었던 사고 이외의 사건으로 ICAO에서 다루어지고 있는 항공기준사고의 형태는 다음과 같다

- **엔진고장** : 동일항공기에서 하나 이상의 엔진이 고장, 압축기 회전익(Compressor Blade)과 터빈 덮게 고장을 제외하고 엔진에 국한되지 않는 고장
- **화재** : 엔진이 포함되지 않는 엔진화재를 포함한 비행 중에 발생한 화재
- **지형과 장애물 안전거리 준사고** : 지형 또는 장애물과의 실제충돌이나 충돌의 위험성이 다분한 사건
- **조종계통 및 안전성 문제** : 항공기를 조종하는데 어려움을 야기시키는 사건 예를 들면, 항공기 시스템 고장, 기상현상, 비행성능 밖의 운항 등이 여기에 속한다.
- **이륙과 착륙 준사고** : 동체착륙, 활주로 옆으로 이탈하거나 과주 또는 미착하는 경우
- **비행승무원 무능력** : 의학적인 부적합으로 인하여 비행임무를 수행할 수 없는 경우
- **감압** : 비상강하를 야기시키는 여압감소의 경우
- **근거리 충돌위험, 기타 항공교통상의 준사고** : 근거리 접근으로 인한 충돌위험과 절차 미숙 또는 장비고장으로 인한 타 항공기와의 위험스러운 항공교통 준사고

다. 우리나라 항공안전법 상의 항공 사고 정의

(1) 항공기 사고(Accident)

사람이 항공기에 비행을 목적으로 탑승한 때부터 탑승한 모든 사람이 항공기에서 내릴 때까지 항공기의 운항과 관련하여 발생한 다음 각 목의 어느 하나에 해당하는 것을 말한다.
   가. 사람의 사망·중상(重傷) 또는 행방불명
   나. 항공기의 중대한 손상·파손 또는 구조상의 고장
   다. 항공기의 위치를 확인할 수 없거나 항공기에 접근이 불가능한 경우

(2) 경량 항공기 사고

경량 항공기의 비행과 관련하여 발생한 다음 각 목의 어느 하나에 해당하는 것을 말한다.
가. 경량항공기에 의한 사람의 사망·중상 또는 행방불명
나. 경량항공기의 추락·충돌 또는 화재 발생
다. 경량항공기의 위치를 확인할 수 없거나 경량항공기에 접근이 불가능한 경우

(3) 초경량비행장치 사고

초경량비행장치(超輕量飛行裝置)의 비행과 관련하여 발생한 다음 각 목의 어느 하나에 해당하는 것을 말한다.
가. 초경량비행장치에 의한 사람의 사망·중상 또는 행방불명
나. 초경량비행장치의 추락·충돌 또는 화재 발생
다. 초경량비행장치의 위치를 확인할 수 없거나 초경량비행장치에 접근이 불가능한 경우

(4) 항공기 준사고

항공기 사고 외에 항공기 사고로 발전할 수 있었던 것으로서 국토교통부령으로 정하는 것을 말하며 그 범위는 다음과 같으며 일부 내용만 수록하고 항공법 시행규칙 별표5를 참조 바란다.

1. 항공기의 위치, 속도 및 거리가 다른 항공기와 충돌위험이 있었던 것으로 판단되는 근접비행이 발생한 경우 (다른 항공기와의 거리가 500피트 미만으로 근접하였던 경우를 말한다)
2. 항공기가 정상적인 비행 중 지표, 수면 또는 그 밖의 장애물과의 충돌(CFIT)을 가까스로 회피한 경우
3. 항공기, 차량, 사람 등이 허가 없이 또는 잘못된 허가로 항공기 이륙·착륙을 위해 지정된 보호구역에 진입하여 다른 항공기의 안전운항에 지장을 준 경우
4. 항공기가 이륙 활주를 시작 후 이륙결심속도(Take-off decision speed)를 초과한 속도에서 이륙을 중단(Rejected take-off)한 경우
5. 항공기가 유도로에서 무단으로 이륙·착륙을 한 경우
6. 항공기가 이륙·착륙 중 활주로 옆으로 이탈한 경우
7. 항공기가 이륙 또는 초기 상승 중 규정된 성능에 도달하지 못한 경우
8. 비행 중 운항승무원이 조종능력을 상실한 경우
9. 조종사가 연료의 부족으로 비상선언을 한 경우
10. 항공기 시스템의 고장, 기상 이상, 항공기 운용한계의 초과 등으로 조종상의 어려움이 발생한 경우
11. 비행 중 항공기에 장착된 발동기 수의 100분의 30 이상의 발동기가 정지된 경우

라. 우리나라 육군의 항공기 사고에 관한 정의

(1) 항공기 사고의 정의

항공기 엔진 시동 시부터 엔진 정지 시까지의 사이에서 불의의 사태로 재산손실 또는 인원의 사상을 초래한 사고를 말한다.

(2) 육군 항공기 사고 구분

육군의 사고는 "항공기 사고"와 "기타 사고"로 구분하는데 먼저 항공기 사고의 구분은 피해정도에 따라 중사고, 경사고 및 준사고로 구분하며 그 기준은 다음과 같다.

① **중사고** : 항공기 실종, 항공기 사고로 승무원 및 탑승자 사망, 항공기 대파 손상(항공기 재생이 불가능한 손상) 등을 말한다.
② **경사고** : 항공기 사고로 승무원 및 탑승자 중상, 항공기 중파 손상(항공기 수리비용이 항공기 도입가격의 5% 이상일 경우)일 경우를 말한다.
③ **준사고** : 항공기 사고로 승무원 탑승자 경상, 항공기 소파 손상(항공기 수리비용이 항공기 도입가격의 5%미만일 경우)
④ **기타사고** : 항공기 사고로 간주하지 않는 항공기 관련 사고로서 사고조사 및 보고는 항공기 사고와 동일한 절차에 의거 실시하며 세부사항은 다음과 같다.

- 지상계류중인 항공기가 이착륙중인 회전익 항공기의 하향풍에 의해 날린 물체로 손상(타항공기)을 입은 경우
- 항공기 정비와 관련되어 인적, 물적 피해를 초래한 사고
- 지상에서 취급부주의로 항공기가 손상을 입었을 경우(계류 중, 지상 이동 중, 정비 중, 기타)

마. 미 육군의 항공기 사고에 관한 정의

A Class	• 총 재산손실 비용이 1백만 달러 이상 또는 항공기 대파, 실종 • 부상 및 상해 정도가 치명적이거나 완전 불구가 되는 경우
B Class	• 총 재산손실 비용이 20만불~1백만 달러 • 승무원 부상, 작전간 상해 정도가 부분적 불구가 되는 경우 • 단일 사고시 3명 이상 인원이 병원에 후송되는 경우
C Class	• 총 재산손실 비용이 2만불~20만불 • 1일 정도의 근무시간 손실을 야기시키는 부상/상해 정도
D Class	• 총 재산손실 비용이 2천불~2만불 • 근무활동, 가벼운 임무 등에 제한받는 경우의 부상/상해 정도
E Class	• MOC 중 엔진 정지, Chip Detector 점등 • 악기상으로 임무 제한/취소, 비행 중 Door Open
F Class	• FOD(내/외부)에 의한 항공 incident : 엔진 손상에 한정

바. 미 공군의 항공기 사고에 관한 정의

- MISHAP는 상해나 위험을 발생시키는 계획되지 않거나 예상되지 않은 사건
- ACCIDENT는 중대한 손상과 손해를 발생시키는 계획되지 않거나 예상되지 않은 사건
- INCIDENT는 경미한 손상과 손해를 발생시키는 계획되지 않거나 예상되지 않은 사건
- HAZARD는 상해나 위험을 발생시킬 수도 있는 상태

※ 니어미스(Near Miss) : 사고로 보도되지 않았지만 안전운항에 현저하게 영향을 미치거나 위험이 예상되었던 항공기 운항과 관련된 사건으로 사고 직전에서 해결된 경우도 있으나, 통상적으로 유사한 사건으로 재발되고 있으며, 일부는 중대사고로 연결되고 있다.

02 항공사고조사의 적용 범위

가. 조사 범위

- 대한민국 영역 안에서 발생한 항공사고 등
- 대한민국 영역 밖에서 발생한 항공사고 등으로서 「국제민간항공조약」에 의하여 대한민국을 관할권으로 하는 항공사고 등 단, 국가기관등항공기에 대한 항공사고조사에 있어서는 다음의 어느 하나에 해당하는 경우에 한함.
  1. 사람이 사망 또는 행방불명된 경우
  2. 국가기관 등 항공기의 수리·개조가 불가능하게 파손된 경우
  3. 국가기관 등 항공기의 위치를 확인할 수 없거나 국가기관 등 항공기에 접근이 불가능한 경우
  ※ 국가기관 등 항공기란 국가, 지방자치단체, 「공공기관의 운영에 관한 법률」에 따른 공공기관이 소유하거나 임차(賃借)한 항공기로서 다음의 어느 하나에 해당하는 업무를 수행하기 위하여 사용되는 항공기를 말한다. 다만, 군용·경찰용·세관용 항공기는 제외한다.
  가. 재난·재해 등으로 인한 수색(搜索)·구조
  나. 산불의 진화 및 예방
  다. 응급환자의 후송 등 구조·구급활동
  라. 그 밖에 공공의 안녕과 질서유지를 위하여 필요한 업무

03 항공사고조사 진행단계(INVESTIGATION PROCESS)

단계	내용	세부 내용
1단계	사고 발생보고	기장 또는 항공기 소유자
2단계	사고 발생보고 접수	항공기 등록국, 운영국, 설계국, 제작국 및 ICAO에 통보
3단계	사고조사 개시	사고 조사단 구성
4단계	현장조사	현장보존, 관련정보 및 자료수집
5단계	예비보고서 발송	사고발생 후 30일 이내 관련국 및 ICAO
6단계	시험 및 연구	분석실 및 관련 전문기관
7단계	사실조사보고서 작성	분야별 사실 조사 정보 통합
8단계	공청회	사실정보 검증, 필요시 사실정보 보완, 사고조사의 객관성, 공정성 및 신뢰성 확보
9단계	최종보고서 작성	원인 및 안전권고사항 포함
10단계	관련인, 관련국 의견수렴	60일 기간(관련국)
11단계	위원회 심의 및 의결	최종 보고서 완료
12단계	최종사고조사 결과 발표 및 최종사고조사보고서 공표	언론매체 등을 통한 발표 및 관련국과 ICAO(항공기 최대중량 5,700kg이상)에 배포

04 항공사고조사 절차

가. 사고현장에서의 초동조치

① 필요한 치료가 가능하도록 조치하며, 잔해를 화재나 추가 손상의 위험으로부터 안전하게 하며, 관련 국가당국 또는 위임기관에 통보하며, 방사성 동위원소 또는 방사성물질이 화물로서 운송될 가능성을 점검하고 적절한 조치를 취하며, 부속서 13에 규정한 경우를 제외하고 항공기를 불필요하게 움직이거나 만지지 않도록 감시요원을 배치하며, 사진이나 기타 적절한 방법으로 얼음, 연기 검댕이 등과 같은 일시적으로 생겼다가 없어지는 현상에 대하여 증거를 보존하는 조치를 취하며, 증언에 의해 사고조사에 도움을 줄 수 있는 목격자들의 이름과 주소를 확보한다.
② 구조작업 (Rescue Operations)
③ 경계 (Guarding)
④ 잔해에 대한 일반조사 (General Survey of the Wreckage)
⑤ 증거의 보존 (Preservation of the Evidence)
⑥ 예방대책 (Precautionary Measures)
  - 화재의 예방 (Precaution to be taken of the Evidence)
  - 위험화물에 대한 예방

나. 잔해조사의 착수

① 사고의 위치 (Accident Location)
② 사진 (Photography)
③ 잔해분포 차트 (Wreckage Distribution Chart)
④ 충돌자국과 파편의 검사 (Examination of Impact and Debris)
⑤ 수중의 잔해 (Wreckage in the Water)

다. 운항분야조사

① 비행의 이력과 비행전, 비행중, 비행후의 운항승무원의 활동과 관련된 모든 사실을 조사하여 보고
② 승무원의 이력
③ 비행계획
④ 중량배분관계
⑤ 기상
⑥ 항공교통업무
⑦ 통신
⑧ 항법
⑨ 비행장시설
   - 항공기의 성능
   - 지시의 준수
   - 증인의 진술
   - 최종비행로의 결정
   - 비행의 순서

라. 비행기록장치 조사

① 비행자료 기록장치와 조종실 음성기록장치를 포함 하며 최대의 이득을 얻기 위해 두 장치가 일치되어야 한다.
② 비행자료 기록장치
   - 조사관에게 3차원 하에서의 항공기의 비행경로를 재구성하고 재구성된 비행에서 항공기의 자세를 결정하고 그러한 항공기의 비행경로와 자세를 만들게 한 항공기에 작용한 힘을 평가하는 것이 가능토록 충분한 정보를 사고조사관에게 제공하는 것이다.
③ 조종실 음성기록장치

마. 구조물 조사
  ① 잔해의 재구성　　　　　　　② 재료파괴의 유형
  ③ 착륙장치 및 비행조종장치를 포함한 기체 검사
  ④ 피로파괴의 인식　　　　　　⑤ 정적파괴의 인식
  ⑥ 파괴의 순서　　　　　　　　⑦ 하중적용의 모드
  ⑧ 전문가 검사　　　　　　　　⑨ 파괴면 조직검사

바. 동력장치 조사
  ① 엔진, 연료, 오일과 냉각 시스템, 프로펠러와 그 조절유니트, 제트파이프와 추진 노즐, 역추력장치, 엔진장착대, 그리고 엔진이 하나의 유니트 안에 설치되는 경우 기체구조물에 그 유니트를 장착하는 장치, 방화벽과 카울링, 보조기어박스, 등속도 구동유니트, 엔진과 프로펠러의 방빙시스템, 엔진화재 탐지/소화시스템, 동력장치 조절장치가 포함된다.
  ② 프로펠러 조사로 얻을 수 있는 증거
  ③ 충격시 엔진의 성능
  ④ 소화기 시스템의 효용성
  ⑤ 표본의 채취
  ⑥ 전문가 검사

사. 시스템 조사
  ① 시스템 조사는 항공기 동력 장치에 포함되는 연료계통이나 오일계통, 항공기 구조에 포함되는 항공기 조타장치 계통 등과 같이 다른 주제에서 포함되는 계통들을 제외한 항공기 계통들에 대한 조사와 보고에 관한 사항을 다룬다.
  ② 유압계통
  ③ 전기계통
  ④ 여압 및 공조계통
  ⑤ 방빙 및 방수계통
  ⑥ 계기류
  ⑦ 무선통신 및 무선항법장비
  ⑧ 비행조종계통
  ⑨ 화재탐지 및 방화계통
    - 산소계통

아. 정비관련 조사
  ① 정비조사의 목적은 항공기의 정비 이력을 검토하여 다음사항을 결정하는데 있다.
    - 사고조사의 방향이나 중요한 특이 부분에 대하여 집중하는데 기여할 수 있는 정보

- 항공기가 지정된 표준에 따라 정비되었는지 여부
- 사고조사 과정에서 얻어진 사실정보에 대하여 지정된 표준을 만족시키는 여부

자. 인적요소조사

관계인에 대한 경험, 교육훈련 등 기준에 충족하는지 여부

차. 탈출, 수색, 구조 및 소화에 대한 조사

경보접수, 출동, 요구조자 취급 및 처리, 재난 피해 확산방지를 위한 조치 등

카. 폭발물에 의한 고의파괴에 대한 조사

테러 등에 의한 폭발 사고 가능성

타. 기술검토회의 또는 공청회 (필요한 경우 실시)

특정 사실정보에 대한 다양한 계층의 지식, 견해 등을 청취(분석에 참고)

하. 최종 발표

05 항공기 사고조사 주요 장비

가. 사고조사 장비

주요 사고조사 장비는 Go-Kit, 개인 장비, 공동장비로 나눌 수 있다.

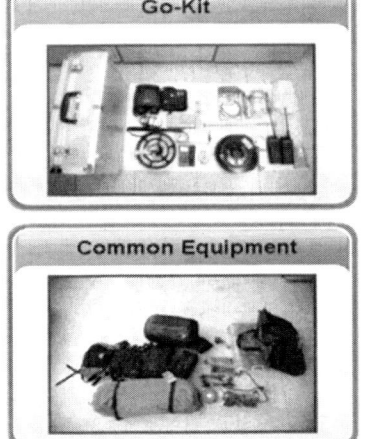
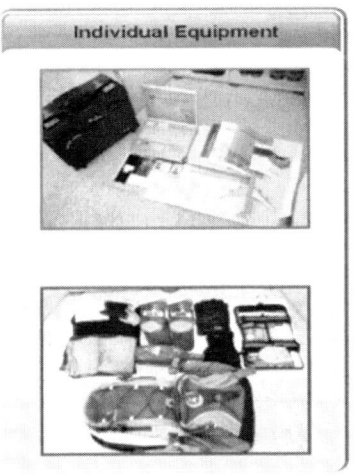

출처 : 항공철도사고조사위원회 홈페이지

주요 사고조사 장비

나. 운송 및 통신수단

자동차, 선박, 헬리콥터, Smart Phone, 워키토키 등 사고조사에 필요한 운송 및 통신수단은 다음과 같다.

출처 : 항공철도사고조사위원회 홈페이지

주요 운송 및 통신수단

다. 분석장비

분석장비는 FDR 분석장비, CVR 분석장비 등을 휴대해야 한다.

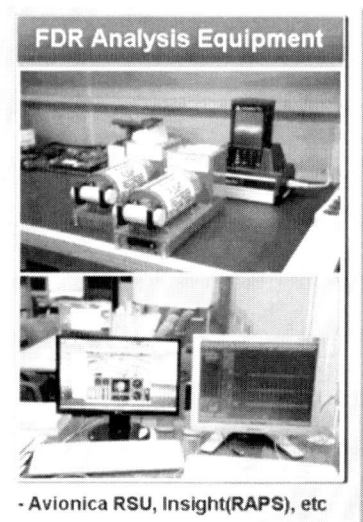

출처 : 항공철도사고조사위원회 홈페이지

주요 분석장비

06 항공기 블랙박스

가. 블랙박스(Black Box)란?

비행자료기록장치(FDR)와 조종실음성기록장치(CVR)의 2가지를 말한다.

비행자료기록장치(FDR)는 항공기의 3차원적인 비행경로와 각 장치의 단위별 작동상태(요목 : parameter)를 디지털, 자기 또는 수치신호로 녹화·보존하여 사고 시 자료를 해독장치로 해독하여 사고의 원인을 규명하는 목적으로 장착 및 운용을 국제법 및 국내 항공안전법에서 규정하고 있다.

조종실음성기록장치(CVR)는 조종실 승무원간의 대화, 관제기관과 승무원간의 교신내용, 항공기 작동 상태의 소리 및 경고음 등을 녹음을 저장하는 장치로써 사고 시 상황을 파악하여 원인을 규명하는 목적으로 장착 및 운용을 국제법 및 국내 항공안전법에서 규정하고 있다.

다양한 형태의 블랙박스 들

나. 원리

블랙박스는 커다란 충격이나 화재 속에서도 유일하게 손상되지 않고 사고 직전의 비행기 상황을 알려 주는 장치로서 그 외관은 명칭과는 달리 사고현장에서도 눈에 잘 띄게 하기 위하여 형광을 입힌 오렌지색을 띠고 있다. 블랙박스는 대부분 비행기 꼬리 밑부분에 설치되는데, 이것은 비행기가 추락할 때 가장 충격을 적게 받는 부위이기 때문이다.

FDR(비행자료기록장치)

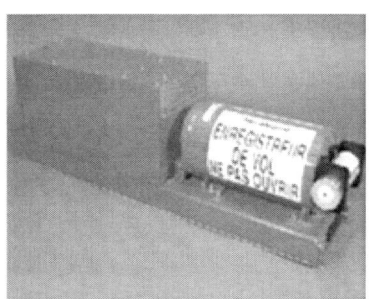
CVR(조종실음성기록장치)

다. 블랙박스(black box)의 변천과정

(1) 블랙박스(Black Box)의 출현

1953년 영국 군의 COMET기의 사고원인조사를 하는 과정에서 블랙박스(Black Box)의 필요성이 대두되어 1954년 Dr. David Warren 이 주창하였다.(David Warren : 항행연구소 실험실 근무, 항공연료 전문가) 이후 1958년 최초의 블랙박스(Black Box)가 발명되었다.

2) 비행자료기록장치(FDR)의 발전

초기의 비행자료기록장치(FDR)는 여러 기술적인 어려움으로 인하여 수록된 Data에 많은 문제가 있었다. 처음에는 특수 코팅 처리된 철사 줄(Wire)을 사용하여 자장을 형성, Magnetic으로 Data를 기록하다가 그 다음에는 외부를 구형으로 된 철(Stainless Steel)로 보호하고 내부는 알루미늄 또는 동철 판 포일(Foil)에 타점 식으로 자료를 기록(Scratch)하게 되었다.

이 방법으로 대략 6종의 Data를 수록할 수 있는데 속도(Airspeed), 고도(Altitude), 기수방향(Heading), 수직 가속도(Acceleration), 시간(Hour), 자료번호(Data Number) 등을 기록하였다. 이것이 1세대 비행자료기록장치이다.

최초의 비행자료 기록장치(FDR, 1958)

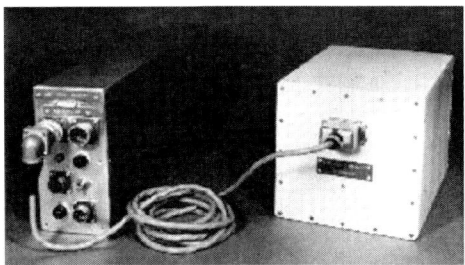

초기 분리형 비행자료 기록장치(FDR, 1962)

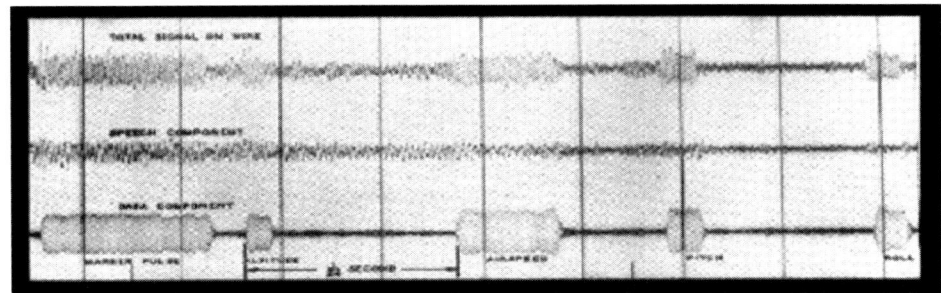

비행자료 기록 장비(FDR) 자료의 해석

1960년대에 출연한 비행자료기록장치(FDR)에는 자기 테이프형(Universal TAPE)이 있다. 이 장치는 수십에서 수백 개의 단위별 작동상태(요목:parameter)를 전자파 자료형태(Digital Wave Data)로 기록을 하게 되었다. 이것이 2세대 비행자료기록장치인 디지털 비행자료기록장치(DFDR)이다.

2세대 디지털 비행자료 기록장치(FDR)

최근에는 항공전자장비의 눈부신 발달에 힘입어 Data 저장 모체가 반도체 기억소자(Solid State : 진공관의 반대 개념)형태로 발전하면서 보다 많은 비행자료 (수백~수천 개의 단위별 작동상태 : parameter)를 수록함과 동시에 Data의 신뢰성도 향상되어 초 단위이하 라도 분석이 가능하게 되었다. 이것이 Flight Recorder의 3세대인 반도체기억소자형 비행자료기록장치(SSFDR)이다.

3세대 반도체 기억소자 비행장료 기록장치(SSFDR)

(3) 조종실음성기록장치(CVR)의 변천과정과 기능

항공기 사고 당시 조종실의 승무원간의 대화, 관제기관과 승무원간의 교신내용, 조종실내의 각종 경고음 등을 기록할 목적으로 조종실 음성기록장치가 장착되었고 현재까지 발전되어져 왔다. 일반적으로 무한 반복 자기테이프(Endless Tape)를 이용 최종 30분간 녹음하여 저장하는 장치로서 항공기 사고 시 사고내용에 대한 원인을 규명하고 분석하는데 장착 목적이 있으며, 현재 주로 사용하고 있는 기록 매체는 첨단반도체 기억소자로, 이러한 기록 매체를 사용한 조종실음성기록장치(CVR)를 SSCVR(Solid State Cockpit Voice Recorder)라 한다.

모양과 기능은 다음과 같다.

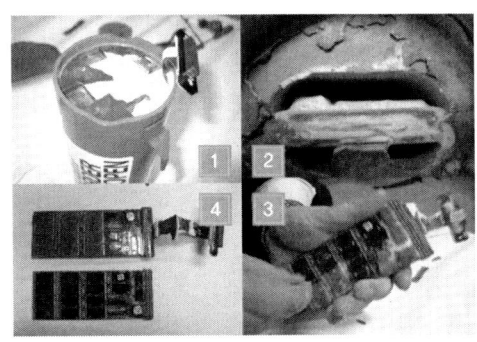 

SSCVR 분해과정 및 구조

조종실음성기록장치는 4개의 채널(Channel)로 구성되어 있으며 각 채널 녹음내용은 다음과 같다.

제1채널(Channel)은 기관사(Flight Engineer)나 감독석의 음성 등이 마이크와 헤드폰에 전해지는 기록이며,

제2채널(Channel)은 부기장의 마이크와 헤드폰에 전해지는 음성 또는 신호음 수록하고,

제3채널(Channel)은 기장의 마이크와 헤드폰에 전해지는 음성 또는 신호음 수록하고,

제4채널(Channel)은 조종실내 기기 조작 및 작동소리 및 음성이 모두 녹음된다.

라. 블랙박스(Black Box)의 성능

① 최대 충격 : 3,400G
② 저항 능력
 - 일시 저항능력 : 500 1bs / 10FT-1bs
 - 지속 저항능력 : 5,000 1bs / 5분
③ 화재 시 온도 성능
 - 최대 : 1,100℃ / 10시간
 - 최소 : 260℃ / 30분
④ 수색목적의 수중위치신호기(ULB : Under Water Beacon)
 - 해저 저항능력 : 20,000FT / 30일
 - 신호 발신 주파수 : 37.5±1KHZ
 - 최대 신호감지 수중깊이 : 6,096M(20,000피트)

- 충전기 유효작동기간 : 30일 이상
- 작동온도 : -2.2℃ ~ 37.8℃
- 내장 충전지 유효기간 : 6년
- 무게 : 190g

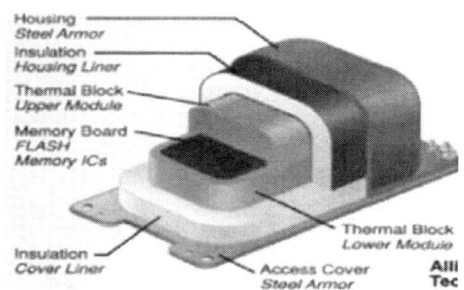

수중위치 신호기(ULB)와 블랙박스(BL, ACK BOX)세부 명칭

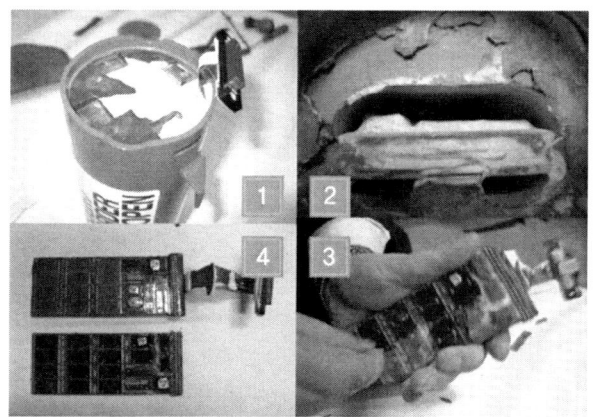

SSCVR 분해과정 및 구조

마. 그 밖의 블랙박스(Black Box) 종류

비행자료기록장치(FDR)와 조종실음성기록장치(CVR) 일체형인 블랙박스(Black Box)가 일부 항공기(특히 군용항공기)에 장착되어 사용되고 있다.

비행자료기록장치와 조종실 음성 기록장치의 혼합형 블랙박스 CVDR(FA2100)

07 무인항공기 사고보고

가. 사고발생 시 조치사항

① 인명구호를 위해 신속히 필요한 조치를 취할 것.
② 사고 조사를 위해 기체, 현장을 보존할 것.
③ 벌칙 위반 경우 : 6개월 징역 또는 500만원 벌금

나. 사고의 보고

초경량 비행장치 조종자 및 소유자는 초경량 비행장치 사고 발생 시 지체 없이 그 사실을 보고하여야 한다. 초경량 비행장치의 조종자는 초경량 비행장치사고가 발생하였을 때에는 교통부령으로 정하는 바에 따라 지체 없이 국토교통부장관에게 그 사실을 보고하여야 한다. 다만, 조종자가 보고할 수 없는 경우에는 그 초경량 비행장치의 소유자가 사고를 보고하여야 한다.

다. 보고사항

초경량 비행장치 사고를 일으킨 조종자 또는 그 초경량 비행장치의 소유자는 다음 각 호의 사항을 지방항공청장에게 보고하여야 한다.
① 조종자 및 그 초경량 비행장치 소유자의 성명 또는 명칭
② 사고가 발생한 일시 및 장소
③ 초경량 비행장치의 종류 및 신고번호
④ 사고의 경위
⑤ 사람의 사상(死傷) 또는 물건의 파손 개요
⑥ 사상자의 성명 등 사상자의 인적사항 파악을 위하여 참고가 될 사항

08 안전관련 모델을 활용한 사고결과 분석기법

가. 관련 모델 소개

(1) SHELL 이론

항공분야를 비롯한 여러 산업분야에서 재해로부터 인명과 재산을 보호하고 업무의 능률과 효율성 극대화를 통한 생산성 향상을 위하여 인적요인 분야의 개발과 활용이 주요현안으로 대두된 가운데 1972년 미국의 심리학교수인 Elwyn Edward는 항공승무원과 항공기 기기(器機)사이에 상호작용관계를 종합적이고 체계적으로 표시하는 도표인 SHELL모델을 고안하였다.

또한 인적요인은 학문 지향적이기보다는 문제해결 지향적이라는 의견을 상황에 따른 문제해결 지향적이라는 의견을 주장하면서 인간의 인체기관 능력 및 한계에 대한 인식과 함께 인간과 기기 시스템 및 주변 환경과의 조화롭지 못한 것에 대하여 해소하는 것이 필수적이라는 점을 주장하였으나 그의 이론은 크게 인정을 받지 못하였다.

이어서 1975년 네덜란드 KLM 항공의 기장 출신인 Frank H. Hawkins 박사는 Elwyn Edward가 고안한 SHELL 모델을 수정하여 그림에서 보는바와 같이 "BuildingBlock" 모형인 새로운 SHELL모델(그림)을 사용하였는데 이는 2건의 항공기 사고에서 밝혀진 원인을 뒷받침할 수 있는 이론적 근거가 됨으로써 현재 ICAO에서 추진하고 있는 인적요인이론의 모태가 되고 있다.

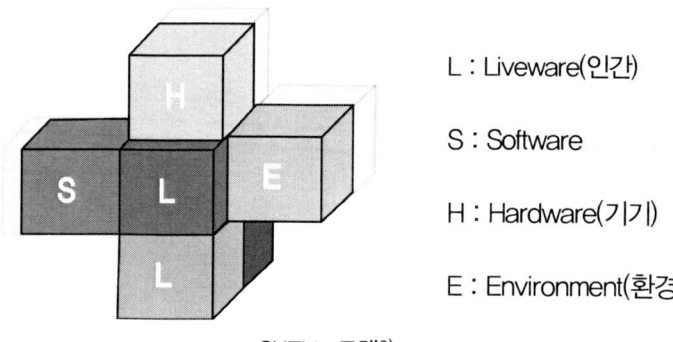

L : Liveware(인간)

S : Software

H : Hardware(기기)

E : Environment(환경)

SHELL 모델[3]

항공기 승무원의 업무와 관련하여 이 모델을 적용해보면 중앙에 "L"은 Liveware의 약자로서 인간 즉 운항승무원을 의미하고 관제부문에서는 항공관제사, 정비부문에서는 항공정비사 등 각 부문에서 업무를 주도적으로 수행하는 사람을 의미하고 있다. 아래 부분의 "L" 역시 Liveware의 약자(略字)로서 인간을 의미하는데 업무에 직접관여 하면서 업무를 주도적으로 수행하는 인간과의 관계를 직접관여하면서 업무를 주도적으로 수행하는 인간과의 관계를 나타낸다.

또한 "H"는 Hardware의 약자로서 항공기운항과 관련하여 승무원이 조작하는 모든 장비 장치류를 나타내는 것 이며, "S"는 Software의 약자로서 항공기운항과 관련한 법규나 비행절차, 체크리스트(Checklist), 기호, 최근 점차적으로 증가하고 있는 컴퓨터 프로그램 등이 이에 해당된다. "E"는 Environment의 약자로서 주변 환경과 조종실내 조명, 습도, 온도, 기압, 산소농도, 소음, 시차 등을 나타내며 이러한 각각의 요소는 직무수행 과정에서 제 기능과 역할을 발휘할 수 있도록 항시 최적의 상태와 조화가 이루어져야 한다.

운항 승무원을 중심으로 한 주변의 모든 요소들은 항공기운항과 직접적인관련을 가지고 있으므로 조종실 업무의 능률성과 효율성 및 안전성을 확보하기 위해 승무원은 이러한 요소들을 업무 적용 시 상호관련성을 최적의 상태로 유지하면서 직무를 수행해야하는 것이

---

3) Hawkins,F.H(1987),HumanFactorsinflight,GowerTech.press,p.4

인적요인의 배경이라 할 수 있다. 그러면 운항승무원을 중심으로 한 주변의 요소와의 상호 관련성을 좀 더 구체적으로 고찰해 보기로 한다.

A 인간과 기기(Liveware-Hardware)

승무원은 운항 중 조종실내의 각종 계기를 주시, 확인하면서 상황에 따라 필요한 기기를 조작하므로 계기의 형태나 조작의 방향, 색깔, 위치, 정보의 형태와 방법 등의 설계가 승무원의 인지구조나 체계 등에 영향을 미치기 때문에 이러한 하드웨어가 인간공학적 상태에 맞지 않거나 승무원의 조건이 하드웨어에 적절히 적응하지 못하면 비행업무의 능률성과 효율성 및 안전성을 보장할 수 없게 되어 사고의 잠재요인이 되고 경우에 따라서는 이어진 사고를 유발하기도 한다.

B 인간과 소프트웨어(Liveware-Software)

항공기 정해진 법규와 절차를 지키면서 운항되어야 하며 그런 과정에서도 복잡하고 다양한 항공정보의 표시와 기호를 해독해야 하고 또한 항공사의 관련 규정 절차, 교범 및 체크리스트(Checklist)에 따라 직무를 수행해야하므로 승무원과 소프트웨어와의 관계는 물리적인 관계이기보다는 정신적인 요소에 의한 관계이며 어떤 행동을 결정하는데 있어서 결심하는 근원이 된다는 점에서 매우 중요하다고 할 수 있다.

운항과 관련된 법규정과 절차가 불합리하거나 아니면 승무원이 규정 절차를 올바로 지키지 않거나 제대로 숙지하지 못하는 경우 또는 각종 기호 표시등의 해석을 잘못하여 오류를 유발하는 경우 이러한 인적과오는 안전운항에 심각한 영향을 미칠 수 있으므로 승무원은 운항과 안전에 필요한 제반규정과 절차, 표시, 기호 등을 숙지하고 있어야 하며 이를 운항에 적용할 때 최적의 기능이 발휘될 수 있도록 하여야 한다.

C 인간과 환경(Liveware-Environment)

비행에서 가장먼저 인식되는 공유영역(公有領域)은 인간과 환경이다. 인간이 최초로 하늘을 날게 된 후 공중에서 생존환경을 어떻게 적응해야 할 것인가에 대한 많은 관심과 연구가 이루어져야 한다.

초기에는 인간이 공중이라고 하는 환경에 적응하기 위하여 산소마스크를 사용하고 가속도로부터 보호받기 위해 중력보호복장(Anti-G-Suit)을 착용하였으며 소음에는 헬멧, 추위에는 잠바, 공기흐름에는 방풍안경(Goggle) 등을 이용하였으나 기계문명의 발달에 따라 항공기내의 여압조절과 온도, 습도의 유지, 조명 및 방음 등이 가능해짐으로써 환경을 인간의 생존조건에 어느 정도 맞추게 되었다. 그럼에도 불구하고 시설, 장비 및 기상 등 환경적 요인에 의하여 직무 수행조건이 취약하게 되면 승무원의 업무능률이 저하되고 나아가서는 사고요인으로도 작용할 수 있다. 이밖에도 오늘날 항공기 운항은 정치·경제적 제약하에서 이루어지므로 이러한 환경적 배경과 특성도 승무원 업무환경에 영향을 미칠 수 있으며 항공기술의 발달로 장거리 운항이 가능해짐에 따라 시차에서 오는 생체리듬의 방해나 수면장애 등으로 직무환경이 취약해질 수 있는데 이러한 문제는 승무원 인적요인 밖의 문제와도 관련되어 있으므로 국가나 기업의 경영 관리적 차원에서도 마땅히 고려되어야 한다.

D 인간과 인간(Liveware-Liveware)

인적요인과 관련된 마지막 공유영역은 인간과 인간사이의 영역이다. 전통적으로 승무원 개인의 비행기량이 뛰어나면 이들로 구성된 팀의 비행기량도 우수하고 조종실 업무 또한 효율적이고 생산적으로 수행되어야 한다고 판단하여 모의비행장치((Simulators) 등을 이용한 승무원 교육 및 훈련은 팀보다는 주로 개인의 비행기량향상에 중점을 두고 평가가 되어 왔는데 이러한 교육 및 훈련방법과 형태는 항공사마다 점차로 새로운 형태로 개선되고 있는 실정이다.

이와 관련하여 항공관계전문가는 항공기 사고사례 또는 조종실 업무체계 등을 분석한 결과 운항을 위한 승무원 업무는 팀워크(Teamwork)로 수행되는 업무이므로 운항과 직접 관련되는 종사자를 비롯하여 동승한 승무원과 상호 협력하는 것이 비행업무의 효율성을 높이고 안전운항에도 기여할 수 있다는 결론을 내리게 되었다.

한편 비행기량이 월등히 뛰어난 승무원이 오히려 동승된 승무원과의 상호협력이 제대로 이루어지지 않는 경우도 있다는 것이다. 특히 최신 최첨단 항공기는 대부분 자동화시스템을 갖추고 있고 또 계기가 디지털화됨에 따라 계기를 감시하는 업무도 늘어나 계기의 잘못판독을 예방하기 위해서도 동승승무원 상호간 교차 감시해야 하는 등 협력의 필요성이 더욱 늘어나고 있다.

이에 따라 세계 각국에서는 인적요인분야에서 승무원의 인간-인간관계를 가장 중요시하고 있으며 이를 강화하는 방안의 일환으로 승무원 자원관리(CRM : Crew Resource Management) 및 노선비행적응훈련(LOFT : Line Oriented Flight Management) 등과 같은 프로그램을 개발하여 승무원의 교육 및 훈련에 활용하고 있다. 참고로 일부 선진항공사에서는 보다 개선된 승무원자질교육 프로그램(AQP : Advanced Qualification Program)을 개발 적용하고 있다.

SHELL 모델 항목별 설명

인적요인	인적오류
인간 - 장비 (Liveware - Hardware)	지각 오류
	고의적인 위반
	정비 실수
	규정 미 준수
인간 - 소프트웨어 (Liveware - Software)	절차 미 준수
	기량/지식 부족
	규정 미 준수
인간 - 환경 (Liveware - Environment)	외부물질 유입
	의식 상실
	공간정위 상실
인간 - 인간 (Liveware - Liveware)	부적절한 의사결정

(2) 4M1E 이론

그로스는 사고를 발생 시킬 수 있는 4개의 M으로 대표되는 다중요인이론을 제창하였는데, 이는 재해의 직접원인은 불안전한 상태나 불안전한 행동을 발생시키는 근본이 되는 기본원인을 4M Man-사람(Error를 일으키는 인간요인), Machine-기계설비의 결함, 고장 등의 물적요인, Media-작업의 정보, 방법, 환경 등의 요인 Management-관리상의 요인 이라고 규정했다. 일반적인 공정은 제조의 한 단계로 인식되고 있으나, 좀 더 넓은 의미로 볼 때 공정(Process)은 제조, 사무, 서비스 등의 일에서 일정한 투입물(input)이 들어가서 결과물(Output)로 변화시켜주는 활동(Activity)을 수행하는 하나의 시스템을 말한다. 일반적으로 제조공정에서는 투입물로 4M1E(Man, Machine, Method, Material, Environment)가 되고, 활동으로는 투입물의 재료를 변화시켜주는 것이다.

공정의 원리를 바탕으로 사고 역시 작업(정비, 조종)에 의해서 발생하거나, 사고로 인하여 피해가 나타나는 것으로 공정에서의 투입물(Input)로 볼 수 있다. 다음 그림에서와 같이 공정의 원리를 이용하여 결과물(Output)을 사고/재해로 보고, 사고의 결과 피해의 대상을 공정에서의 투입물(Input)로 보았다. 투입물로서는 그로스의 재해발생의 기본원인인 4M을 바탕으로 환경을 더한 4M1E를 선정했다. 작업과 생산 활동을 중심으로 보는 내부 환경과 생산 활동으로 인한 주변 환경 및 자연환경에 영향을 미치는 외부환경을 포함하여 작업(정비, 조종)으로 보았다.

다시 말해 공정에서의 투입물인 4M1E는 작업(정비, 조종)을 통해서 사고/재해가 발생하고 있으며 재해의 원인이 된다.

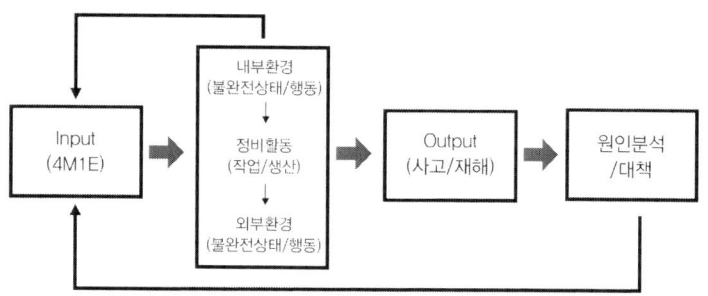

4M1E를 통한 사고발생 원인

4M1E 항목별 해석

4M1E	내용
Man-1M	사람과 관련된 항목으로 심리적, 생리적, 직장적 원인들이 해당됨
Machine-2M	항공기와 관련된 기계, 설비의 설계상 결함, 안전화의 부족 및 각종 지원 도구 등이 해당됨
Method-3M	잘못된 정비행위, 잘못된 규정, 규범이나 매뉴얼의 오류, 훈련 부족으로 발생되는 기량 미달, 건강관리의 불량들이 해당됨
Material-4M	항공기 자재의 자체결함, 취급부주의로 발생한 결함 및 오류, 정격자재가 아닌 불량 및 유사 재료가 해당됨
Environment-1E	조종사의 주변 비행환경, 정비 작업장의 환경 등이 해당

(3) Onion Structure 모델

Onion Model은 구 형태의 field가 겹쳐진 형태를 하고 있으며, 각각의 단계는 서로 상호작용하기도 하지만 개별적인 속성도 유지한다. 제일 바깥쪽에 조직의 외부환경이 위치하고 안쪽으로 갈수록 그 범위가 좁아지면서 마지막에는 worker5(5 level) 수준으로 좁혀진다. 이때 가장 안쪽의 worker level(작업자 수준)은 인간-기계 인터페이스를 포함하는 개념이다. Onion Structure 모델은 일반적으로 작업자의 생산성과 신뢰도에 영향을 미치는 인자들로 구성되어 있다.

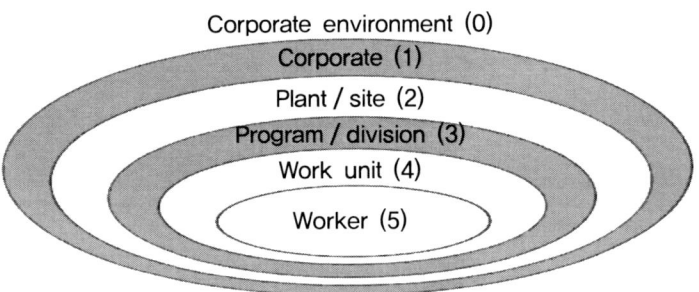

Onion structure 모델

Onion structure 모델 항목별 내용 설명

Layer	해석
0	외부환경
1	목표구조, 경영구조
2	현장 특유의 문화, 현장 지휘자의 특별한 운영 스타일
3	보상/처벌 시스템, 경영 스타일
4	작업단위, 생산성/신뢰성에 직접적인 효과
5	실질적인 업무수행중인 작업자

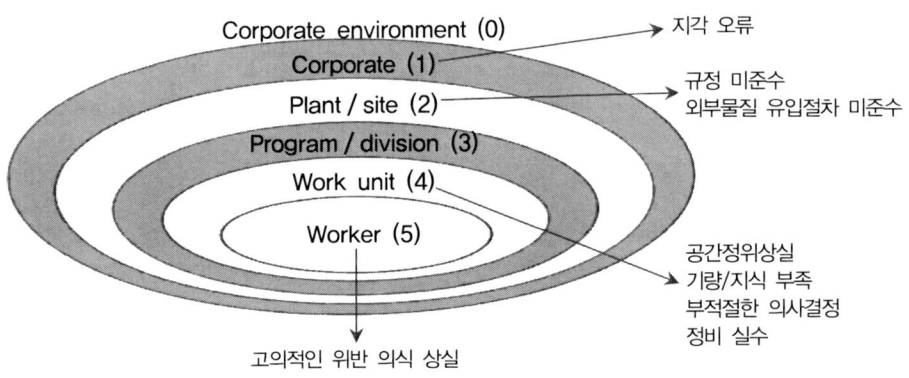

Onion structure 모델 해석

Onion structure 모델 세부현황

Level	제시인자	관련 세부요인
5 Worker	attitude	비행자세, 태도
	motivation	동기부여, 자극
	morale	사기, 군기
4 work unit	work environment	업무환경
	training, selection	훈련, 수련 선택
	professionalism	전문성
	team dependency	팀 의존성
	team structure	팀 구조
	human factors engineering	정비사 인적요인
3 program/division	management style	관리, 취급
	reward/punishment	보상/처벌
	leadership ability	리더쉽 능력
	policy consistency	정책 일관성
	inter cooperation	협력
	inter communication	전달
	career paths	경력
2 plant/site	management / labor relations	관리/노사관계
	management style1	관리, 취급
	technology level2	기술등급
	leadership ability1	리더쉽 능력
	personal control methods	인원 제어 방법
	explicit rules and standard	규정준수
	facility size	시설의 크기
	facility age	시설의 수명
	explicit job structure	명시적 작업 구조
	explicit procedure	명시적 절차
	site public relation	홍보
	milieu	환경
1 corporate	leadership ability1	리더쉽 능력
	management structure	기업의 구조
	corporate size	기업의 크기
	corporate age	기업의 수명
	immediacy in addressing problems	문제해결
	technology level	기술수준
	goal structure	목표구조
	corporate efficiency	기업의 효율성
	corporate culture	기업문화
0 corporate environment	federal regulation	연방정부의 규정
	state regulation	국가 규제
	return on assets	수익률
	competitive position	경쟁력
	public relations	공적관계들
	vendor relations	공급업체 관계
	debt/equity ratio	부채/자본비율
	local regulations	지역규정

나. 관련 모델을 활용한 사고분석의 예

군부대에서 야간 사격을 위한 사격술 훈련 중 편류를 인지하지 못하여 발생한 헬리콥터 사고조사의 결과를 분석하는 사례와 모델을 활용한 사고분석의 사례를 비교하여 보고자 한다. 먼저 대부분 사고조사의 결과를 분석하는 직, 간접원인에 의한 분석결과를 보면 아래의 표와 같다.

> ○ **직접원인**
> - 인적 요소 : 야간비행(HOVERING)간 조종사 항공기 편류 미인지
> - 물적 요소 : 없음
> - 환경적 요소 : • 월출시간 이전으로 월광효과를 받지 못하였음.
>   • 착륙장소가 없는 야산능선에 훈련장 선정으로 비행 참조점 제한.
>
> ○ **간접요인**
> - 사전 야간 사격술 훈련을 위한 훈련장 선정, 편류 방지위한 안전대책 수립미흡.
> - 지휘관 및 관련 참모는 사전 훈련장 선정 및 운용 간 적절성과 안전 저해요소 확인과 적극적인 항공안전 활동이 미흡하여 사고를 예방하지 못함.

(1) SHELL모델에 의한 분석

	모 델 분 석
L - H	야간 제자리 비행간 조종사 항공기 편류 미인지.
L - S	사전 야간 사격술 훈련을 위한 훈련장 선정 미흡. 편류 방지 위한 안전대책 수립 미흡.
L - E	월출시간 이전으로 월광효과를 받지 못함. 착륙장소가 없는 야산 능선에 훈련장 선정으로 비행 참조점 제한
L - L	지휘관 및 관련 참모는 사전 훈련장 선정 및 운용간 적절성과 안전 저해요소 확인과 적극인 항공안전 활동이 미흡.

차이점은 ① SHELL모델 분석은 인적요인에 의한 인적오류를 나타내고, ② 사고 조사 결과에서 나타난 인적요인, 환경적요인, 간접요인은 SHELL모델 분석결과에서 인간 – 장비(L–H), 인간 – 소프트웨어(L–S), 인간 – 환경(L–E), 인간 – 인간(L–L) 항목에 내용이 모두 포함되어 있지만 항공기 편류 미인지(인적오류–지각오류), 훈련장 선정 미흡(인적오류–공간정위상실), 항공안전 활동 미흡(인적요인–의사소통단절)으로 분석할 수 있었다.

(2) M41E이론에 의한 분석

4M1E	이론분석
Man-1M	지휘관 및 관련 참모는 사전 훈련장 선정 및 운용 간 적절성과 안전 저해요소 확인과 적극적인 항공안전 활동이 미흡.
Machine-2M	야간 투시경(NVG) 장비 작동 상태에 대해 분석이 없음.
Method-3M	야간 제자리 비행간 조종사 항공기 편류 미인지, 훈련부족
Material-4M	항공기 취급부주의(조종실수)로 인한 사고 발생
Environment-1E	월출시간 이전으로 월광효과를 받지 못함. 착륙장소가 없는 야산 능선에 훈련장 선정으로 비행 참조점 제한

차이점은 ① 사고 조사 결과에서는 물적 요인에 대해 기록된 바가 없지만 4M1E이론을 이용하여 분석한 결과 야간 투시경 장비에 이상이 있었을 수도 있음을 유추 할 수 있게 되었다. ② 훈련부족과 지상에서 항공안전 활동이 사고에 큰 영향을 주었다는 것을 알 수 있다.

(3) Onion structure모델에 의한 분석

Layer	모델분석
0	야간 사격술 훈련임에도 불구하고 훈련장 선정에서 잘못되었음.
1	항공기가 편류되는 것을 미인지 함.
2	훈련 전 교육훈련이 부족했으며 안전 활동이 제대로 이루어지지 않음.
3	주임무조종사와 임무조종사 사이에 대화가 이루어지지 않았으며 주임무조종사가 중요한 위치임에도 서로가 항공기 편류에 대해 미인지함.
4	야간 상황에서 중요한 야간투시경(NVG) 훈련이 미흡하였을 것이다. 장비작동상태 확인이 중요함. 항공기가 편류되는 것을 미인지 하였다는 것은 전문성이 없다고 판단을 할 수 있음.
5	지상에서 안전통제 하는 인원들은 임무수행을 완벽히 못한 것에 대한 책임이 있음. 조종사 또한 비행임무에 대한 준비가 부족하였음.

차이점은 ① 현 사고 조사 결과에서 볼 수 없었던 주임무조종사와 임무조종사간에 대화가 없었으며 특히 편류되는 것을 인지 못한 것을 볼 수 있다. ② 조종사의 전문성이 없다고 판단을 할 수 있으며, 교육훈련이 제대로 되어지지 않음을 알 수 있다.

제4절 비행 착각

01 착각의 구조와 단계

비행 착각(Spatial Disorientation in Flight)이란 지구표면과 중력으로 영향을 받는 고정좌표 상에서 자신의 항공기나 자신의 위치(position), 운동(motion), 자세(attitude)에 대한 감각이 올바르게 인식되지 못하는 경우를 말한다. 비행 착각은 비행 중, 특히 계기비행 중 조종사들이 인체평형기관의 감각을 그대로 받아들이고 이 감각에 의지하여 비행하려고 할 때 유발된다. 조종사에 따라 비행 착각에 대한 인식기준이 서로 다를 수 있으므로 비행 착각의 발생률을 정확히 파악하기는 힘들다. 그러나 비교적 많은 조종사들이 비행 착각을 경험하고 있으며, 이것이 항공기사고의 주요 원인인 것으로 알려져 있다.

사람들은 사회생활을 하면서 시각적인 착각을 가끔씩 겪으면서 당황한 적이 있을 것이다. 이런 시각 착각은 일상생활과 밀접한 관계가 있으며, 사람의 감각기관이 보고 느끼는 근본적인 정보가 뇌(腦)로 전달되면서 완벽한 것이 아니라는 것을 알 수 있다. 이런 착각을 사람들은 2곳 이상의 정보를 획득하여 참조함으로써 착각으로 획득한 정보가 잘못된 것이라는 것을 인식하게 된다.

우리가 일상생활에서 겪는 착각(錯覺, Illusion)이란 섞이거나 어지러워진 상황을 깨닫는 것으로 사전적 어원으로는, "심리적으로 외계의 사물에 대한 지각의 착오이며, 대개는 시각 및 청각에 나타나는 망각의 한 가지", "잘못 깨닫거나 잘못 생각하는 것"으로 정의된다. 즉 어떠한 사물이나 사실을 실제 상황과 다르게 느끼거나 생각하는 일반적인 것으로 이러한 현상이 비행 중에 나타나면 비행 착각이라 말할 수 있다. 착오(錯誤)라는 것은 어지러워지고 잘못된 것으로 사전적 어원으로는, "착각에 의한 잘못", "실재와 표상이 일치하지 아니함", "법률적으로 사람의 인식과 사실이 일치하지 않고 어긋나는 일"로 정의된다. 이것은 착각에 의해 일어난 잘못된 것이며, 현재 항공에서는 착각이란 용어를 사용하고 있다. 감각 착오(感覺錯誤, Sensory Illusion)란 어지러워지고 잘못된 것을 느끼거나 깨닫는 것으로, 인체의 평형감각기관이 어떤 사실을 잘못 감지하여 사실에 위배된 정보를 중추신경 계통에 전달함으로써 일어나는 것을 말한다. 인체의 모든 평형감각기관들은 그 정상적인 생리 기능으로 인하여 비행 중에 이러한 착오를 유발하게 된다.

현훈(眩暈, Vertigo)이란 현기증으로 인하여 눈이 어지러워지는 것으로 사전적 어원으로는 "한의학적으로 정신이 어뜩어뜩하여 어지러움"으로 정의된다.

시각 착각이란 빛의 파장 특성 때문에 생기는 빛의 굴절, 회절현상[4]과 명암 등의 조건으로 어두운 때에 일으키는 부정확한 느낌, 눈의 망막상의 제반 구조적 한계 등으로 뇌에 전달되는 부정확성 또는 어떤 물체를 볼 때 그의 판단 기준으로부터 비롯되는 잘못으로 조종사가 그것을 사실로 인지하는 바를 말한다. 기본적인 시각 착각은 기하학적 착각, 깊이와 거리 착각으로 나눌 수 있다.

먼저 깊이와 거리 착각의 종류와 내용을 알아보면 다음과 같다. 뮐러리어(Muller – Lyer) 착각(그림 ①)은 길이가 동일한 두 직선의 끝에 화살표를 하나는 안쪽으로 다른 하나는 바깥쪽으로 그렸을 때, 안쪽으로 그린 왼쪽 그림이 길게 보이고 바깥쪽으로 그린 오른쪽 그림은 짧게 보이는 착각 현상이다.

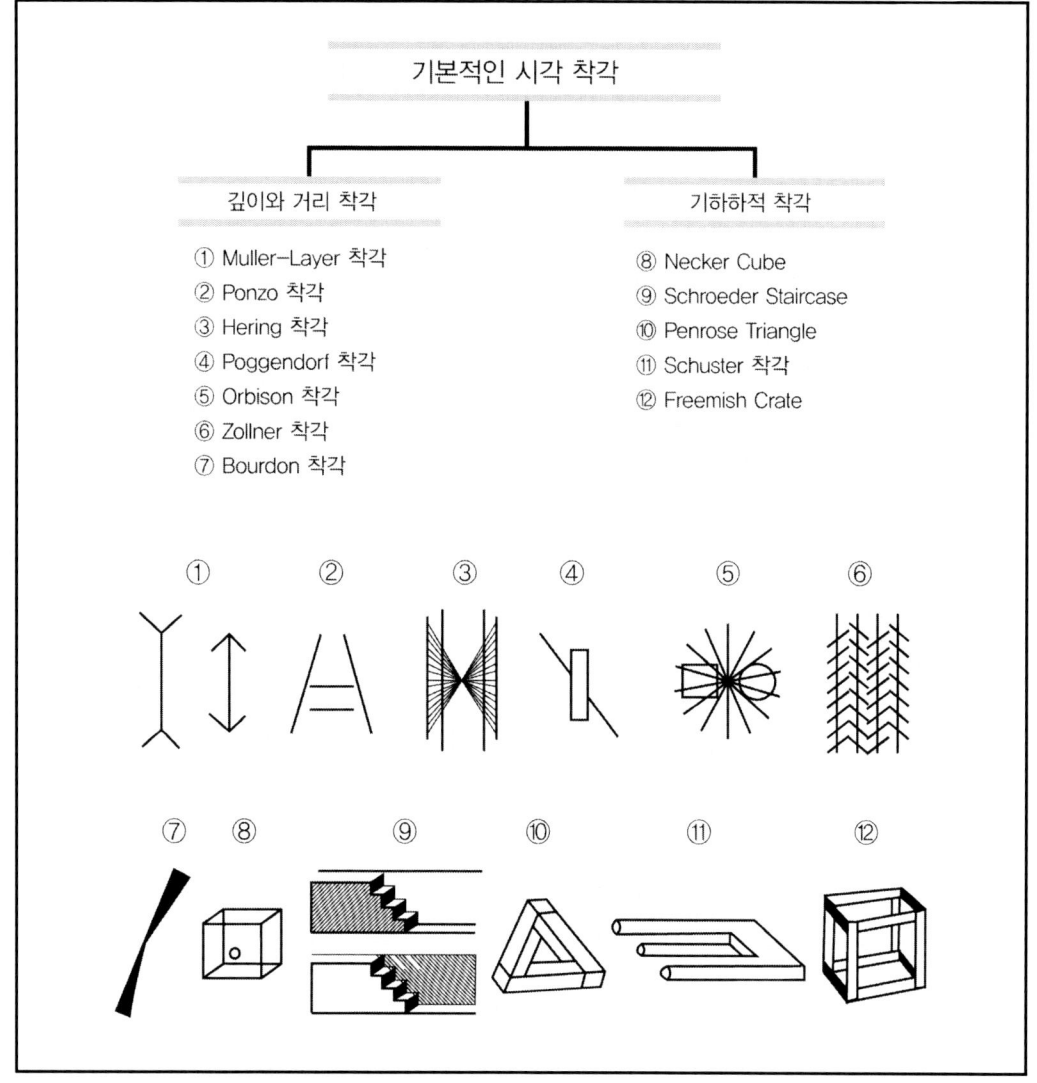

기본적인 시각 착각의 종류

---

4) 빛이 퍼져 나가는 도중에 틈이나 장애물을 만나면 빛의 일부분이 틈이나 장애물 뒤에까지 돌아 들어가는 현상.

폰조(Ponzo) 착각(그림 ②)은 평행선인 두 직선을 사다리 모양으로 기울기를 주어서 두 직선 안쪽에 길이가 동일한 두 수평선을 놓으면, 좁은 면에 위치한 수평선(위쪽)이 넓은 면에 위치한 수평선(아래쪽) 보다 길어 보이는 착각 현상이다.

헤링(Hering) 착각(그림 ③)은 방사점을 기준으로 좌우측에 대칭으로 방사선을 그린 후 이 좌우측 방사선에 교차하여 수직으로 평행한 두 직선을 놓으면, 이 두 직선은 평행하지 않고 굽어보이는 착각 현상이다.

포겐도르프(Poggendorf) 착각(그림 ④)은 직사각형의 도형에 길이방향으로 직선인 사선(斜線)을 그린 후 직사각형 안의 사선을 지우면, 이 사선이 어긋나게 보이는 착각 현상이다.

오비슨(Orbison) 착각(그림 ⑤)은 중앙의 한 점을 중심으로 사방으로 방사선(放射線)을 그리고 그 방사선 위에 사각형과 원을 그려 놓으면, 이 사각형과 원은 찌그러져 보이거나 휘어져 보이는 착각 현상이다.

쵤러(Zollner) 착각(그림 ⑥)은 길고 평행인 여러 직선에 각 선마다 일정한 각도로 다르게 짧은 사선을 그려 놓으면, 각각의 긴 직선들은 평행선으로 보이지 않는 착각 현상이다.

부르동(Bourdon) 착각(그림 ⑦)은 왼쪽면의 선은 직선이지만 오른쪽의 사선으로 인하여 왼쪽의 직선이 중앙을 기준으로 굽어보이는 착각 현상이다.

기하학적 착각의 종류와 내용은 다음과 같다.

넥커(Necker) 정육면체(그림 ⑧)는 정육면체의 도형에서 보는 관점에 따라 조그만 원(圓)이 앞면 중앙에 있는지, 뒷면 좌측 아래 모서리에 있는지 틀리게 보이는 착각 현상이다.

슈레더(Schroeder) 계단(그림 ⑨)은 위쪽에서 내려올 때 계단과 아래쪽에서 올라갈 때 계단 모양이 서로 반대로 변하게 나타나는 착각 현상이다.

펜로즈(Penrose) 삼각형(그림 ⑩)은 그림 상으로는 가능하지만, 실제로 불가능한 도형이다.

슈스터(Schuster) 착각(그림 ⑪)은 좌측의 기둥은 3개지만, 우측은 2개로 보이는 착각 현상이다. 그림 상으로는 가능하며, 실제로는 불가능한 도형이다.

프리미쉬(Freemish) 상자(그림 ⑫)는 각각의 기둥 부분은 정상적으로 연결되어 있지만, 중간 부분의 기둥 연결은 실제로 불가능하다.

02 비행 착각의 진행단계

정위(定位, Orientation)란 위치나 자세, 자리 등을 정한 것으로 사전적 어원으로는 "생물체가 몸의 위치 또는 자세를 능동적으로 정함 또는 그 위치나 자세"로 정의되며, 평형유지(平衡維持, Equilibrium)로도 사용된다. 비행 중 조종사가 원하는 정확한 위치나 자세를 말한다.

공간에서의 정위는 정적, 동적상황에서 항공기의 평형을 유지하는 자세이다. 지상에서는 일반적으로 정위를 유지하나, 비행환경에서는 인체가 정위를 유지할 수 있는 환경이 적합하지 않아 공간정위를 어렵게 하여 감각혼란이나 감각 착오를 유발시킨다.

비행 착각이라는 것은 비행 중 자신의 현재의 위치 또는 정확한 자세를 모르고 있는 상태를 말한다. 항공에서 말하는 비행 착각은 항공의학상 보통 '공간정위상실(SD, Spatial Disorientation)'이나 '공간감각 착오(空間感覺錯誤)'와 같은 의미로 사용되고 있다. 비행기 자세와 움직임을 잘못 깨닫는 비행 착각은 비행기의 방향 또는 지상의 자료에 대한 자신의 방향 혼동에 의한 지각 혼란보다 더욱 자주 비행사고를 유발한다.

이렇듯 조종사들에게 비행 중 치명적인 사고와 직결되는 매우 심각한 문제로 중요하게 작용되고 있으며, 항공기를 보유한 각 집단들은 반복적인 교육과 훈련을 통하여 비행 착각으로부터 귀중한 생명과 재산을 보호하기 위하여 힘쓰고 있다. 비행 착각에 노출되어 진행되는 단계를 종합적으로 살펴보면 아래와 같으며, 가장 중요한 것은 에러(Error)를 빨리 인식하여 불일치를 해소하는 것이다.

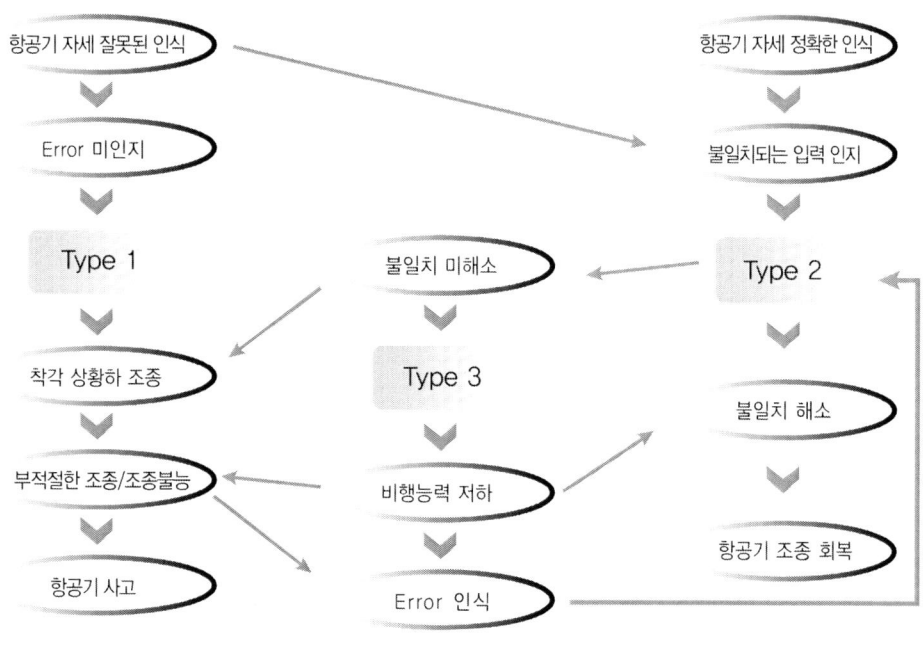

비행 착각의 진행 단계

현재, 미육군은 SD를 3가지 형태 즉 TYPE Ⅰ, Ⅱ, Ⅲ로 나누고 있다. 첫째, TYPE Ⅰ은 SD를 인식하지 못하거나 어느 것도 틀리지 않았다고 생각하는 단계이며, 조종사는 현재 상황을 인식하지 못하기 때문에 가장 위험한 단계이다. 둘째, TYPE Ⅱ는 SD로 인하여 발생한 문제를 인식하지만 SD로 인지하지 못하는 단계이며, 조종사는 조종계통의 고장이나 계기 고장으로 인식하게 된다. TYPE Ⅲ는 SD로 인하여 시각이나 항공기 계기로 방향을 잡지 못하는 단계이다. 하지만 항공기 조종이 가능하다면 이것은 위험하지 않은 단계로 분류된다.

저고도에서 많이 운용 하는 회전익항공기의 비행 착각은 고도를 회복할 수 있는 시간적 여유가 없으며, 사고율은 줄어들지 않고 있다. 그리고 육지, 해상, 수면 상공 등 장소와 최신 및 구형 항공기 종류 그리고 조종사를 구분하지 않고 일어나고 있기 때문에 가장 큰 안전 저해요소로 다루어지고 있다. 비행 착각은 시각에 의한 착각, 미로전정기관에 의한 착각, 고유수용기에 의한 착각으로 나눌 수 있으며, 대부분을 차지하고 있는 회전익항공기의 시각 착각을 비중 있게 알아보겠다.

03 착각의 종류

가. 회전익항공기 시각 착각

시각계통은 비행 중 조종사에게 넓은 범위의 평형 정보를 제공한다. 그러나 이 평형 정보가 잘못 인식된다면 감각 착오로 이어지기 때문에 시각으로 인식한 정보를 그대로 받아들여서는 안 된다. 회전익 항공기에 나타날 수 있는 시각 착각 중 야간비행 시 주로 나타날 수 있는 착각으로는 광원의 혼동, 반대 시각 착각, 분화구형 착각, 시각의 자가운동, 점멸에 의한 현훈, 등이다. 저시정 상태에서 나타날 수 있는 착각은 연무

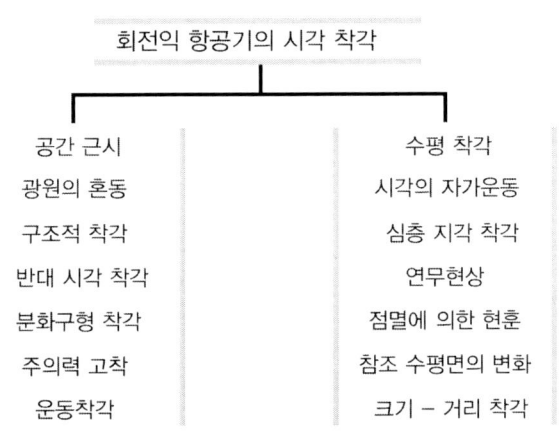

회전익항공기 시각 착각 현상의 종류

현상, 심층지각 착각이다. 제자리비행 시 주로 나타나는 착각으로는 운동 착각 중 물결편류 착각과 폭포현상 착각이며, 고공에서 계기비행[5] 시 나타날 수 있는 착각은 수평 착각이다. 특히, 공격용 회전익항공기에서 나타날 수 있는 착각은 주의력고착이다. 회전익항공기에 나타나는 시각 착각의 종류는 아래와 같다.

---

5) 나침반(羅針盤), 자세계기, 방향 탐지기, 무선 비콘(Beacon), 레이더(Radar) 등의 계기에만 의존하여 하는 비행.

(1) **공간근시(Space Myopia)** : 저속 및 저고도에서 운용하는 회전익항공기에서는 일어날 확률이 낮은 착각이지만 고공에서의 계기비행 또는 해상비행 시 나타날 수 있는 착각 현상이다. 구름이 없는 맑은 날 고공이나 해상에서 장시간 비행 시 특별한 외부 참고점이 없기 때문에 안구(眼球)는 망막에 초점 조절을 하지 않게 된다. 이로 인하여 수정체의 두께 조절을 하는 모양체가 휴식상태로 들어가게 되고, 먼 곳의 물체를 잘 식별하지 못하는 현상이 발생된다. 이 착각 현상은 조종사가 시야를 장시간동안 외부에 고정하기 때문이다.

(2) **광원의 혼동(Confusion)** : 야간비행 시 나타날 수 있는 착각 현상 중의 하나로써 광원이 없는 지면과 하늘 그리고 지상의 불빛과 하늘의 별빛을 혼동하는 것이다. 광원의 혼동은 조종사가 지상 및 수상의 불빛을 하늘의 별빛으로 혼동했을 때 이 불빛을 전방 시선의 상방에 두고 항공기 수평자세를 유지하려고 한다. 이러한 조종사들의 무의식적인 조작으로 항공기를 비정상적인 자세로 만들 수 있다. 조종사들이 가장 많이 경험할 수 있는 착각 중의 하나이며, 불빛 반사가 많은 수상에서 운용 시 더욱 주의해야 한다. 또한, 동이 트기 전 엷은 안개로 인하여 시각 참조물이 부족할 때 도로의 가로등을 활주로등(滑走路燈)이나 유도로등(誘導路燈)으로 착각할 수 있다.

광원의 혼동은 고정익 및 회전익항공기 구분 없이 일어날 수 있으며, 비행의 대부분을 저고도에서 운용하는 회전익항공기에는 치명적인 비행 착각이라는 것에 유념해야 한다. 광원의 혼동으로 나타날 수 있는 현상을 알아보면, ① 해상의 불빛 착각으로 저고도에서 운용하는 회전익항공기가 해상비행 시 해변이나 어선의 불빛을 별빛으로 착각하여 자세상실로 바다에 추락할 수 있다. ② 지면 착각으로 육지에서 비행 시 별을 볼 수 없는 흐린 날 지면과 하늘이 구분되지 않아 지면을 하늘로 인식하는 착각을 유발할 수 있다. ③ 불빛 착각으로 육지의 야간 저시정(低視程) 상태에서 운용 시 지면의 불빛(가로등과 같은 좌우로 평행인 불빛)을 활주로등이나 착륙장의 불빛으로 잘못 인식하여 지면과 충돌하거나, 항공기의 불빛을 착륙장의 불빛으로 오인하여 그 항공기 위로 착륙하려는 착각 현상을 유발할 수 있다.

(3) **구조적 착각(Structural Illusion)** : 비행 중 항공기 전방 시야를 방해하는 시정 장애물인 아지랑이, 비, 눈, 진눈깨비 등에 의해 조종사의 시각에 잘못된 정보가 입력되어 착각 현상이 발생될 수 있다. 이로 인하여 나타나는 구조적 착각의 현상을 3가지로 나누면, ① 열 복사선에 의한 아지랑이가 발생될 때에는 직선이 파형을 그리듯 울퉁불퉁하게 보이게 된다. ② 소나기가 내릴 때에는 타 항공기의 위치를 나타내는 위치등(位置燈, Position Light)이 빛의 산란으로 인하여 2개로 보여 다른 위치에 있는 것으로 착각할 수 있다. ③ 대형 항공기 일수록 조종석 방풍초자(防風硝子, Windshield)[6]가 분리되어 있는데, 분리되거나 휘어진 방풍초자를 통과하는 빛이 굴절되어 경계선을 중심으로 다른 2개의 항공기로 보이게 된다. 예를 들면, 컵(Cup)에 물을 절반

넣고 빨대를 넣은 후 옆에서 보면 빨대가 물 경계선을 중심으로 2개로 보이는 현상과 같다.

(4) **반대시각 착각(Reverse Perspective Illusion)** : 야간비행 중 타 항공기가 자신의 항공기의 항로와 평행하게 비행 시 타 항공기가 접근하고 있는데 멀어져가는 착각을 유발할 수 있다. 모든 항공기에는 위치를 알려주는 항공기 위치등이 있는데, 좌측은 적색, 우측은 청색, 후미는 백색이다. 즉, 좌적우청(左赤右靑)으로 되어 있기 때문에 자신이 전방의 타 항공기를 봤을 때 우측에 적색 위치등이 보이고 좌측에 청색 위치등이 보인다면, 타 항공기의 비행 방향은 자신과 반대이며, 마주보고 오는 것이다. 그리고 불빛이 점점 밝아지고 있다면 자신의 항공기에 접근하고 있다는 것이기 때문에 매우 위급한 상황임을 알아야 한다.

NVG[7] 착용 하 비행 시에는 장비 특성 상 색깔 구분이 안 되며, 청색 위치등은 NVG에 민감하게 반응하여 더 밝게 보인다. 자신의 항공기의 전방에서 적색 위치등보다 더 밝아 보이는 위치등이 좌측에서 보이거나, 전방 항공기의 위치등이 점점 밝아지면서 항공기의 크기가 점점 커진다면 이것 또한 타 항공기와 거리가 가까워지고 있는 것이다.

(5) **분화구형 착각(Crater Illusion)** : 월광(月光)이 약한 조건에서 NVG 착용 하 착륙을 시도할 때 적외선 탐조등(赤外線 探照燈, Infrared-IR Search Light)을 이용하여 전방 착륙지역을 비추면 그 지역이 마치 분화구와 같은 모양을 나타내어 분화구 속으로 착륙하고 있다는 착각이 발생하게 된다. 그리하여 조종사는 계속 고도를 낮추기 위하여 고도 조절 조종간(Collective)을 내리는 비정상적인 조작으로 착륙지역에 충격 착륙을 유발시킨다. 착륙지역에 접지하기 전 조종간(操縱桿)을 잡지 않은 조종사가 외부 지면으로부터 고도를 나타내는 레이더 고도계기(RADAR Altimeter)를 점검할 때에 강하율이 줄지 않고 계속적으로 유지된다면 분화구형 착각을 의심해야 한다.

(6) **주의력 고착(Fascination/Fixation)** : 이 착각은 비행 중 조종사가 어느 한 곳에 주의력을 집중 할 때 발생 할 수 있다. 공격용 회전익항공기 조종사가 사격 시 목표물에 주의력을 집중하다 보면, 정·부 조종사간 유기적인 협조 및 적절한 외부 경계가 부족하여 고도 회복 및 이탈 시기가 지연되거나 항로 이탈로 인하여 지면이나 장애물에 충돌할 수 있다. 또한 제한된 지역에서 저고도 비행 시 가까운 장애물 쪽으로 편류(偏流)되려는 착각을 유발 할 수 있다.

---

6) 항공기 조종석 전방에 위치하며, 투명한 유리로 되어 있다. 외부의 바람을 막아주고, 조종사가 방풍초자를 통하여 항공기 전방을 볼 수 있다.
7) Night Vision Goggle, 야간 투시경.

(7) 운동 착각(Motion Illusion) : 적절한 외부 시각 참조물이 없는 상태에서 자신과 관계되는 상대적인 위치에 있는 물체가 움직일 때 자신의 움직임으로 잘못 인식하는 것으로 운동 착각으로 나타나는 현상을 다음과 같이 분류할 수 있다.

① 상대운동 착각(Relative Motion Illusion)은 다른 항공기나 주변 물체(차량 등)들의 움직임으로 인하여 자신의 항공기가 움직이는 것으로 착각하는 현상으로써 인체의 체감계통이나 청각기관에 의해서 일어날 수도 있지만, 대부분 주변에 나타나는 시각 현상에 의하여 일어날 수 있는 것이 특징이다. 정지선에서 신호 대기 중인 옆 자동차가 녹색 신호에 출발 시 자신의 차량이 후진하는 것으로 착각하여 브레이크를 밟게 하는 현상을 유발시키고, 기차역에서 나란히 서있는 기차 중에서 상대 기차가 먼저 출발할 때 자신의 기차는 후진하고 있는 것처럼 느껴지는 현상이다. 이 착각은 타 항공기와 같은 고도에서 제자리비행을 하는 동안 상대 항공기가 움직이면, 자신의 항공기가 움직이는 것으로 착각하여 상대 항공기가 움직이는 반대 방향으로 조종간을 움직일 수 있다. 또한 편대비행(編隊飛行) 시 같은 속도를 유지하고 있을 때 나타날 수 있다.

② 물결편류 착각(Wave Drift Illusion)은 산불진화 임무 수행 중 수면 상공에서 담수(湛水)를 위한 제자리비행(Hovering) 시 주 회전익(主 回轉翼, Main Rotor)의 하강풍에 의하여 항공기를 중심으로 바깥쪽으로 물결이 파도를 치면서 흘러가기 때문에 항공기는 물결의 반대방향으로 편류되는 것으로 착각을 일으킨다. 이로 인하여 조종사는 이와 반대방향으로 조종간을 움직이게 되어 정확한 제자리비행(Hovering)을 유지하기 어렵게 만들고, 비정상적인 조작을 유발할 수 있다. 또한, 길이가 긴 수풀이나 나무 상공에서 화물공수나 레펠(Rappel)[8] 등 제자리비행을 시 같은 현상이 일어날 수 있다.

③ 폭포현상 착각(Waterfall Illusion)은 수면 상공에서 담수를 위하여 제자리비행 시 주 회전익의 하강풍에 의해 물보라가 아랫방향으로 내려감으로써 항공기가 상승하는 착각을 유발시켜 유지하려는 고도보다 더 내려가려는 조작을 유발시키게 된다. 계속적인 강하가 이루어져 결국 정확한 제자리비행 고도를 유지하지 못하고, 항공기는 수면에 접촉하게 되어 조종사의 비정상적인 조작을 유발시킨다.

④ 운동 지각력 결핍에 의한 착각(Lack of Motion Illusion)은 저공수평비행 중 주변 시각 대조(對照)가 약한 지역으로 진입 후 주변 지형을 식별할 수 없을 경우에 나타나며, 조종사는 항공기 속도가 계속해서 줄어드는 착각을 일으켜 불필요한 항공기 속도를 증가시킬 수 있다. 또한 정확한 외부 시각 참조물이 없는 상태이므로 감

---

[8] 높은 위치에서 밧줄을 타고 내려오는 것을 말하며, 레펠(Rappelling)이라고도 한다. 경사(傾斜)진 지역을 밧줄을 사용하여 내려가는 것이나, 헬기가 제자리비행 상태에서 밧줄을 이용해 내려오는 헬기 레펠도 이에 속한다.

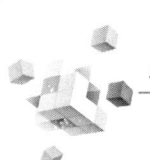

속 후 제자리비행 시 항공기의 전·후·좌·우 편류 탐지가 어렵게 된다. 외부 시각 참 조물(건물, 나무, 도로, 강 등)이 많은 지역에서 그늘진 산으로 진입 후 시각 범위가 모두 산의 범위 내로 들어올 때 일어날 수 있다.

(8) **수평 착각(False Horizon Illusion)** : 조종사는 운상비행(雲上飛行) 중 구름의 상층 표면은 지표면과 수평을 유지하여 공중에 떠 있는 것으로 혼동할 수 있다. 만약, 구름층의 경사면(傾斜面)이 조종사의 외부 시각 범위 이상으로 매우 넓게 형성되어 있다면 구름이 경사져 있더라도 조종사가 정확하게 확인할 수 없다. 그리하여 조종사는 경사진 구름의 수평면을 실제 수평면으로 착각하여 계속 항공기의 경사를 입력함으로써 경사진 구름의 수평 상태를 유지하려고 한다. 또한 조종사가 조종실 내부에 시선을 집중 후 외부로 옮길 때에도 경사진 구름의 수평면을 실제 수평면으로 착각하는 경우도 있다. 넓게 펼쳐진 경사진 지면에 제자리비행 시에도 동일한 착각이 발생 될 수 있으며, 제자리비행은 UH-60 회전익항공기의 경우 10Feet를 기준으로 유지하는 짧은 고도이기 때문에 더욱 주의해야 한다. 이런 수평 착각은 외부 경사면과 항공기의 자세계기를 비교하지 않으면 비정상적인 자세를 유발시킨다.

(9) **시각의 자가운동(Visual Autokinesis)** : 야간비행 시 고정된 하나의 불빛을 8~10초 정도 계속 주시하면 고정된 불빛이 어느 특정 방향으로 움직이는 것처럼 보이는 착각이다. 어두운 방안에서 고정된 하나의 약한 불빛을 만든 후, 그 불빛을 계속해서 주시하면 시각의 자각운동과 똑같은 현상을 경험할 수 있다. 이러한 착각 현상은 고정된 불빛을 움직이는 항공기로 오인하게 만들며, 만약 이 불빛이 자신의 항공기 쪽으로 접근한다고 느낀다면 조종사는 이를 피하기 위하여 불필요한 항공기 기동을 하게 된다.

특히, 야간 편대비행 중 전방의 항공기 위치등(位置燈, Position Light)이나 편대비행등(編隊飛行燈, Formation Light)으로 인한 착각 발생 시 전방 항공기가 일정한 간격을 유지하고 있음에도 불구하고 특정 방향으로 움직이는 착각을 느끼게 된다. 그 결과 불필요하게 항공기 간격유지를 위하여 조종간의 움직임이 발생되거나, 이를 피하기 위하여 과조작 및 급조작을 유발시킨다. 야간비행 시 관측된 광원을 10초 이상 계속 주시하면 시각의 자가운동에 빠질 수 있다.

(10) **심층지각 착각(Height Depth Perception Illusion)** : 조종사들이 안전한 고도 유지를 위한 비행 능력을 감소시키는 착각으로써 시각비행 중 참조할 수 있는 외부의 시각 참조물이 현저하게 부족한 지역 즉, 사막지역, 눈으로 덮인 지역, 수면상공, 안개나 연무 등 저시정(低視程)으로 인하여 정확한 시야가 제한된 지역에서 주로 나타날 수 있다. 조종사는 시야 제한으로 지각 능력이 저하(低下)되어 실제 고도보다 높다는 착각이 발생된다. 이로 인하여 정확한 고도 유지가 어려워 지면이 보

일 때 까지 더 내려가려는 비정상적인 강하조작으로 예상치 못한 저고도 비행을 할 수 있다. 겨울철 눈으로 덮인 야지에서 저고도 비행 시, 또는 이륙 및 착륙 지역이 안개나 연무 등 제한된 시야 제한 상태에서 비행 시에는 지표면으로부터 정확한 고도를 유지하기 어렵게 된다. 특히, 산불진화 시 밤비바켓(Bambi Bucket)9) 에 담수(湛水)를 위하여 제자리비행을 할 때에는 장비로 인하여 제자리비행 고도가 높아지기 때문에 더욱 수면으로부터의 제자리비행 고도를 유지하기 어렵다.

(11) **연무현상(Haze)** : 안개, 연무, 먼지, 연기, 비, 눈 등의 시정 제한요소들로 싸여 있는 항공기는 크기나 윤곽, 색깔을 구분하기 어렵고 실제 거리보다 더 멀게 느껴질 수 있으며, 이 현상은 거리가 멀어질수록 더 증가하게 된다. 육군 항공부대는 활주로를 포함하고, 많은 비행장이 강줄기 옆이나 개활지(開豁地)에 위치해 있으므로 연무현상의 가능성이 높다. NVG 착용 하 비행 시 시정 제한요소들은 어느 정도 투과하는 현상이 있어서 처음에는 인지하지 못하다가 비행을 하지 못할 정도가 되었을 때, NVG를 벗으면 이미 의도하지 않은 계기기상조건(IIMC)10) 상황이 되기 때문에 야간비행 시 연무현상으로 인하여 비정상적인 자세를 유발시킬 수 있다.

(12) **점멸에 의한 현훈(Flicker Vertigo)** : 초 당 4~20주기(週期, Cycle)로 점멸하는 빛은 조종사에게 심리적인 불쾌감, 불안감으로 인하여 구토, 멀미 등을 일으킬 수 있다. 만약, 조종사가 피로한 상태라면 이러한 증상이 가중될 수 있다. 또한 구름이 많은 상태에서 충돌방지등(衝突防止燈, Anti-collision Light)의 불빛은 구름에 반사됨으로써 동일한 현상이 발생될 수 있다. 주간 및 야간비행 시 타 항공기에 의하여 이런 현상에 봉착할 수 있다.

(13) **참조 수평면의 변화(Altered of Reference Planes)** : 평지에서 산 능선이나 구름으로 접근 시 조종사는 항공기 통과 고도가 충분함에도 불구하고 고도 상승이 더 필요하다고 느껴 불필요한 상승조작을 할 수 있다. 이것은 조종사가 참조하는 수평면이 산 능선이나 구름의 상부로 옮겨가기 때문이다. 그리고 완경사 지형으로 비행하는 항공기가 서서히 고도를 증가하다 갑자기 급경사 지형을 만났을 때에는 항공기를 급상승시키기 위하여 상승 동력을 초과하거나, 지형을 피하기 위한 시간 부족으로 지면에 충돌할 수 있다.

(14) **크기-거리 착각(Size Distance Illusion)** : 야간에는 주간과는 달리 색 구분 및 정확한 형태 구분이 안 되기 때문에 불빛에 따른 거리 판단이 매우 어려우며, 불빛의 광도에 따라 원근감이 달라지는데 밝은 불빛 상황에서는 동일한 거리에 있는

---

9) 밤비바켓(Bambi Bucket)은 우리나라 만·군에서 많이 사용되어 통상명칭으로 사용되고 있다. 헬기 중앙 하부에 메달아 물을 담은 후 산불지역까지 이동하여 물을 뿌리는 장비이다.
10) IIMC(Inadvertent Instrument Meteorological Conditions) : 의도하지 않은 계기기상조건, 비행 중 기상악화로 인하여 조종사 의사와 관계없이 계기비행 기상조건에 조우한 것을 말하며 통상 Tow IMC(IIMC)라 말한다.

어두운 불빛 상황보다 더 가깝게 느낄 수 있다. 이런 착각은 NVG 착용 하 비행 시 일반적으로 발생된다. 또한 타 항공기가 안개나 연무 속에 있다면 실제 거리보다 먼 것처럼 느껴지게 된다. 평소 익숙한 크기의 사물을 기준으로 다른 사물의 크기를 판단하여 사물과의 거리를 잘못 판단할 수 있다.

나. 미로전정기관(迷路前庭器官)에 의한 착각

미로전정기관에 의한 착각은 시각기관에 의한 착각보다 전체적인 비중은 적으나 평상시 활동에 없어서는 안 되는 평형감각기관이다. 지상에서는 정확한 정보를 제공하지만 공중에서는 구조상 각가속도[11] 및 선상가속도[12]의 변화에 대하여 다양한 착각을 유발시킨다.

미로전정기관에 의한 착각의 종류

- **(1) 신체 회전성 착각(Somato Gyral Illusion)** : 신체회전성 착각은 내이(內耳)[13]의 반고리관이 각가속도에 노출되었을 때 발생하며 경사 착오, 반복성 스핀[14], 전향성 착각으로 나눌 수 있다.
  - 경사 착오(Leans)는 반고리관의 감각 착오로 인하여 발생하는 것으로 미로전정기관에 의한 비행 착각 현상 중에서 가장 많이 경험하는 착각이다. 착각 유발 순서를 알아보면 다음과 같다. 첫째, 지속적인 수평 직진비행을 할 때에는 반고리관의 내임파액이 좌 또는 우측으로 흐르지 않아 유모세포를 수직상태를 유지시켜 평형감각이 정확하게 수평자세를 감지한다. 둘째, 수평 직진비행 중 좌측으로 감각기관이 인지할 수 없는 느린 비율로써 서서히 경사를 입력한다면, 항공기 자세계기는 입력된 좌측 경사를 나타내지만 조종사는 자세계기를 보지 않는 한 좌측 경사를 인식하지 못한다.

---

11) 속력과 방향이 동시에 변할 때 발생하는 가속도.
12) 일직선상의 운동을 하는 물체가 방향의 변화 없이 그 속력만이 변할 때의 속도.
13) 고막(鼓膜)의 속 부분으로 고막의 진동을 신경에 전달하는 곳이다. 미로·안귀속귀로 불린다.
14) 스핀(Spin)은 항공기가 회전, 선회 또는 나선식 강하를 하는 것을 말한다.

인체의 감각기관은 초당 2.5°보다 빨라야 인식하게 된다. 이는 반고리관 내의 팽대부에 위치하는 내임파액이 우측으로 흘러 유모세포가 우측으로 움직여야 하는데 미세한 경사에는 관성15)이 일어나지 않기 때문에 내임파액이 흐르지 않는다. 이때 유모세포가 우측으로 움직이지 않기 때문에 조종사는 좌측 경사를 감지하지 못한다. 셋째, 조종사가 경사진 항공기 상태를 인지 후 급히 수평자세를 유지하기 위하여 우측 경사를 입력하면 항공기는 수평을 유지하나, 관성에 의해 내임파액이 좌측으로 흘러 유모세포에 의해 조종사는 오히려 반대 방향인 우측 경사 현상을 느끼게 된다. 넷째, 인지된 우측 경사를 수평자세로 만들기 위하여 다시 좌측경사를 입력하는 행동을 반복하여 감각은 수평자세를 인지하나 항공기는 좌측 경사로 비행하게 된다.

- 반복성 스핀(Graveyard Spin)은 고정익항공기에서 흔하게 나타나는 착각으로써 착각 유발 순서는 첫째, 공중에서 조종사가 항공기에 좌측 방향으로 스핀(Spin) 동작을 시작 후 몇 초가 지나면 반고리관 내의 내임파액은 관성을 극복하고 우측으로 흐르지 않는다. 유모세포는 수직으로 유지하게 되어 회전감각을 상실하고 수평비행 감각을 유지하게 된다. 둘째, 스핀 동작에서 회복을 하기 위하여 우측 방향으로 회복 동작을 하면 내임파액은 최초 스핀 동작을 시작한 반대 방향인 우측 방향으로 스핀 동작을 하는 감각을 느끼게 된다. 셋째, 이때 항공기 계기를 참고하지 않고 외부에 시각 참조물이 없다면, 조종사는 우측 방향 스핀 동작을 회복하기 위하여 다시 최초 스핀 동작을 실시한 좌측방향으로 스핀 동작을 실시하게 되며, 계속해서 고도 강하가 된다. 조종사는 스핀 동작 중 떨어진 고도를 회복하기 위하여 조종간 후방 적용과 항공기 동력을 증가시켜 더 빠른 스핀 동작과 함께 항공기 조종 능력은 상실되고, 회복 불가능한 상황이 되어 결국 추락하게 된다.

- 전향성 착각(Coriolis Illusion)은 항공기가 계속적인 선회 중 머리를 움직이면 급격하게 자세가 변경되는 느낌이 드는 것이다. 이 착각은 비행 형태에 관계없이 가장 위험한 착각으로써 급격한 자세 상실을 유발시키므로 저고도에서 비행 중이라면 고도 상실로 인하여 치명적인 결과를 초래한다.

특히, 계기비행 접근 시 가장 흔하게 발생되므로 주의해야 하며, 진행 과정을 보면 다음과 같다. 첫째, 최초 경사 및 경사 유지로써 최초 좌측으로 경사를 입력하면 관성에 의해 반고리관 내의 내임파액이 우측으로 흘러 유모세포를 우측으로 경사지게 하여 조종사는 좌측 경사를 인식하게 된다. 이 상태를 계속해서 유지하면 관성은 사라지고 내임파액은 평형상태를 이루어 경사진 유모세포는 수직으로 위치하게 되어 항공기는 계속해서 선회를 하고 있음에도 불구하고 조종사는 수평상태를 인식하게 된다. 둘째, 조종사의 머리 이동으로써 이 상태에서 갑자기 조종사가 머리를 90° 정

---

15) 물체가 외부의 힘을 받지 아니하는 한 정지 또는 운동의 상태를 계속 지속하려고 하는 성질.

도 숙이면, 경사 감각을 담당하는 반고리관을 제외한 나머지 2개 반고리관 내의 내임파액에 의하여 유모세포가 갑자기 움직임으로써 수평선회 운동이 종요16) 또는 횡요17) 운동으로 전환되는 착각과 함께 어지럼증을 함께 유발시킨다. 셋째, 이 종요 또는 횡요 운동을 수정하기 위하여 조종간을 반대 방향으로 움직인다면 항공기는 자세를 회복하지 못하고 조작 불능 상태가 되어 추락하게 된다.

(2) 신체 중력성 착각(Somato Gravic Illusion) : 신체중력성 착각은 비행 중 가속도나 중력의 변화에 의하여 전정(前庭, Vestibule)이 자극을 받아 안구에 영향을 미치는 착각이다. 전정은 구형낭(球形囊, Saccule)과 난형낭(卵形囊, Utricle)으로 구성된다. 구형낭은 중력방향인 수직방향의 움직임을 감지하며, 난형낭은 수평방향의 움직임을 감지한다. 이 착각은 안구중력성 착각, 승강 착각, 안구반중력성 착각으로 나눌 수 있다.

- 안구 중력성 착각(Oculogravic Illusion)은 난형낭에 의하여 감지되는 수평 방향의 움직임, 즉 항공기가 증속하고나 감속할 때 발생된다. 만약, 수평비행 중 가속을 하면 가속에 의한 관성력은 전정의 이석을 후방으로 움직여 이를 감지한 조종사는 기수(機首) 들림의 감각을 느끼게 된다. 이때 조종사는 계기를 참고하지 않고 수정조작을 한다면 기수 들림을 막기 위하여 조종간을 전방으로 움직여 기수를 내리게 만들 것이다. 만약, 적절한 외부 시각 참조물이 있다면 발생하지 않지만, 외부 시각 참조물이 부족한 야간이나 악천후 시에 계기 접근을 하고 있다면 이 착각에 빠질 가능성이 매우 높다.

- 승강 착각(Elevator Illusion)은 항공기를 상방향으로 가속할 때 나타나는 착각으로써 안구는 관성력에 의하여 이석의 영향을 받아 아래 방향 움직이게 된다. 안구가 아랫방향으로 움직이며 조종사는 항공기 기수가 올라가는 감각과 항공기 계기 패널(Instrument Panel)이 위로 올라오는 느낌을 받는다. 조종사는 항공기 기수가 상방으로 올라오는 감각 착오를 인지하며, 이 기수 들림 현상을 막기 위하여 조종간을 전방으로 밀어 기수를 숙이는 조작을 하게 된다. 그리고 비행 중 상승기류를 만났을 때도 같은 현상이 발생 된다.

- 안구 반중력성 착각(Oculo-agravic Illusion)은 항공기를 하방향으로 가속할 때 나타나는 착각으로 승강 착각의 반대 현상이다. 안구는 관성력과 이석의 영향으로 상방향으로 움직이게 되며, 항공기 기수가 내려가는 느낌을 받는다. 이 착각은 회전익항공기가 비상절차 또는 훈련 시 실시하는 자동활공(自動滑空, Autorotation)18)을 할 때

---

16) 항공기 동체의 좌측에서 우측으로 연결하는 가상의 무게 중심선을 횡축이라 말하며, 이 축을 중심으로 움직이는 항공기 기수의 상하 운동(Pitching)을 말한다.
17) 항공기 동체의 전방 기수에서 후방으로 연결하는 가상의 무게 중심선을 종축이라 말하며, 이 축을 중심으로 움직이는 항공기 동체의 좌우 운동(Rolling)을 말한다.

발생될 수 있으며, 기수 내림 현상을 막기 위하여 조종간을 후방으로 입력하여 속도를 줄이게 된다.

다. 고유 수용기 계통(固有受容器 系統)에 의한 착각

고유 수용기 계통은 신체 감각으로써 지면에 서 있을 때에는 중력에 의하여 피하 압력 감각기[19]가 자극을 받아 지구의 중력 방향을 알 수 있다. 하지만 비행 중에는 중력과 가속도의 합력이 작용하기 때문에 중력과 여러 가지 가속도를 구분할 수 없어 피하압력감각기에 의한 자세 판단은 신뢰할 수 없게 된다. 따라서 고유 수용기 계통에 의한 착각은 그 자체만으로 잘 발생하지 않는다. 선회 시에 고유수용기 정보는 중추 신경 계통으로 전달되며, 중력과 원심력의 합력은 항공기 수직축에 작용한다. 만약, 외부의 시각 참조물이 없다면 몸은 조종석에 작용하는 압력만을 감지하고 선회 자세는 감지를 하지 못하게 된다. 선회에서 수평비행으로 돌아오게 되면 조종석에 작용하는 압력은 가벼워지게 되어 강하감을 느끼게 된다.

04 착각을 유발하는 인체의 평형감각기관

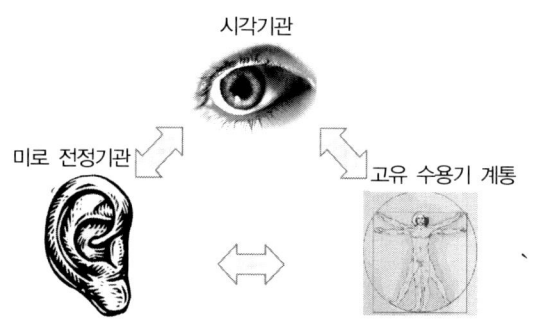

인체의 평형감각기관

가. 시각기관(視覺器官)

시각기관에 작용하는 빛의 전달 과정을 보면, ① 외부의 빛 → ② 각막 → ③ 동공 → ④ 수정체 → ⑤ 망막 → ⑥ 시각신경 → ⑦ 뇌 순으로 전달된다. 눈으로 인식하는 외부 시야는 각막을 거쳐서 홍채에 의해 조절된 양만큼 동공을 지나가며, 각막과 수정체에서 빛이 굴절되어 정확한 상이 맺히도록 해준다. 망막에 맺힌 상(像)은 시각세포에 의해 시각신경을 통하여 뇌로 시각 정보가 전달되어 눈으로 볼 수 있는 상을 인식하게 된다.

---

18) 엔진 등 기타 여러가지 고장으로 인하여 주 회전날개에 동력 전달이 되지 않을 때, 주 회전 날개의 회전력을 유지시킴으로써 지면에 안전하게 착륙할 수 있게 하는 비상 착륙조작.
19) 지구 중력에 대한 신체의 자세를 감지한다.

사람의 몸은 매우 정교하고 복잡한 구조를 이루고 있다. 그 중에서 눈은 외부의 시각 정보를 뇌에 전달하는 중요한 역할을 하고 있다. 또한, 사람이 평형상태를 유지하는데 가장 중요하면서 정확한 기관 중의 하나이다. 각막과 수정체에는 혈관이 없어서 영양분의 공급은 눈에서 만들어지는 방수(房水)라는 액체로 이루어진다. 외부의 영향과 이물질, 질병 등으로부터 눈을 보호해야 한다.

공막(鞏膜, Sclera)은 눈 전체를 외부에서 감싸고 있어서 외부 이물질과 충격으로부터 눈을 보호하고 동그란 모양의 형태를 유지할 수 있도록 해준다. 맨 앞부분에는 각막이 위치하고 있고 투명하다. 각막을 제외하고는 모두 흰색으로 이루어져 있다.

각막(角膜, Cornea)은 투명하며 공막의 일부로써 눈의 가장 앞쪽 가운데에 위치하고 있어서 외부 이물질로부터 눈을 보호한다. 눈으로 보는 외부의 빛이 가장 먼저 통과하면서 굴절되는 부분이며, 외부환경에 노출되어 있기 때문에 질병에 걸리기 쉽다. 각막에는 혈관들이 있지 않으며, 요즈음 기술의 발달로 시력이 좋지 않은 사람들은 이 각막의 일부를 조절하는 시력 교정수술을 함으로써 시력을 인위적으로 향상시킬 수 있다.

동공(瞳孔, Pupil)은 눈의 맨 앞부분의 각막을 통하여 들어온 빛이 통과하는 부분으로 여기를 통과하는 빛은 수정체로 들어간다. 수정체 앞에는 홍채가 있어서 홍채의 크기에 의해 동공의 크기가 결정되어 빛의 양을 많이 혹은 적게 통과시켜 수정체로 보내게 된다. 홍채의 크기에 의해 보여 지는 수정체의 일부분으로 동그란 부분을 동공이라 한다. 사람의 눈을 봤을 때 가운데의 까맣게 보이는 부분으로 동공을 통과한 빛이 수정체를 지나 망막까지 전달된다. 망막에서 대부분의 빛이 흡수되어 다시 반사되어 나오는 빛이 매우 적기 때문에 상대적으로 검게 보이게 된다.

홍채(虹彩, Iris)는 눈 앞쪽의 각막과 수정체 사이 즉, 각막 뒤와 수정체 앞에 위치하고 있으며 둥근 모양으로 가운데가 구멍이 뚫려 있어서 수축과 이완작용으로 동공의 크기를 변화시켜 빛의 양(量)을 결정한다. 카메라의 조리개 역할을 하는 부분으로 어두운 곳에서는 빛을 많이 받아들이기 위하여 동공을 커지게 하고, 밝은 곳에서는 빛을 적게 받아들이기 위하여 동공을 작아지게 한다. 또한, 사람의 감정의 변화에 따라서도 크기가 변하게 된다. 홍채에는 색깔을 나타내는 색소를 함유하고 있는데 검은색의 동공 바깥쪽의 갈색 또는 청색으로 보이는 부분이며, 색소가 많으면 갈색으로 적으면 청색으로 보이게 된다.

수정체(水晶體, Lens)는 눈의 맨 뒤쪽에 위치해 있는 망막과 앞 쪽에 위치해 있는 홍채 사이에 볼록렌즈 형태인 타원형을 이루고 있다. 홍채 바로 뒤에 위치해 있으며, 홍채에 의해 결정된 빛의 양이 수정체를 통과하게 된다. 투명하며 수정체의 두께에 따라서 빛을 굴절시켜 뒤쪽의 망막에 눈을 통하여 본 외부의 상(像)이 정확하게 맺히도록 해준다. 즉, 가까운 곳은 두꺼워지고 먼 곳은 얇아지게 된다. 수정체에는 각막과 같이 혈관들이 있지 않다.

망막(網膜, Retina)은 수정체를 통과한 빛은 망막에 상(像)이 맺히고 시신경을 경유하여 뇌로 전달된다. 이 망막에는 원추세포(圓錐細胞, Cone Cell)와 간상세포(桿狀細胞, Rod Cell)가 분포되어 있고, 주간 및 야간에 각각의 세포를 사용하여 안구를 통한 상을 인식하게 된다. 안쪽층, 중간층, 바깥층으로 구성되어 있으며, 바깥층에는 빛에 반응하여 인식하게 할 수 있는 광수용체 세포가 자리 잡고 있다.

맥락막(脈絡膜, Choroid)은 공막과 망막 사이에 위치해 있는 동그란 형태이며, 수정체를 통하여 들어온 빛이 흩어지지 않고 잘 맺히도록 도와준다. 카메라의 암실과 유사한 기능을 한다.

황반(黃斑, Macula Lutea)은 각막과 수정체의 중심을 연결한 수평선상의 망막부분에 위치하며, 움푹 들어가 있어서 이 부분을 중심와(中心窩, Fovea)라고도 한다. 밝은 빛을 받아들이는 시각세포인 원추세포가 밀집되어 있어 가장 선명하게 상(像)이 맺히도록 하는 곳이며, 여기에는 간상세포가 없다. 황반(중심와) 주위에는 약한 빛을 받아들이는 시각세포인 간상세포가 원추세포보다 많이 분포되어 있다.

시신경(視神經, Optic Nerve)은 망막까지 전달된 시각 정보는 눈의 맨 뒤쪽에 위치한 시신경에 의해 공막을 통과하게 된다. 이 시신경의 정보는 뇌까지 연결 및 전달되어 눈으로 보는 상을 인식하게 된다.

시각세포(視覺細胞, Visual Cell)는 망막의 구성요소 중 하나로써 원추세포와 간상세포로 이루어져 있다. 이 시각세포는 주간이나 야간에 개별적(個別的)으로 작용하여 외부의 상(像)을 인식하게 한다.

원추세포(圓錐細胞, Cone Cell)는 세포의 끝부분이 원뿔 모양으로 이루어져 원뿔세포라고도 하며, 망막의 일부분인 황반 부분에만 700만개가 분포되어 있다.

밝은 빛에 반응하는 아이오돕신(Iodopsin)을 함유하고 있어 적색, 녹색, 청색을 감지할 수 있으며, 적추체(赤錐體), 녹추체(綠錐體), 청추체(靑錐體)의 세 가지 세포로 이루어져 있다. 주간이나 야간의 고광도 불빛 상태에서 작용하며, 어두운 곳의 저광도 불빛에서는 작용하지 않는다.

간상세포(桿狀細胞, Rod Cell)는 세포의 끝부분이 사각형의 막대모양으로 이루어져 막대세포라고도 하며, 황반 주위에는 약 1억 2,000만 개가 분포되어 있다. 어두운 빛에 반응하는 로돕신(Rhodopsin)을 함유하고 있으며, 물체의 형태만을 감지할 수 있다. 어두운 곳의 저광도 불빛 상태에서 작용하며, 주간의 고광도 불빛에서는 작용하지 않기 때문에 색깔은 구별하지 못한다. 로돕신이 밝은 빛에 노출되면 표백화(漂白化, Bleach-out) 현상이 일어나며, 주위의 조명이 감소할수록 그 양이 증가된다.

수정체를 통과한 모든 빛은 주간 및 야간 모두 황반에 맺히고, 황반에는 원추세포만 분포되어 있어서 야간이나 저광도 불빛 상태에서는 황반에 상이 맺히지 않기 때문에 잘 보이지 않는 야맹점(夜盲點)이 발생된다. 간상세포는 황반 주위에 분포되어 있기 때문에 보려는 물체를 잘 보려면 직접적으로 보지 말고 그 주변을 보아야 그 형태를 알 수 있다. 보통 야간의 반월(半月) 정도의 조명 이하에서는 간상세포만 작용하고 원추세포는 작용하지 않는다. 간상세포가 가장 높은 감광도가 되는 시기는 보통 어두운 환경에서 30~45분 후에 일어나며, 처음보다 10,000배 증가될 수 있다.

시각의 형태는 외부의 불빛 광도에 따라 주간, 중간, 야간시각으로 나눌 수 있으며, 작동하는 시각세포가 달라진다.

주간시각(晝間視覺, Photopic Vision)은 명소시(明所視)라고도 하며, 주간이나 야간의 고광도 불빛 상태에서 작용하는 원추세포의 아이오돕신(Iodopsin)에 의해 기능을 발휘한다. 간상세포의 능력은 상실되며, 원추세포가 반응하는 시기는 보통 반월 이상의 광도이다. 색깔과 외부 형태를 정확하게 볼 수 있으며, 망막의 중심와(中心窩, Fovea)에 시각세포인 원추세포(圓錐細胞, Cone Cell)가 밀집되어 있다.

중간시각(中間視覺, Mesopic Vision)은 박명시(薄明視) 또는 황혼시(黃昏時)라고도 하며, 이른 아침이나 해질 무렵, 만월(滿月) 시와 같은 중간 밝기 상태에서 원추세포 및 간상세포가 함께 작용한다. 주위의 빛이 점점 감소함에 따라 원추세포에서 간상세포로 기능이 옮겨가면서 색 구별 능력도 점점 감소하게 된다.

야간시각(夜間視覺, Scotopic Vision)은 암소시(暗所視)라고도 하며, 어두운 빛에 반응하는 간상세포의 로돕신(Rhodopsin)에 의해 작용한다. 원추세포의 능력이 감소되고, 망막 주변의 간상세포의 능력이 증가된다. 색깔을 구분하지 못하며, 물체의 형태만을 감지할 수 있다. 시력은 20/200이하로 감소되며, 야맹점이 발생된다. 물체를 보기 위해서는 직접적으로 보는 중심시(中心視)를 사용하지 말고 그 물체의 주변을 보는 주변시(周邊視)를 이용해야 한다.

야맹점(夜盲點, Night Blind Spot)은 수정체를 통과한 외부의 주간 및 야간, 고광도 및 저광도의 모든 빛은 원추세포가 밀집되어 있는 망막의 황반에 초점이 맺힌다. 주간이나 고광도의 빛은 추상세포에 의해 황반에 그대로 초점이 맺혀 인식이 되지만, 야간 및 저광도의 빛은 야간시각인 간상세포의 로돕신에 의하여 인식된다. 이때 원추세포의 기능은 상실되기 때문에 초점이 맺혀도 인식하지 못하여 야맹점(시야 중심에서 약 5°~10°)이 생기게 된다. 이것은 간상세포가 황반에는 없고 그 황반 주변에 분포되어 있기 때문이다. 간상세포의 기능이 발휘될 때 물체를 식별하기 위해서는 사물의 중심을 보는 중심시(中心視)를 피하고, 약 10° 정도의 상하좌우를 보는 주변시(周邊視)를 이용해야 한다. 그리고 원하는 물체를 수초동안 직시하면 시야에서 사라져 버린다.

다음은 **야맹증(夜盲症, Nyctalopia)**으로 로돕신(Rhodopsin)은 어두운 빛에 반응하고 비타민 A를 영양분으로 만들어지기 때문에 로돕신이 많을수록 야간시력이 증가한다. 그러나 비타민 A를 너무 적게 섭취하게 되면 로돕신을 많이 만들 수 없기 때문에 야간시력이 줄어든다.

다음은 **맹점(盲點, Blind Spot)**이다. 먼저 망막의 황반 바로 아래 부분에는 외부의 시각정보를 뇌로 전달 역할을 하는 시각 신경과 혈관이 망막을 통과하는 부위인 시각신경원반(Optic Disk)이 있다. 이 부분에는 시각세포가 없어서 물체의 상(像)이 맺히지 않기 때문에 이 곳을 맹점이라 하며, 야간에 발생하는 야맹점과 혼동하기 쉬우므로 구분하여 이해하여야 한다. 맹점을 확인하려면 A4 용지 위에 가로 방향으로 임의의 기호를 약 10㎝간격으로 2개를 그린다. 왼쪽 눈을 한 손으로 가린 후 오른쪽 눈으로 왼쪽 기호를 주시 하면서 점점 간격을 서서히 좁히면, 어느 순간 오른쪽 기호가 사라지게 된다. 반대쪽 눈도 동일하게 나타난다.

망막의 맹점 확인 방법

다음은 시각장애로 수정체를 통과한 빛은 망막의 황반에 정확하게 초점이 맺혀야 하지만 수정체와 황반과의 거리가 짧거나, 혹은 길어 황반보다 뒷부분이나 앞부분에 초점이 맺힐 때 발생한다. 그리고 빛이 굴절되는 각막과 수정체의 혼탁이나 빛의 굴절 이상 현상으로 시각장애가 발생하며, 종류는 원시안, 근시안, 야간 근시안, 난시안으로 구분할 수 있다.

원시안(遠視眼, Hyperopia)은 수정체와 망막과의 거리가 짧거나 각막과 수정체가 제 기능을 발휘하지 못하여 망막의 뒷부분에 상이 맺혀 사물이 희미하게 보이며, 40대(代) 이후에 흔히 나타나는 노안(老眼, Presbyopia) 현상과 같다. 사물이 가까워질수록 상은 망막의 뒷부분에 맺히게 되어 희미하게 보이게 된다. 원시안의 증상이 증가하면 비행 시 계기판이나 지도, 항공기 점검표 등 가까운 거리의 정보를 판독하기 어렵다. 특히, 야간비행 시 붉은 빛 상황에서 판독이 어려워진다. 원시안은 볼록렌즈로 시력 교정이 가능하다.

근시안(近視眼, Myopia)은 수정체와 망막과의 거리가 길거나, 각막과 수정체의 기능 이상으로 굴절력이 너무 커서 망막의 앞부분에 상이 맺히는 것이다. 물체가 멀어질수록 망막 앞부분에 초점이 이루어져 잘 보이지 않게 된다. 근시안은 오목렌즈(Lens)로 시력 교정이 가능하다.

야간 근시안(夜間 近視眼, Night Myopia)은 야간에 빛의 파장이 짧은 녹색이 긴 적색보다 앞에 상이 맺히기 때문에 녹색 불빛 상태에서 물체를 보면 근시가 발생하여 사물의 형태가 흐려지게 된다. 근시안이 있는 사람은 야간에 더욱 심해진다. 야간 시각장비(NVDs)를 착용하지 않고 야간비행을 할 때에는 안전비행에 저해될 수 있으므로 주의해야 하며, 매우 중요한 시각장애 요소 중의 하나이다. 이 야간 근시안은 특수 렌즈를 이용하여 시력 교정을 할 수 있다.

난시안(亂視眼, Astigmatism)은 각막 또는 수정체의 두께가 고르지 못해 굴절면이 울퉁불퉁하므로 평행 광선이 들어왔을 때 굴절율의 차이 때문에 한 점으로 초점이 맺혀지지 않고 두 개의 다른 초점으로 망막에 각기 맺혀진다. 각막이나 수정체의 정상적인 굴절이 되지 못하고 불규칙하게 굴절되어 망막에 초점이 불규칙적으로 맺히는 현상으로써 이 불규칙적인 굴절의 난시현상은 보통 90°를 이룬다. 수직 방향으로 들어온 빛과 수평 방향으로 들어온 빛은 초점이 서로 맞지 않아 흐리게 보이게 된다. 예를 들면, 수직으로 놓인 전신주에 초점을 맞추었을 때 전신주에 수평으로 연결된 전선은 굴절력의 차이로 초점이 맞지 않게 된다. 이로써 눈이 쉽게 피로해지고 충혈이나 두통을 동반하게 된다.

다음은 명순응과 암순응에 대하여 알아보자. 인체의 안구는 어두운 곳이나 밝은 곳에서 주위 광도에 따라 적응을 하게 된다. 이것에 따라 명순응과 암순응으로 분류된다.

명순응(明順應, Light Adaptation)은 어두운 곳에 있다가 갑자기 밝은 곳을 가면 눈이 부시고 잘 보이지 않다가, 약 40초 내지 1분 정도가 지나면 사물이 정확하게 나타나는 현상을 명순응이라 한다. 간상세포에 함유되어 있는 로돕신(Rhodopsin)은 옵신(Opsin)과 레티날(Retinal)이 빛의 강약에 따라 분해되고 합성되어진다. 로돕신이 밝은 빛을 받으면 합성되는 속도보다 분해되는 속도가 빨라져서 로돕신이 적어지게 된다. 처음에는 눈이 부시다가 밝은 빛에 적응되는데 어두운 곳에 있다가 밝은 곳으로 나오면 명순응을 경험할 수 있다.

암순응(暗順應, Dark Adaption)은 어두운 빛을 받으면 로돕신은 분해되는 속도가 느려 로돕신이 많아지게 되어 어두운 곳에서 야간시력이 증가되는데 이를 암순응이라 한다. 밝은 곳에 있다가 어두운 곳에 가면 처음에는 보이지 않다가, 시간에 따라 보이기 시작하는데 사람마다 다르게 나타난다. 로돕신 농도의 증가 외에도 간상세포에서 일어나는 미묘한 다른 변화 때문에 암순응된 눈의 광민감도는 명순응된 눈에 비해 10만 배나 증가한다. 암순응은 처음 30~45분간 주로 이루어지며, 암순응이 이루어진 후 밝은 빛에 노출되면 야간시력이 손상되는데 다시 회복하기 위해서는 약 5~45분이 소요된다. 백색 점멸 빛은 펄스가 짧기 때문에 야간시력에 미치는 영향은 적지만 조명탄(照明彈), 착륙등(着陸燈), 탐색등(探索燈), 번개와 같은 불빛은 야간시력을 심각하게 손상시킬 수 있다. 두 눈은 별개로 암순응이 이루어지기 때문에 밝은 빛에 노출 시 한 쪽 눈을 가리면 노출되지 않는 눈은 암순응이 계속 유지된다.

야시장비(夜視裝備)와 암순응(暗順應)과의 관계를 알아보면, 야간 시각장비(NVDs)를 착용한 상태에서는 주로 주간시각을 사용하기 때문에 암순응은 따로 필요하지 않는다. 야간 시각장비를 착용한 상태에서 암순응 된 조종사가 야간 시각장비를 제거한다면 30분에 걸쳐서 암순응 해야 되는 것을 약 2~3분 이하의 시간에 얻을 수 있다. 야간 시각장비의 영상 밝기는 로돕신을 완전히 표백화(漂白化, Bleach-out)시킬 정도의 광도가 아니기 때문에 야간비행 시 야간 시각장비를 착용하여도 암순응을 심각하게 저하시키지 않는다.

다음은 **백내장(白內障, Cataract)**으로서 수정체가 노화나 상처, 감염 등으로 인하여 혼탁해져 빛을 제대로 통과시키지 못한다. 안개가 낀 것처럼 시야가 뿌옇게 흐려져 보이는 현상이며, 60대(代) 이상에서 주로 발생한다. 백내장은 눈알이 더 성장하거나 덜 성장한 것이 아니고 수정체 속의 단백질의 화학적인 변화 때문에 유발된다. 이것은 상해, 독극물, 감염 그리고 나이에 따른 노화현상에서 기인된다. 조종사들은 밝은 태양빛 아래에서 활동할 때에 자외선(紫外線)에 심하게 노출되면, 백내장의 원인이 될 수 있다.

다음은 **녹내장(綠內障, Glaucoma)**에 대한 설명이다. 각막과 수정체에는 혈관들이 없어서 영양분을 공급받지 못한다. 그래서 안구(眼球)는 방수(房水)라는 액체를 만들어 영양을 공급하고 배출을 통하여 안구의 압력을 일정하게 유지시켜준다. 하지만 방수가 밖으로 배출되지 못하거나 배출되는 양보다 더 많이 생성되면 안구의 압력이 증가된다. 눈 속의 압력이 높아져 안구의 모든 조직에 압력이 가해지면서 제일 먼저 눈으로 들어오는 빛을 감지하는 시신경에 손상이 생기면서 시야 혼탁이 생기고 실명(失明)으로 진행되는 것이 녹내장이다.

안압(眼壓)이 높아져 안구의 미세혈관들이 막히게 되고 영양분의 공급이 원활하게 되지 않는다. 망막에 정상적으로 완벽한 상(像)이 맺히더라도 시각신경들의 손상으로 인하여 뇌에 정확하게 전달되지 않는다면 좋은 정보를 얻지 못할 것이다. 이것은 40대(代) 이상에서 주로 발생되며, 시력이 점차적으로 약해지면서 서서히 진행된다. 그리고 녹내장은 대부분 특별한 증상이 나타나지 않는다. 한 번 손상된 시각신경은 회복되지 않는다. 안압은 하루에도 몇 번씩 변하지만 정상의 경우 적절한 범위 내에서 유지된다. 40세 이상 한국인의 평균 안압은 약 13mmHg이며, 대개 9~19mmHg 사이로 나타난다.

다음은 **당뇨병(糖尿病, Diabetes Mellitus)**에 대하여 알아보자. 필수 영양 성분 중의 하나인 탄수화물은 위장에서 포도당으로 바뀌어 혈액으로 흡수된다. 흡수된 포도당이 몸에 이용되기 위해서는 췌장에서 만들어지는 인슐린이라는 호르몬이 필요한데 이 인슐린이 몸의 혈당을 낮추어 적절한 혈당을 유지시켜준다. 인슐린은 췌장에서 분비되어 식사 후 올라간 혈당을 낮추는 기능을 한다. 만약, 여러 가지 이유로 인하여 인슐린이 모자라거나 성능이 떨어지게 되면 체내에 흡수된 포도당은 이용되지 못하고 혈액 속에 쌓여 소변으로 넘쳐나오게 되며, 이런 병적인 상태를 "당뇨병"이라 한다. 당뇨병은 실명(失明)의 주요 원인 중의 하나이며, 시각신경을 손상시킨다. 또한, 백내장의 원인이 되며, 망막을 손상시키고 각종 합병증을 유발시킨다.

다음은 **색맹과 색약(色盲/色弱, Color Blindness/Color Amblyopia)**에 대한 설명이다.

색각 이상자의 유형

제1색각이상(적색약색맹)	장파장에 반응하는 L추상체의 결함 및 결핍으로 나타난다.
제2색각이상(녹색약색맹)	중파장에 반응하는 M추상체의 결함 및 결핍으로 나타난다.
제3색각이상(청황색약색맹)	단파장에 반응하는 S추상체의 결함 및 결핍으로 나타난다.
전색약색맹	3종류 추상체 모두에 결함이 있는 경우이다.

색각이상이라고도 하며, 주간 시각세포인 원추세포의 손상 및 기능의 저하로 인하여 한 가지 이상의 색깔(적색, 녹색, 청색)을 구별하지 못하는 현상을 색맹, 색맹보다 색깔 구별 능력이 약할 때 색약이라 한다. 색각이상자의 유형은 위 표에서 보는 바와 같다.

색각이란 가시광선 영영인 약 380~750nm 범위의 파장을 감지하는 추상체의 3가지 세포가 빛의 파장을 느껴 색을 인식하는 것을 말하며, 색각이상은 유전자에 의해 색채를 식별하는데 이상이 있는 선천적 색각이상과 망막 혹은 시신경 이상, 약제의 부작용, 중추신경 계열의 질환 등으로 나타나는 후천적 색각이상으로 나뉠 수 있다.

조종사 면허에 색각이상 제한을 두는 이유는 항공기의 안전한 운항과 대형사고의 방지를 위한 것이다. 조종사의 색각이상 제한은 국제적으로도 정해진 기준이 있다. 조종사의 경우 계기판, 신호등, 레이더영상, 항공기 작업, 항공등화 신호를 제대로 판단할 수 있어야 하며, 구체적으로는 다음의 표와 같은 필요성들이 제시된다.

- 야간비행을 할 때 비행기의 적색과 녹색의 위치지시등의 구별
- 조종석의 LED와 경고등(Warning Light)의 구별
- 비행을 할 때 빌딩, 관제탑 등 장애물에 설치된 경고등의 구별
- 무선통신이 없는 상황에서 관제탑에서 보내는 등신호의 구별

항공 직종의 색각이상 제한의 근거

다음은 **노안(老眼, Presbyopia)**으로 물체의 원근 정도에 따라 수정체의 두께가 얇아지고 두꺼워지는 원근 조절 작용을 한다. 40대(代) 이후가 되면 수정체의 탄력성 줄어들어 조절 성능이 떨어지기 때문에, 사물이 가까울수록 망막의 뒷부분에 상이 맺혀 선명하게 보이지 않는 눈의 노화현상이다.

다음은 **안구진탕(眼球震盪, Nystagmus)**으로서 뇌, 신경, 전정기관, 안구의 이상으로 안구가 제 위치를 잡지 못하고 무의식적으로 움직이는 현상으로, 심할 경우에는 구토와 함께 어지러움을 유발시킨다.

나. 미로전정기관(迷路前庭器官, Labyrinth Vestibule)

귀는 위치에 따라서 외이(外耳), 중이(中耳), 내이(內耳)로 구분되는데, 내이는 구조가 매우 복잡하게 되어 있어서 미로(迷路, Labyrinth)라고도 한다. 내이는 전정(前庭, Vestibule), 반고리관(Semicircular Canals), 달팽이관으로 이루어져 있으며, 전정과 반고리관을 전정기관(Vestibular Apparatus)이라 한다. 반고리관은 3개의 반고리관으로 구성되고 전정에는 구형낭(球形囊, Saccule)과 난형낭(卵形囊, Utricle)으로 구성된다.

반고리관(Semicircular Canals) 3개로 이루어져 있어서 삼반규관, 세반고리관이라고도 하며 각가속도를 감지한다.

3개의 반고리관은 서로 직각으로 위치해 있으며 후(後)반고리관은 Pitch 운동, 전(前)반고리관은 Roll 운동, 측(側)반고리관은 Yaw 운동을 감지한다. 측반고리관은 수평에 가깝고 나머지 2개는 거의 수직에 가깝게 위치해 있다. 반고리관 내부에는 내임파액(內淋巴液, Endolymph)으로 채워져 있고 한 쪽 끝은 둥글게 부풀어 있는데 이를 팽대부(膨大部, Ampulla)라 한다. 팽대부 하부에는 팽대부능(膨大部稜, Crista Ampullaris)과 감각을 담당하는 유모세포(有毛細胞, Hair Cell)가 있으며, 유모세포는 팽대부정(膨大部頂, Cupula Ampullaris)이라 하는 교원질막(膠原質膜, Gelatinous Matrix)으로 싸여있다.

유모세포는 하부의 미로전정신경과 연결되어 있고, 각가속도 운동 시 내임파액은 회전 방향의 반대 방향으로 흘러 유모세포를 굴절시킨다. 그러면 사람은 유모세포의 굴절 방향의 반대 방향으로 회전하는 것을 느끼게 된다.

즉, 정지 상태의 유모세포는 각가속도 없이 정지된 상태로 유모세포가 수직 상태를 유지하여 회전을 하지 않은 상태를 감지한다. 이때 시계방향의 각가속도 운동 시 내임파액은 관성에 의하여 반고리관 내에서 반시계방향으로 흐르고 유모세포도 내임파액을 따라 반시계방향으로 굴절되며, 감각기관은 시계방향의 회전감을 느끼게 된다.

일정한 속도로 각가속도 운동 즉, 시계방향으로 일정한 속도로 계속 회전을 하면, 내임파액은 관성을 극복하고 흐름을 멈추어 유모세포를 수직 상태를 유지시켜 인체는 회전을 하지 않은 상태를 감지한다. 시계방향으로 일정한 속도로 계속 회전 후 회전량을 줄이거나 정지를 한다면 내임파액은 다시 관성에 의하여 시계방향으로 흐르고, 수직상태를 유지하고 있는 유모세포는 다시 시계방향으로 굴절되어 감각기관은 반시계방향으로 회전하는 것을 느끼는 감각 착오를 일으키게 된다. 결과적으로 일정한 속도로 지속적인 회전 후 회전량을 줄이거나 정지를 한다면 오히려 반대방향을 인지하게 되는 것이다.

전정(前庭, Vestibule)은 집 앞의 뜰과 비슷하여 붙여진 이름이며 이석(耳石, Otoliths) 또는 평형석(平衡石)으로 불리는 물질이 있어 이석기관(耳石器官, Otolith Organ)이라고도 한다. 전정은 구형낭과 난형낭으로 나누어지고 평형반(平衡斑, Maculae Staticae)에

지지세포(Support Cells)와 유모세포가 위치해 있으며, 그 위에는 이석(평형석)을 함유하고 있는 교원질막으로 덮여 있다. 유모세포의 상단으로 운동섬모(運動纖毛, Kinocilium)와 부동섬모(不動纖毛, Stereocilia)가 이 교원질막 속으로 돌출되어 있다.

머리를 움직여 자세 변화가 생기면 유모세포 위의 이석(평형석)이 움직여 변위(變位)가 생긴다. 이 때 유모세포가 굴절되고, 이로 인한 자극이 중추신경계통에 전달되어 머리의 자세나 위치를 지각하게 된다. 이석은 방향에 따른 속도가 변할 때 머리가 움직이는 반대방향으로 움직이게 되어 방향을 감지한다. 즉, 중력과 선상가속도를 감지하며, 머리가 움직이는 모든 방향인 상하 및 전후·좌우의 방향을 감지하게 된다.

이석이 제자리를 있지 못하고 반고리관으로 들어가면 어지럼증과 함께 구토를 유발시킨다. 구형낭은 둥근주머니, 소낭(小囊)이라고도 하며, 중력 방향인 수직 방향의 움직임을 감지한다. 달팽이관과 연결되어 있으며 진동에 민감하게 반응한다. 난형낭은 타원주머니, 통낭(通囊)이라고도 하며 수평 방향의 움직임과 중력에 대한 머리의 위치를 감지한다. 난형낭은 수평 가속에 보다 민감하고 구형낭은 수직 가속에 더 민감하다.

다. 고유수용기계통(固有受容器系統, Proprioceptor System)

인체의 감각은 특수감각과 일반감각으로 분류되며, 고유감각수용기는 일반감각 중 몸감각에 해당된다. 신체 내부와 외부에서 발생하는 여러 가지 환경 변화를 받아들일 수 있도록 매우 다양하게 분화되어 있는 신경세포들을 수용기(감수기, Receptor)라고 하는데, 이들 수용기는 고유 자극에 대해서만 반응하여 흥분을 일으킨다.

우리의 신체는 내·외적 환경의 변화에 대한 정보를 전신에 분포하는 수용기를 통하여 중추신경계로 보내고 있다. 이들 수용기는 감각 기관으로서 자극을 전기적 형태의 정보로 바꾸어 감각신경섬유를 통하여 중추신경계로 보내고 있다.

고유수용기는 피부, 근육, 건(腱), 관절로부터 받은 자극을 중추신경계로 전달한다. 외부 자극은 근육의 건과 근육 활동을 제어하기 위한 신체 부위의 위치에 관한 정보를 전달한다. 이러한 고유수용기 감각기들은 공간에서 신체의 위치, 자세, 움직임, 평형을 유지하고 여러 가지 환경에 적응하는데 필요한 기능을 관장한다.

근육운동감각기는 신체의 움직임에 대한 상대운동 관계와 신체 일부분의 상대적 위치를 감지할 수 있기 때문에 팔과 다리 그리고 몸, 머리를 움직일 때 시각적으로 위치를 확인하지 않고도 어떤 방향으로, 얼마나 움직이고 그 이동했던 위치를 알 수 있다. 손을 이용하여 먹고 마실 때, 몸의 일부를 만질 때, 발을 이용하여 움직일 때, 몸을 움직일 때 이것들 모두 감지하게 된다.

피하압력감각기는 지구 중력에 대한 신체의 자세를 감지한다. 앉아 있을 때는 엉덩이 부분에서, 서 있을 때는 발바닥 부분에, 누워 있을 때는 등 부분 즉, 지면과 접촉된 가장 낮은 부분에 각각 압력을 느끼게 된다. 하지만 피하압력감각기는 비행 중에 나타나는 가속도를 지구 중력과 구분할 수 없다.

라. 평형감각기관과 공간정위상실(空間定位喪失) 과정

인체의 평형감각기관에서 제공되는 정보가 모두 일치하고 실제의 항공기의 자세, 위치가 일치할 때 정확한 자세를 유지할 수 있다. 만약, 일치하지 않는다면 감각 착오에 빠지게 되어 결국 공간정위상실로 이어져 치명적인 사고를 유발시킨다.

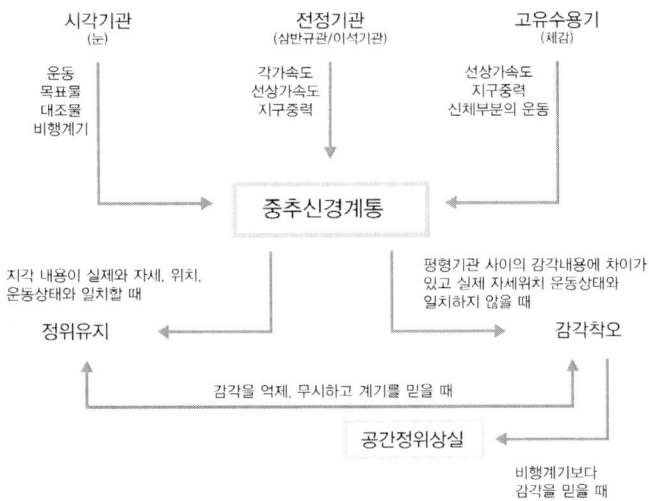

평형감각기관과 공간정위상실 과정

05 비행 착각 예방대책

가. 항공기 요인

(1) 계기

비행 착각은 비행환경에서 나타나는 정상적인 생리현상이므로 착각현상 자체를 예방하지는 못한다. 따라서 비행 착각을 극복하고 이로 인한 항공기 사고를 예방하기 위해서는 계기에 의존하여 방위를 인식할 수밖에 없다. 계기의 성능은 사고예방을 위해 매우 중요하다. 기본적으로 계기판은 충분한 광도를 유지하여야 하며 외부 환경조건에 관계없이 계기판을 읽는데 장애가 없도록 제작되어야 한다. 계기판의 정확성은 가장 중요한 요소이다. 만일 계기가 정확치 못해 신뢰성이 상실되는 경우 조종사는 신체감각에 더욱 의존하려는 경향이 생기며 올바른 공간정위를 인식하기가 더욱 어려워져 사고로 이어질 가능성이 증대된다.

(2) 조종실의 인체공학(cockpit ergonomics)

조종실은 인체 공학적으로 적합하게 설계되어야 한다. 예를 들면, 계기들은 최소한의 머리운동만으로도 볼 수 있도록 배열되어야 한다. 또한 조종실 캐노피도 항공기와 날개가 보이도록 설계하는 것이 좋다. 그 이유는 이들이 일종의 시각적 기준으로 작용하여 비행 착각을 예방하는데 도움이 되기 때문이다.

나. 조종사 요인

(1) 선발

비행 착각에 대한 감수성은 개인간에 차이가 크기 때문에 조종사 선발시 예민한 사람을 가려내는 것이 필요하다. 전정계 또는 중추신경계 질환이 있는 사람은 당연히 선발에서 제외시켜야 한다. 그러나 회전검사(rotational test)같은 전정기능검사는 선발에 큰 도움이 되지 못하는 것으로 알려져 있다. 반면, 상호교차성 전정계자극(cross-soupled vestibular stimulation)에 대한 감수성은 비행훈련의 적응도와 높은 상관관계가 있는 것으로 알려져 있다. 즉, 수차례의 머리운동으로 인하여 자율신경계 증상이 유발되는 훈련생은 비행훈련 과정에서 실패할 확률이 높다.

(2) 건강

조종사의 건강상태는 비행 착각에 중요한 영향을 준다. 특히, 전정기관이나 시각기관에 이상이 있는 조종사는 회복될 때까지 비행을 금지시켜야 한다. 상기도 감염이 있는 조종사에서는 압력성 현훈(pressure vertigo)이 발생할 가능성이 높다. 또한, 육체적 건강 외에 정신적 건강상태도 중요하다. 즉, 심리적으로 불안하거나 과도한 각성상태에서는 인지장애가 쉽게 발생하기 때문이다.

(3) 약물

약물 중에는 비행 착각에 대한 감수성을 높이는 것들이 있다. 조종사는 중추신경계에 악영향을 미치는 약물을 복용해서는 안 된다. 알코올은 뇌기능을 저하시키며, 전정기능에 작용하여 착각을 증폭시킨다. 따라서 알코올의 섭취는 가능한 금해야 한다. 보통 알코올 섭취 후 최소 12시간이 지나야 비행이 가능하지만 섭취량에 따라 더 많은 회복시간을 필요로 한다.

다. 훈련

훈련의 목적을 요약하면 다음과 같다.

① 비행중 공간정위에 관계하는 요소들에 대한 지식을 제공한다.
② 비행 착각을 일으킬 수 있는 여러 상황에 친숙해지도록 한다.

③ 비행 착각이 나타나기 시작할 때 또는 지속시의 증세들을 이해시킨다.
④ 비행 착각이 발생하는 기관과 정상적인 감각기관의 기능 한계를 이해시킨다.

이상적으로는 모든 훈련생이 비행을 통해 직접 비행 착각을 경험해봄으로써 비행 착각이 흔히 발생하는 현상이며 자신에게도 발생할 수 있다는 사실을 인식시킬 필요가 있다.

라. 조종사 준수사항

비행 착각을 예방하기 위해 다음과 같은 사항을 준수하는 것이 좋다.

① 신체감각만으로 비행하면 안 된다는 확신을 가진다.
② 시야가 불분명할 때는 신속히 계기에 의존하고 외부 기준이 명확해질 때까지 계기비행을 지속한다.
③ 비행 착각을 유발시킬 수 있는 불필요한 조작과 머리운동을 피한다.
④ 특히, 밤이나 시야가 불량한 위험상황에서는 적당한 정신적 각성상태를 유지한다.
⑤ 다음 경우는 비행하지 않는 것이 좋다.
- 상기도 감염이 있을 때
- 약물이나 알코올의 영향이 있을 때
- 육체적으로나 정신적으로 쇠약해졌을 때

실제로 비행 착각이 발생했을 때는 다음과 같이 대처한다.

① 경미한 착각증세는 주의환기를 통해 제거할 수 있다. 직선비행시에는 신속히 머리를 좌우로 흔드는 동작이 비행 착각을 사라지게 하는데 도움이 되기도 한다.
② 심한 착각이 발생한 경우
- 계기를 주목한다.
- 계기를 기준하여 항공기의 방향을 교정한다. 지속적으로 고도를 확인한다.
- 외부 기준이 명확해질 때까지 외부 시각기준과 계기에 의한 기준을 혼동하지 않도록 한다.
- 심한 착각이 계속되면 조종을 부조종사에게 넘기거나 관제소나 다른 항공기에 연락한다.
- 더 이상 조종이 불가능하다고 판단되면 항공기를 포기하고 늦기 전에 신속히 탈출한다.

비행 중, 특히 계기비행 중 조종사들이 인체 평형기관의 감각을 그대로 받아들이고 이 감각에 의지하려고 할 때 비행 착각을 유발하게 된다. 이러한 비행 착각은 이때까지의 경험과 통계자료로 미루어 볼 때 항공기 중사고의 결정적인 요인이 된 적이 허다하였다. 항공기가 계기비행 환경에서 기동 할 때에는 우리가 일상생활 환경에서는 도저히 경험할 수 없는 여러 가지형태의 가속도에 폭로되기 때문에 우리 인체의 평형 기관들은 우리의 정확한 자세나 방향을 인지할 능력이 없다. 이러한 현상은 모든 사람에게 정상적인 생리 반응으로서 일어나는 것이다.

제5절 에러와 실수

01 개요

Error에 대한 사전적인 정의를 다양한 번역의 형태로 구분하여 보면 "과실"은 ① 부주의나 태만 따위에서 비롯된 잘못이나 허물(과오, 실착), ② 부주의로 인하여 어떤 결과를 미리 내다 보지 못한 일을 말하며, "실수"는 ① 조심을 하지 않음으로 발생된 잘못함 또는 행위이며, "오류"는 ① 그릇되어 이치에 맞지 않는 일 ② 혼란, 감정적인 동기로 논리적인 규칙을 소홀히 하여 저지르는 바르지 못한 추리, 에러(Error), 버그(Bug)라고 말하고 있다.

용어의 차이에 따라 사용되는 용도도 상이하다. 과실은 결과 중심적인 용어로 법률에서 널리 사용되며, 오류는 지각이나 논리적 의미가 강하며 주로 학술용어로 적합하다. 한편 실수는 심리학분야 등에서 통용되며 조종사들의 행위를 설명하기에 용이하며 행위 중심적이고 구어적 의미가 강하므로 항공분야에서는 '오류와 실수'라는 용어를 많이 사용하고 있다.

항공정비와 연관된 각종 사건이나 사고의 요인별 비율 분석을 해보면, 인적요소에 의한 Error 즉 Human Error에 의한 사건. 사고가 기계적 요인에 의한 것보다 점점 더 큰 비중을 차지하고 있다. 1960년대에 대략 20%이하에서 1990년대에는 80%이상을 차지할 만큼 큰 폭으로 증가하는 양상 을 보이고 있다. 이러한 현상은 이 기간 동안 인간-기계 체계(MAN-MACHINA SYSTEM)에서 사람들의 주의력, 기억력, 집중력 등이 점점 더 저하되었기 때문이라고 해석하기보다는, 첫째, 지난 30여 년 동안 항공기 부품을 포함한 기타 장비들의 기능이 발전되고 복잡화 되었으며(동시에 신뢰도는 훨씬 향상되었음), 둘째, 설계자, 제작자, 정비 정책 결정권자등의 판단 오류가 작업장에서 Error가 범해지도록 여건을 조성하고 있는 경향을 반영하고 있다고 보아야 한다. 이로 인해 항공기 부품의 고장과 같은 기계적 요인에 의한 사건 사고율은 감소하고 Human Error와 관련된 사건 사고율은 증가하는 현상이 나타나고 있는 것이다. 결국, 단순하게 잘못된 정비행위만이 Human Error의 원인이 아니라는 인식 을 가져야 한다. 사람이 설계, 조립, 조작, 정비를 하고 위험요인이 잠재된 기술을 관리하고 있기 때문에, 결정하고 처리하는 과정에서 어떤 방식으로든 원하지 않지만 사고에 기여하게 된다는 것이다.

여기서 다양한 Human Error의 유형을 알고 관리 방법을 익힐 필요성이 대두되는 것이다. 통상적으로 Human Error라는 이름으로 서로 다른 실수를 동일하게 표현하고 있지만, Error는 유형별로 발생 구조가 다르고, 항공기 시스템과 같이 복잡한 기능을 갖고 있는 경우는 관리방법 또한 달라야 하므로 Error를 유형별로 구분하는 것이 매우 중요하다.

그러나 어떤 경우에도 Error 관리에 있어 가장 중요한 사실은 수정 및 관리 가능한 직접적인 원인에 초점을 두어 관리하는 것이다.

02 배경

Error를 학문적으로 연구하고 분류하며, Error유형별로 바탕에 깔린 발생체계를 이해하게 된 기간은 불과 50여년에 불과하다. 인간의 Error를 비행안전의 중요한 위험요소로 인식하기 시작한 것은 제2차 세계대전 기간으로 볼 수 있는데, 주로 항공분야의 운항승무원과 관제요원의 조작 기술상의 Error에 중점을 두고 이루어졌다. 항공사고는 기기나 시스템 조작 Error에 기인하고 있다는 점에서 운항승무원과 관제사의 Error에 관한 연구가 필요하게 되었던 것이다. 그러나 항공기 정비에 종사하는 사람이라면 누구나 알고 있는 사실은, 지난수년 간에 걸쳐 주로 정비 Error로 인한 심각할 정도의 사건들, 너무나 치명적이었던 사건들이 많았다는 것이다. 19년 전 8월에 발생한 알로하 항공사의 B-737항공기 사고는 일반인들은 물론 관계당국에게도 정비 Error가 항공 사고에 끼치는 영향력이 아주 크다는 것을 인식시키는 계기가 되었다

03 Human Error의 일반적 유형

Error가 어떻게 발생되는지를 알기 위해서는 우선 인간의 일반적인 행동양식을 살펴볼 필요가 있다. 일반적으로, 정보를 인식하는 단계, 정보를 처리하여 취할 행동을 결정하는 단계, 행동을 취하는 단계의 3단계로 구분된다.

Error는 어느 단계에서도 발생할 수 있다. Error를 초래하게 한 근본 원인과 Error를 효과적으로 줄이는 방법은 어느 단계에서 Error가 발생하였는가에 따라 달라지게 된다. 예를 들어, 정보인식 단계에서 발생하는 Error는 작업장의 불합리한 조명시설, 지나친 소음, 인쇄상태 불량 등이 원인이 될 수 있다 정보처리 및 결정단계에서의 Error는 피로, 훈련 부족, 시간 제약 등이 원인이 된다고 볼 수 있다. 실행단계에서 발생하는 Error는 빈약한 공구-장비의 설계, 부적합한 절차, 연속성 단절 및 작업장의 환경조건 등이 원인이 될 수 있다.

04 Error유형

보편적으로 품질 불량, 불안전 행동 및 부적절한 정비행위 등은 항공기에 끼친 악영향에 따라 구분한다. 이런 종류의 Error는 다음 두 가지로 구분된다.

가. Error 유형

① 정비행위 이전에는 없었던 결함을 발생시킨 Error
② 손상되거나 결함있는 부품을 검사 시 발견하지 못한 Error

나. 정비 불량 사례분석

① 행위 누락(56%)   ② 부정확한 장착(30%)
③ 잘못된 부품의 사용(8%)   ④ 기타(6%)

다. 행위 누락 분석

① (부품 등을) 조이지 않았거나 불완전하게 조임(2%)
② 잠금 상태를 풀지 않았거나 핀을 제거하지 않음(13%)
③ 필터 및 브리더 캡이 풀려 있거나 장착되지 않음(1%)
④ 부품 류가 풀려 있거나 분리된 채로 있음(10%)
⑤ 와셔 또는 스페이스 등을 장착하지 않음(10%)
⑥ 공구 또는 잉여자재 등을 치우지 않음(10%)
⑦ 윤활 부족(7%)
⑧ 패널이 장착되지 않음(3%)
⑨ 기타(11%)

물론, 이 분석 결과로 Error를 범한 이유를 나타낼 수는 없다. 그러나 항공기 정비 업무에서 Error를 범하기 쉬운 부분이 어디인지를 보여주고 있다. 특히 비정상적 행위가 분해과정에서보다 조립과정에서 많이 발생하고 있음을 알 수 있다.

05 Error를 범할 수 있는 업무단계

여러 가지 Error는 서로 다른 심리적 근원을 갖고 있으며, 발생 부위가 다르고, 사안별로 개선방법이 다르기 때문에 발생 근원을 구분하는 일이 중요하게 된다. Error를 "의도한 목표를 달성하기 위해 사전에 계획한 행위의 실패"라고 정의해 볼 때, 이런 Error는 2가지 형태로 발생한다고 볼 수 있다.

가. 과실

무엇을 한다는 행위에 대한 계획은 적절하였더라도, 실제 행위가 계획한대로 이루어지지 않은 경우이다. 어떤 일을 해야 한다는 계획은 설정했으나, 어떤 상황이 발생하여 계획된 일을 정상적으로 수행하지 못하게 된 경우를 말한다. 이런 결과들을 실행상의 잘못이라 하고 통상, 과실, 착오, 미숙 등의 용어로 표현된다. 문제는 3가지 과정 중 하나 또는 그 이상의 여러 과정에서 발생할 수 있다는 것이다 과실과 착오 등은 익숙한 환경 속에서 독립된 행위들이 주로 자동적인 방식으로 처리되는 일상적인 업무, 즉 익숙한 작업과정에서 발생한다.

(1) 숙련 작업 중 발생하는 과실

숙련된 행위는 익숙한 손재주와도 관련된다. 타자를 치는 것이 숙련된 행위의 좋은 예이다. 타자에서 틀린 글자를 치는 것은 숙련된 상태에서 발생하는 보편적 Error이다.

(2) 규정에 따라 작업하던 중 발생하는 과실

규정에 의한 행위에서 발생하는 과실은 정해진 규정을 제대로 따르지 않아 일어나는 결과이다. 행위자가 절차 또는 규정의 선택은 정확했으나 그 절차를 제대로 준수하지 않은 경우, 즉 어떤 단계를 누락한 경우에 과실로 분류한다.

나. 실수

계획 자체에서도 Error를 범할 수 있는 요인이 있다. 행위는 전적으로 계획에 따라 이루어지며, 계획 자체가 잘못되어 있다면 의도한 결과를 얻을 수 없다. 이와 같은 Error는 한 단계 차원이 높은 Error로서 특별히 실수라고 표현되며, 2단계로 다시 세분된다.

(1) 규칙에 따라 작업하던 중 발생하는 실수

Error는 주로 주어진 여건에 적합하지 않은 규칙을 적용하거나, 규칙자체는 문제가 없으나 잘못 적용함으로써 발생할 수 있다. 즉, 규칙을 정상대로 준수하고 있으나, 규칙 자체가 주어진 업무에 부정확하거나 적합하지 않은 경우를 말한다.

(2) 지식에 근거 작업하던 중 발생하는 실수

규칙이나 자신의 지식에 의해 해결할 수 없는 어떤 문제점이 있다면, 그것을 해결하기 위해 자신의 지식에 근거해 추측을 하게 되는데, 이 일련의 과정에서 Error가 발생할 확률이 증가한다.

06 위반

안전한 운용 절차, 권고되고 있는 관행, 규칙 또는 기준에서 벗어난 것들을 위반이라고 한다. 차량을 운전할 때 현재 속도나 해당 지역의 제한 속도를 알지 못하고 과속하는 경우가 있듯이 위반도 의도하지 않은 상태에서 일어날 수는 있지만, 위반사항의 대부분은 의도적인 것으로 본다. 사람들은 일반적으로 순응하는 행동을 취하지 않지만, 대개의 경우 그 결과는 그리 나쁘게 나타나지는 않는다. 대표적인 위반은 다음과 같이 4가지로 구분한다.

가. 일상적 위반

최소의 노력으로 일을 해결하기 위해 규정을 생략하는 경우를 말한다. 주로 숙달된 기능을 전제로 하며, 결국은 습관적인 행동이 된다. 즉, 규정을 준수해도 거의 보상받지 못하거나 규정을 위반해도 처벌받지 않는 경우라 할 수 있다.

나. 낙천적 위반(스릴을 느끼는 위반)

인간의 행동은 다양한 개인적 욕구를 충족시키는 쪽으로 작용하며, 모든 행동이 엄격하게 업무와 관련이 있다고 보기는 어렵다 장거리 구간을 비행하는 조종사나 원자력 발전소의 근무자들은 이따금 무료함을 달래기 위해 절차를 위반한다. 쾌감을 즐기기 위해 위반을 하는 경향은 개인의 행동 양태의 일부일 수 있다.

다. 필요 또는 상황에 의해서 위반하는 경우

작동 절차를 가능한 안전하게 하기 위해서는 이전에 특이 행위를 배제하도록 끊임없이 개정해 나가야 한다. 환경, 공구, 장비, 절차의 미비 등이 문제점의 원인이 된다. 상황에 따라 발생하는 위반 행위는 습관적 행위로 나타난다.

라. 고의적 위반

최근 연구 결과에 의하면 안전 절차를 위반하는 의도는 아래 3가지 형태로 나타난다.

(1) 태도(나는 할 수 있다)

어떤 행동결과와 관련하여 개인이 갖고 있는 신념이다. 위반을 했을 때 예측되는 이득과 위반 시 나타날 위험이나 처벌을 어떻게 적절히 조화시킬 수 있을까?

(2) 주관적인 습관(다른 사람이 할 것이다)

일부 중요한 관계 집단(친척, 친구들)이 자신의 행동을 지원해 줄 것이라는 개념을 전제로 한다, 그들이 과연 인정할 것인지 혹은 인정하지 않을 것인지, 또 당사자는 그들로부터 얼마나 인정받기를 원하고 있는지?

(3) 의식적 행동 억제(나로서는 어쩔 수 없어)

규정에 대해 해당 분야의 관리부문에서 지원이 안 되고 있으면서도, 규정을 위반해서라도 시간 내에 주어진 업무를 완수해야 한다고 느끼게 되는 경우라 할 수 있다.

07 Error관리

Error관리란 상당히 포괄적인 의미를 담고 있으며, 다음과 같이 2가지로 구분할 수 있다.
- Error 감소: Error발생 건수를 제한하도록 설계한 조치
- Error 제어 : 현재 발생하고 있는 Error에 대해서 부정적인 결과를 어느 선에서 한정되도록 설계한 조치.

의식적으로 Error를 범하는 사람은 없다. 그러나 의도했던 바에서 벗어난 결과라든지 깜빡하는 사이 일어나는 Error또는 착오 등과 같이 자신도 관리할 수 없는 일들을 다른 사람이 관리한다는 일이 얼마나 어려운 일인가? Error는 본질적으로 나쁜 것이 아니라, 유용하면서 필수적인 정신활동의 지출에 해당되는 부분이다. 새로운 일을 배울 때, 시행 착오가 가장 적합한 방법일 수 있다.

이와 마찬가지로, 정신이 나간 상태에서 범하는 누락이나 착각은 우리의 한정된 집중력이 사소한 일들에 의해서 간헐적으로 방해받고 있는 것이다. 이것은 일상의 행동이 습관화되어 가는 과정에서 필요한 사소한 부담으로 감수해야 한다. 현재는 많은 조직들이 Error 감소와 Error 제어기법을 다양하게 채택하고 있다. 항공 분야에서 채택하고 있는 내용은 다음과 같다.

> **ERROR 감소와 ERROR 제어기법**
> - 인원 선발
> - 자격 인정제도
> - 불만족 사례 보고 체제
> - 국제 품질 기준 적용(Iso 9000+)
> - 인적 자원 관리
> - 점검 및 서명
> - 각종 절차, 규정 및 규칙
> - 총괄적 품질관리
> - 교육 훈련
> - 품질 심사 및 관찰

세계의 주요 항공사들은 이러한 조치들을 취하여 높은 수준의 기술적인 신뢰도를 달성하고 있다. 그러나 아직도 소수의 항공사고 원인으로는 정비가 대두되고 있다. 기체가 완전히 손상된 대형사고의 연구결과에서도 향후 발생될 유사 사고 중 10~20%는 정비 Error로 귀결될 것으로 예상하고 있다.

항공정비와 관련된 특정한 Error를 줄일 수 있는 방법은 이미 알려져 있다. 특히 고장탐구 과정에서 발생하는 중대한 Error는 모의실험을 통한 교육을 통해 현저하게 줄일 수 있다는 것이 입증되고 있다. 또한 항공, 우주개발, 핵발전 시설 등에서 시행한 연구에 의하면 절차화를 통해서도 어느 정도 Error를 줄일 수 있음이 입증되고 있다.

현재의 정비 기법은 70여년에 걸친 민간 항공운송 경험을 바탕으로 변형되어 오늘에 이른 것이다. 이들 대부분은 이전에 발생한 사건을 분석하고 사고가 다시 발생하지 않게 하기 위해서 만들어 졌다. 이들의 중요성이 입증되고 있음에도 불구하고, 아직도 많은 제약이 남아 있다. 특히 시야를 좁게 보고 있다는 데에 문제가 있다. 다음에 이러한 문제를

일부 나열한다.

- 잠재적 결함이나 조직적 결함보다는 실제로 나타난 결함에만 치중하고 있다. 사건에 영향을 주는 상황 또는 구조적인 문제보다는 개인적인 문제에 치중한다.
- 재발 방지, 예방보다는 이미 발생한 사건-사고에 대한 불끄기에 주력하고 있다
- 주로 책임추궁을 통한 징계와 교육을 통해서 해결하려 하고 있다.
- 아직도 부주의, 태도 불량, 책임감 결여 등과 같은 문책성 용어를 적용한다.
- Error 유발요인 구분에 있어 조직적, 불특정한 것인지를 제대로 구분하지 않는다.
- Error와 사고원인에 대해 인적요소에 관한 최신 정보를 제대로 전달받지 못하고 있다.

간단히 말해서 논리적으로 조치하기보다는 즉흥적, 감정적이며 무계획적 대응을 하고 있다. Human Error의 원인, 다양성 및 특성을 이해함에 있어 과거 20여년에 걸쳐 발전된 실질적인 행동과학이 무시되고 있다는 것이다.

정비사의 일상 업무를 한마디로 요약하면, 수백만 개의 장탈이 가능한 항공기 부품 중 일부를 장탈하고 교환 장착하는 일이다. 품질면에서의 미비점을 분석한 자료를 보면, 분해과정보다는 조립과정이 훨씬 더 Error를 범할 가능성이 많은 것으로 나타나고 있음은 전술한 바와 같다. Error의 과반수 이상이 필요한 과정을 빠뜨리거나 장착해야 할 부품을 장착하지 않아서 발생된 것으로 나타나고 있다. 이러한 Error는 어느 정도 누락 가능성 예측이 가능하다는 것을 시사하고 있다. 분명히 절차화된 작업과정 중에서 누락이 용이한 과정을 구분할 수 있다. 누락시킬 가능성이 있는 항목을 사전에 인식한다면, 최소한 효과적인 Error관리를 향한 노정의 반은 달성한 것이라 해도 과언이 아니다. 이제 남은 반은 누락시킬 가능성이 있는 항목에 대해 직업자들의 주의력을 효과적으로 이끌어 낼 수 있는 방법을 강구하여 누락을 하지 않도록 하는 일이다.

작업에 필요한 정보는 작업 자체에서 얻을 수 있다. 다시 말해, 작업에 필요한 모든 정보는 명확하게 드러나 있다. 이를 정신분석학자들은 "정보가 드러나 있다"로 한다. 이와는 반대로, 조립과정에서는 기억력에 의하든, 또는 문서를 참고하든 간에 많은 양의 "두뇌 속의 정보"를 사용해야 한다. 손을 사용하는 일을 하는 사람들 대부분은 글로 쓰인 문건을 잘 보지 않으려는 경향이 있기 때문에, 두 가지 행위가 서로 잘 어울리지 않는다. 이는 곧 많은 양의 기억을 필요로 하게 된다는 것을 뜻한다. 매일 반복되는 일인 경우라면 기억에만 의존한 작업도 문제되지 않을 수 있다. 그러나 대부분의 정비작업은 이와는 다르며, 일정 기간이 지나고 나면 일의 세세한 내용은 쉽게 잊어버리게 된다. 따라서 조립시 어떤 과정을 누락하거나 순서를 다르게 할 확률이 높아지게 된다. 문제를 더욱 악화시키는 것은, 조립 후에 수행되는 확인과정에서 잘못 조립된 내용이 반드시 나타나는 것이 아니라는 것이다. 부싱(Bushings), 와셔(Washers), 캡(Caps), 오일 등과 같은 내용은 조립하고 나면 외부로 드러나지 않는다. 따라서 조립할 때는 위험한 상황을 초래할 확률이 2배가 된다. 잊고서 무언가를 누락할 가능성이 높고, 일이 일단 끝나고 난 다음 Error를 발견할 확률이 상대적으로 낮다는 것이다.

08 관리기법

Human Error와 그 결과를 분류하고 조사하고 관리할 수 있는 기법은 여러 가지가 있다.

가. 익명 보고

운항부문의 경험으로 볼 때 사람들은 익명이라면 결함을 보고할 의사가 있다고 하며, 이는 법적인 제재가 보고의 장애가 되고 있음을 보여준다. ASRS는 결함에 대해 법적 제재의 두려움 없이 보고할 수 있는 시스템의 좋은 예이다. 대부분의 보고 시스템의 근본적인 문제는 익명이냐 아니냐가 아니라, 보고는 사후의 일이라는 것이다. 결함은 발생하여야만 보고할 수 있다. 이 단점을 효과적으로 다룰 수 있는 기법이 "주요사건 관리기법"이다.

나. 주요사건 관리기법

주요사건 관리기법은 특별한 작업환경에서 결함발생의 가능성을 산출하기 위해 인적 요소를 분석하는 기법이다. Error가 거의 결함을 발생시킬 뻔 했거나 이미 결함이 진행 중이었지만, 누군가 혹은 그 무엇인가가 이것을 끝까지 가지 못하게 한 상황을 주요사건이라고 부른다.

주요사건 관리기법도 여러 가지 익명 보고기법 중의 하나이다. 그것은 작업자로부터 정보를 얻기 위하여 익명 조사기법을 이용한다. 또한, 이 기법은 일회성이 아니라 지속적으로 시행되는 프로그램일 때 그 효과가 가장 크다. ASRS프로그램과 마찬가지로 주요사건 관리 프로그램에 정보를 제공하는 사람은 자기 신분에 관해 밝힘으로써 조사원들이 추가적으로 세부사항을 알고 싶을 때 접촉이 가능하도록 해줄 것을 권고하고 있지만, 필수적인 것은 아니다. 정보 제공자의 신분은 비밀이 보장되어 있어서 동료들에게 노출되지 않는다.

다. ERROR환경 평가

지역적인 요소와 조직상의 요소들이 포함되어 있는데, 그런 요소들은 다소간 Error를 발생시킬 수 있는 환경을 조장할 수 있다. Error는 발생하기 전에 막는 것이 가장 이상적이다. 이를 위해서는 Error를 유발할 수 있는 환경을 조성하는 요소들을 평가해야 한다. 영국항공사는 이런 유형의 평가를 하기 위하여 MESH기법을 개발한 것이다. 그것이 실질적으로 Error, 결함 및 사고를 줄일 수 있는 독립적이고 과학적인 기법이라는 증거는 없다. 그러나 MESH는 사전 평가기법이기 때문에 Error가 발생하기 전에, Error발생단계로 발전하려는 경향이 있는 요소에 대해서 관리자들에게 경고해 줄 수 있다.

라. 결함 도표 분석

결함도표분석은 일종의 분석-조사 기법중의 하나이다. 모든 결함도표분석 기법은 도표를 이용해서 분석한다. 이 도표는 마치 나뭇가지 같은 모양을 갖게 된다. 이 기법은 분석대상 시스템, 업무, 절차 및 부품 등을 이론적으로 기능적 요소별로 해부해야 할 필요가 있다. 각 기능요소간의 관계가 분류되고 나면 그것을 보여주는 도표가 만들어진다. 전형적인 결함도표는 나뭇가지 모양 도표의 꼭대기에 결과를 보여주게 되는데, 이 부분에 성공적인 운영의 결과가 들어갈 수도 있고 어떤 결함이 들어갈 수도 있다. 그 결과에 직접 기여하는 요소들이 도표상 바로 밑에 놓이게 되며, 요인과 결과를 나뭇가지 모양으로 연결하여 상호관계를 논리적으로 보여주게 된다. "확률적 위험평가" 같은 기법에서는 각각의 연결부분에 확률적 발생가능성을 표시해 준다.

결함 분석 도표기법의 독특한 특징은 위에서 아래로 분석한다는 것이다. 즉 결과들이 먼저 가설로 설정된다. 일단 결과가 정해지면, 그 결과에 기여하는 요소들을 분류하여 도표에 배치시킨다. 이 도표는 많은 요소들이 피라미드 형태로 결합되어 하나의 결과를 만드는 모양이 된다. 특정결과를 만들 수 있는 배경요소와 요소간의 결합 형태를 모두 찾아내는 것이 주된 요령이다.

마. 결함 상태 및 영향 분석

"결함 상태 및 영향분석"은 위험요소를 산출할 수 있는 또 다른 도표이용 기법이다. 결함도표 분석 기법과 마찬가지로 이 기법은 시스템 요소와 그들간의 상호관계가 밝혀져야 한다. 그러나 결과를 가설로 설정하는 대신, 인간을 포함하여 특정 시스템 구성요소의 결함유형을 가설로 설정한다. 그 다음 이 구성요소의 결함유형을 시스템 전반에 걸쳐 추적하여 시스템 작동 및 안전에 미칠 수도 있는 영향을 확인한다. 이 기법에서는 필수적으로 "어떻게 될까?" 하고 반문하면서 분석하게 된다. 분석하는 동안 내내 "이 구성요소에 결함이 이런 식으로 발생되면 어떻게 될까?" 하고 끊임없이 묻게 된다.

결함도표분석 기법에 비해 이 기법은 아래로부터 위로 분석하는 것이 장점이다 어떤 특정한 결과가 발생할 수 있는 모든 경우를 다 고려해야 할 필요는 없다 오히려, 우선 상세한 결함을 가정하고 시스템에 무슨 일이 일어나는지 분석한다. 일단 개개의 구성요소들이 분석되어지면, 결함들을 함께 연결시켜서 어떤 영향이 있는지 분석한다. 가장 효과적인 분석은 "결함 도표 분석" 기법과 "결함상태 및 영향분석" 기법을 결합하는 것이다

바. 파레토(Pareto)분석

파레토 분석은 토탈 품질 관리(Total Quality Management, T&M)에서 빌려 온 기법이다. 이것은 단지 가장 자주 발생하였던 사건들을 확인하기 위하여 고안된 빈도분석 기법

에 지나지 않는다. "배경" 부분에 포함된 Error는 발생빈도순으로 분류된 것이다. (전체 Error에 대한 비율로 분류함)

파레토 분석기법은 사후 관리기법이고 Error가 발생된 후에야 시작할 수 있는 반면에, Error 감소효과를 최대화시킬 수 있는 곳을 찾기에 유리하다. 동일한 수준의 결과들이 있을 것이라 가정하면, 일 년에 단지 5번 발생하는 Error를 제거하기 위하여 노력하는 것보다 오히려 일 년에 100번 이상 발생하는 Error를 감소시키기 위해 노력하는 것이 더 이치에 맞는 것이다

사. 절차화

규정에 의거 작업하던 중 발생한 Error에 대해서는 정형화된 절차를 세우는 것이 상식적이다 연추와 실제 경험에 의하면, 복잡한 시스템을 고장 탐구하는 것 같은 종류의 작업은 절차에 의해서 개선하는 것이 가능하다고 한다. 항공기 운항분야에서는 절차와 점검항목을 이용하여 주요 임무단계가 적절한 순서에 의해 확실히 수행되었는지 확인한다. 이착륙 시 이용하는 점검항목표가 좋은 예이다. 물론, 절차는 사용가능한 수준으로 만들어져야 하며, 또 사용해야만 효과를 볼 수 있다. 아무리 절차가 잘 설계되고 일상적으로 사용된다 할지라도, 절차는 단지 잘 알려진 업무만을 다룰 수 있다. 지식에 근거한 행동과 관련하여 발생하는 Error에 대해서는 절차라는 것은 거의 소용이 없다. 왜냐하면, 이런 경우에는 규칙이 존재하지 않는 새로운 상황들이 포함되어 있기 때문이다.

아. 작업자 팀 구성

Error관리와 지속적인 품질향상운동을 위해 기술자, 검사원과 관리자들로 팀을 구성하는 경우가 종종 있다. 작업자들로 적절하게 구성된 팀도 방향을 잘만 잡아 준다면 실질적이고도 효과적으로 Error를 줄이는 방법을 찾아낼 수 있다. 정비자원 관리 분야에서 최근 시도한 바로는 작업자로 구성된 팀이 품질문제에 민감하고 그들간에 대화가 원활하게 이루어질 때 정비품질의 실제적 개선이 가능한 것으로 나타났다.

제6절 스트레스

01 개요

영미 권에서 통용되고 있는 'stress'라는 용어의 의미는 옥스퍼드 영어 사전에 풀이되고 있는 것처럼 '물리적 건강이나 압박'이라고 되어 있고 이 단어는 이런 의미에서 크게 벗어나지 못하였으나 1704년에 이르러 '스트레스'는 '고난, 역경, 또는 불운-물질에 대한 것이 아닌 사람에게 가해지는 압박'이란 뜻으로 까지 사용되었다. 그러나 1936년까지는 'stress'의 기본개념이 크게 벗어나지 못했다.

그 해(1936년) 캐나다 맥길대학 한스 셀리는 이제까지와는 전혀 다른 새롭고 충격적인 스트레스에 대한 정의를 내린 보고서를 발표함으로써 질병이라는 것에 대한 우리의 고정관념에 대변혁을 일으켰다. 그는 '스트레스'를 일종의 자연력이나 강제력으로 보기보다는 어떤 다른 자연력이나 강제력의 출현으로 인해 한 유기체 내부에서 발생한 '결과'로 보았다. 셀리의 스트레스 개념은 유기체의 생물학적 작용에 근거를 둔 생리학적인 것이라는 사실을 유념해야 한다. 항공기 운항과 관련하여 스트레스를 다루는 것은 첫째는 스트레스가 논리적인 의사결정을 하는데 영향을 미치는 가장 중요한 요인이라는 사실이며, 둘째는 비행 중 대안을 결정해야하는 의사결정이 스트레스의 원인이 된다는 사실이다. 셋째는 스트레스가 대화를 감소시켜 원활한 정보교환이 이루어지지 않아 항공기 안전운항에 지장을 초래한다는 사실이다.

또한 스트레스란 신체 내에서 생물학적이고 물리적인 변화를 유발시키는 심리적 반응으로 정의된다. 스트레서(stressor)는 이런 스트레스 반응을 유발시키는 사건을 말한다.

스트레스는 요즘 사람들의 건강을 해치는 가장 중요한 요인이다. 그러나 모든 스트레스가 해로운 것은 아니다. 스트레스에는 2가지 종류가 있다.
① Distress : 우리가 적응할 수 있는 것 이상으로 변화가 발생할 때 나타나는 스트레스로 신체의 질병을 가져온다. 일반적으로 스트레스라 함은 이를 일컫는다.
② Eustress : 스트레스가 늘 나쁜 것은 아니다. 적정 수준의 스트레스는 성장과 발전을 돕는다.

대부분의 사람들은 살아가면서 적정한 정도 이상의 스트레스를 경험한다. 우리들의 대부분은 distress상황 하에 있다. 스트레스 관리는 양적으로는 우리가 경험하는 스트레스의 양을 감소하고 질적으로는 우리의 distress를 eustress로 변화시키는데 그 목적을 둔다.

02 스트레스의 정의

스트레스는 존재 하지만 규정할 수 없다. 예를 들어 전기나 사람의 감정처럼 분명히 있는데 일반적으로 보이지 않는다. 압력이나 어떠한 요구를 해결할 수 없을 때 느끼는 부정적이며 불쾌한 상태이다. 육체적, 정신적으로 나쁜 건강상태와 연관이 있다.

신체에 가해진 어떤 외부적 자극에 대해 신체가 수행하는 일반적이고 비 특정적인 변화, 반응의 총화 또는 신체 기능의 소모들이라고 하며 쉽게 말해 '외부로부터 오는 자극에 대해 몸과 마음이 반응하는 현상'이라고 할 수 있다.

스트레스는 경고, 저항, 피로라는 생리학적 단계로 이루어진다. 셀리는 스트레스를 '어떤 행동형으로 표현되는 상태'로 보고 이 생리학적 스트레스는 특정한 일련의 사건들로 표현했는데 이러한 연속을 총체적 적응증후군(GAS)이라는 용어로 정의하고 세 단계로 구분했는데 '경고반응', '저항단계', '피로단계'순으로 발생한다는 것이다. 경고반응은 생리학적 복합반응으로 스트레스 인자(스트레스를 일으키는 것)에 의해 야기된다. 스트레스 인자가 출현하면 인체 내의 경고반응이 뒤따른다. 이 단계에서 가장 일반적인 증세는 혈류로 아드레날린이 방출되는 현상이다. 갑작스런 심장박동 증가는 신장위쪽에 있는 부신선의 아드레날린 분비로 인한 것인데, 호흡이 가빠지고 피가 피부와 내장에서 근육과 뇌로 흘러서 손과 발이 차지고 마지막으로 이런 비상시기에 반응해야 하는 신체부위, 근육조직에 영양 저장분이 재분배된다.

스트레스로 인한 신체적인 흥분은 혈압을 높이고, 땀, 동공의 확대, 폐활량 감소, 산소 소비의 증가, 근육긴장, 신진 대사율 감소를 가져온다. 만약 이런 신체적인 영향이 한동안 계속된다면 정상적인 신체기능의 균형이 깨져서 결과적으로 질병을 초래하게 된다.

B. 캐논은 스트레스 반응에서 자율신경계(ANS)라는 우리 체내의 여러 기관들을 연결시키고 있는 일련의 신경회로의 관련을 발견했는데 자율신경계는 부신선으로 신호를 보내서 아드레날린 분비를 촉진시키고 우리의 심장박동과 호흡을 가쁘게 만드는 회로이다. 경고 반응과 함께 근육긴장이 일어나는데 이는 특히 등 아래쪽 목과 어깨의 긴장 및 두통의 형

태로 나타난다. 이러한 긴장은 경고반응이 끝난 후에도 지속되는 경향이 있다. 또 경고반응은 위산의 분비를 촉진시키기 때문에 위가 비었을 때 산이 방출되면 위벽과 식도를 침범하여 오랜기간 반복되면 위궤양으로 발전하게 된다. 또한 지속적인 심혈관계의 활성화는 결국 심혈관계 질환이나 심장마비로 악화된다. 따라서 이러한 경고반응은 상호작용을 하는 많은 인체기관들이 관련된 복합적 생리반응이라고 할 수 있다. 경고반응을 일으킨 스트레스 인자가 지속되고 있으면 스트레스는 저항단계로 발전한다. 총체적 적응증후군의 두 번째 단계에서 인체는 스트레스 인자와 격렬히 싸워가며 정상으로 되돌아가나 이 저항단계가 너무 오래 지속되면 원동력이 차츰 고갈되어 가고 마침내 총체적 적응증후군 마지막 단계인 피로단계로 접어든다.

저항단계가 끝나고 피로단계가 시작될 때 다시 한 번 경고 반응과 비슷한 증상이 나타난다. 이 총체적 적응증후군의 마지막 단계에는 인체가 질병과 기능부진에 더욱 민감해져 이때 스트레스성 질환이 명백하게 나타난다. 셀리 자신이 강조했듯이 총체적 적응증후군을 완전히 피할 방법은 없으며, 긍정적이거나 부정적인 모든 종류의 스트레스 인자에 의해 스트레스 반응은 계속해서 발생한다. 어떻게 이런 피로단계를 향한 마지막 진행을 돌려놓을 수 있을까?

총체적 적응증후군의 진행속도를 늦추고, 정지시키는 것이 과연 가능할까? 이를 위해 우리는 인간의 심리가 스트레스 반응에 미치는 역할을 고려해 보아야 한다.

03 스트레스 인자의 분류

가. 신체상 스트레스 인자

신체상의 스트레스를 가져오는 것은 주로 환경적 요소와의 관계인데 예를 들어 기온, 습도, 소음, 진동 그리고 산소부족 등이 있다. 이러한 요소는 인적요인관리에서 승무원과 환경과의 관계에서 다루었으며 운항승무원은 이러한 환경에서 오는 스트레스를 계속해서 받고 있는 것이라고 할 수 있다.

나. 생리적인 스트레스 인자

생리적인 스트레스를 가져오는 스트레스 인자로는 피로와 신체적 부적합, 수면부족, 결식 그리고 불안 등이 있다. 이러한 생리적인 스트레스 인자는 개인에 따라 작용하는 것이 다르기 때문에 다른 사람이 이해하기가 곤란하며 자신이 이러한 스트레스 인자를 인식하고 대처하는 것이 중요하다.

다. 심리학적인 스트레스 인자

심리학적인 스트레스 인자는 사회적인 것이거나 혹은 감정적인 요소와 관련되어 있다. 이러한 것은 심적인 부담에서 오기도 하는데 예를 들면, 항공기 상태를 파악하거나 항법상의 문제를 해결하는 등 이러한 문제들이 심적인 부담을 가져오고 이것이 심리학적인 스트레스 인자가 되는 것이다.

04 스트레스가 우리에게 미치는 영향

가. 스트레스로 인한 신체적 질환

스트레스로 인하여 두통 원인의 15%, 목이나 어깨 통증의 23%, 피로의 23%, 요통의 33%, 우울증, 허혈성 심질환, 대사 증후군, 뇌혈관계 질환(중풍, 뇌출혈 등), 심혈관계 질환(심근경색 등), 근골격계 질환, 당뇨병 등 성인병 악화 등의 질환을 유발한다.

스트레스의 원인 중 직접적인 경로로 생리적인 반응을 일으키며, 간접적인 경로로는 행동상의 반응을 일으켜 육체적, 정신적 질환의 원인이 된다.

생리적 반응은 급성 반응으로 자율신경계에 영향(도주 반응을 위한 준비)을 주어 맥박, 호흡, 혈압, 심박출량 증가, 동공확대, 간으로부터의 포도당 유리, 정신활동의 증가, 골격근의 수축 등의 반응을 보이며, 만성반응은 신경내분비계에 영향을 미쳐(스트레스 대처에 필요한 에너지 공급) 스트레스 호르몬에 의한 혈당 증가로 면역 기능을 저하시킨다. 이에 따라 스트레스의 초기 증상은 두통, 수면장애, 집중력 저하, 위장장애, 짜증, 직업에 대한 불만족, 의욕 저하 등의 증상을 나타낸다.

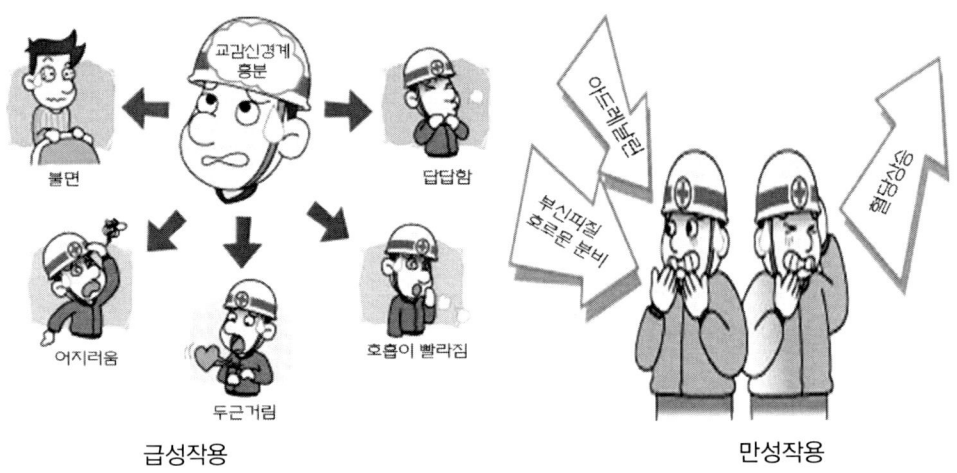

급성작용 / 만성작용

스트레스에 대한 행동반응은 가장 먼저 폭식과 비만 등이 일어난다. 폭식으로 불규칙적인 식습관이 발생하고 의욕저하, 활동부족 등으로 연결되어 비만을 유발한다. 다음은 음주로서 과음이나 폭음을 할 경우 더 큰 스트레스를 받게 된다. 술은 교감 신경계를 더 교란시키고 스트레스 호르몬을 증가시킨다.

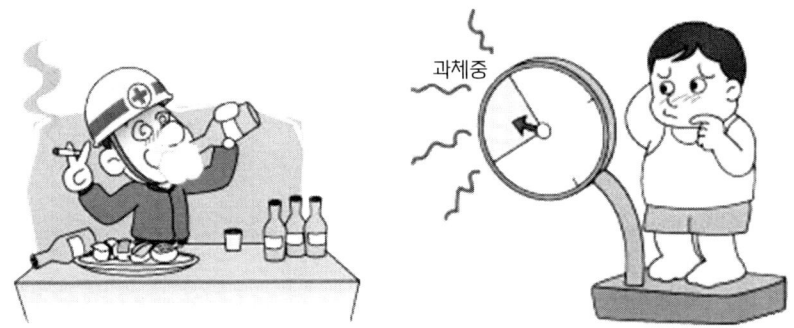

나. 스트레스로 인한 정신적 질환

우울증, 불안장애, 심신증(정신적 스트레스로 인한 신체적 증상)은 소화불량, 설사 등 위장장애를 일으킨다. 디스트레스는 몸이 아픈 것과 마찬가지로 마음이 아픈 것, 정신적 통증이 있는 것 등이다.

스트레스로 인한 개인적인 행동변화(술, 담배, 약물 등 소극적 태도 등)과 개인적 질병은 회사에 결근을 증가시키고 조기 퇴직을 유도하며 낮은 생산성으로 비용을 증가시키고, 비능률적인 조직운영이 되도록 하며 계속적인 악순환으로 이어진다.

05 스트레스 대처 및 극복

가. 스트레스 자가 진단 점검표 활용

(1) 신체상의 징조
① 숨이 막힌다.
② 목이나 입이 마른다.
③ 불면증이 있다.
④ 편두통이 있다.
⑤ 눈이 쉽게 피로해진다.
⑥ 목이나 어깨가 자주 결린다.
⑦ 식욕이 떨어진다.
⑧ 가슴이 답답해 토할 기분이다.
⑨ 변비나 설사가 있다.
⑩ 나른하고 쉽게 피로를 느낀다.

(2) 행동상의 징조
① 불평, 말대답이 많아진다.
② 일의 실수가 증가한다.
③ 주량이 증가한다.
④ 필요 이상으로 일에 몰입한다.
⑤ 말수가 적어지고 생각에 깊이 잠긴다.
⑥ 말수가 많고, 말도 안되는 주장을 펼칠 때가 있다.
⑦ 작은 일에도 화를 낸다.
⑧ 화장, 복장에 관심이 없어진다.
⑨ 개인적 전화, 화장실 가는 횟수가 증가한다.
⑩ 결근, 지각, 조퇴가 증가한다.

(3) 심리, 감정상의 징조
① 늘 초조해 하는 편이다.
② 흥분하거나 화를 잘 낸다.
③ 건망증이 심하다.
④ 집중력이 저하되고 인내력이 없어진다.
⑤ 우울하고 쉽게 침울해진다.
⑥ 뭔가를 하는 것이 귀찮다.
⑦ 매사에 의심이 많고, 망설이는 편이다.
⑧ 하는 일에 자신이 없고, 쉽게 포기하곤 한다.
⑨ 무엇인가 하지 않으면 진정할 수가 없다.
⑩ 성급한 판단을 하게 된다.

위의 각각 4개 이상에 해당하면 스트레스 수준이 심각한 상태이다.

나. 조직적 변화의 단계

(1) 1단계 : 문제의 확인

토론, 설문조사 등을 통해 작업조건, 스트레스, 건강, 만족도 등에 대한 종사자의 인식정도를 조사, 분석하여 스트레스 유발 작업조건을 파악한다.

(2) 2단계 : 개선방안의 모색과 시행

스트레스의 원인 중 변화를 위한 목표를 설정하여 우선순위와 개선방안을 제시하고 노동자와 계획에 공유한 후 개선방안을 시행한다. 예를 들어 조직내 의사소통상의 문제, 유해 작업환경의 개선, 근무형태의 변화, 작업공정의 변화 등

(3) 3단계 : 개선활동의 평가와 환류

개선활동에 대하여 평가한 후 환류를 하여 개선하다.

다. 스트레스에 대응하는 방법

① 스트레스 관리는 "스트레스가 무조건 나쁜 것이 아니다"라는 데서 출발한다.
② 자신이 어떤 일에 얼마나 스트레스를 받는지를 정확히 파악하는 것이 중요하다.

라. 스트레스에 이완요법

(1) 짧은 시간에 할 수 있는 심호흡 이완법(14초의 휴식)
① 깊이 코를 통해 숨을 들이 마신다(4초)
② 그대로 숨을 참는다(4초)
③ 천천히 숨을 내쉰다(6초)

(2) 적절한 휴식
① 일주일의 하루는 꼭 쉰다.
② 50분 정도 일한 뒤 10분 정도는 꼭 쉰다.(산책, 낮잠, 유머, 자연경관을 상상하는 등이 도움이 된다.)

(3) 오래된 근육의 긴장풀기(달리기)

신체이완에도 좋고, 정서적 반응을 조절한다.
(2~3km 달리면 조깅호르몬〈엔돌핀〉 분비)

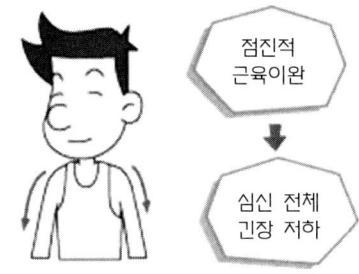

06 일상생활에서 오는 스트레스의 경감법

일상생활로부터 오는 스트레스를 감소시키기를 원한다면 다음의 네 가지 방법을 활용해 보자.

가. 상황을 벗어나 본다.

단순히 맡은 일을 바꾸어 달라고 요구할 수도 있고 완전히 다른 일을 찾아 볼 수도 있다. 휴식이나 새로운 시각을 갖기 위해 잠시 쉴 수도 있다

나. 만약 스트레스 상황에 계속 머무르기를 원한다면 그렇게 할 수 있다.

부적절하거나 바꿀 수 없는 조건들에 대하여 염려하지 않는다면 그것들이 당신에게 미치

는 영향이 감소할 것이다. 걱정거리의 40%는 거의 발생하지 않으며, 30%는 우리의 통제 밖에 있는 것이며, 20%는 사소한 것이다.

다. 만약 현 상태를 받아들이고 싶지 않다면, 당신 스스로가 변할 수 있다.

이것은 상황에 대한 당신의 태도를 보다 건설적으로 갖고, 상황에 대한 더 많은 정보를 획득하거나, 상황을 보다 효율적으로 다루기 위한 기술을 개발하는 것을 의미한다.

라. 스트레스 상황 그 자체를 변화시킬 수 있다.

배우자, 동료, 상사 또는 중요한 사람들과의 관계를 변화시키는 것이 필요하다. 이 방법을 사용할 경우 약간의 저항에 부딪힐 수도 있다. 다음에 오는 가이드는 변화에 대한 저항을 다루는데 도움이 될 것이다.

07 개인의 스트레스 예방과 관리

개인이 자신의 스트레스를 관리하는 방법은 매우 다양하다. 여기에 연구가들에 의해 실험되었고 과학적이라고 평가받은 스트레스 예방 및 관리방법들을 소개한다.

가. 운동

역학 연구가들은 육체적으로 활동적인 사람보다 비활동적인 사람이 심장병도 잘 걸리고, 사망률도 높다고 이야기 한다. 그리고 많은 연구논문 가운데 나타난 바에 의하면 운동은 의기소침해지는 것을 막아주고 걱정과 두려움을 줄여준다고 한다. 영국의 한 스트레스 연구가는 1일에 15분 정도의 적절하고 계획적인 운동을 주 3회 정도 실행하면 스트레스를 받아도 침착성이나 쾌활함을 얻을 수 있다고 주장하였다.

운동의 효과를 좀 더 구체적인 예를 들어 설명하면 다음과 같다

그러면 일시적인 격한 운동을 제외하고, 규칙적인 가벼운 운동을 언제하는 것이 좋을 것인가?

① 아침 기상 시 : 아침 침대에서 10분가량 무릎을 세우고 몸을 좌우로 비틀거나 발목을 구부리고 아킬레스건을 스트레칭 하는 등 전신을 움직이는 운동을 한다.
② 오후 3시경 : 하루 중 오후 3시경이 되면 사람들의 지적활동이 둔화된다. 따라서 정신 피로를 해소시키기 위해 가벼운 운동을 하여 스트레스를 전신에 분산시켜 몸과 마음에 새로운 활력을 북돋우어 준다.
③ 취침 1시간 전 : 하루의 피로를 씻기 위해서는 숙면이 필요하다. 숙면을 이루기 위해서는 신경의 피로에 연관되는 근육의 피로도 회복이 얼마간 필요하기 때문에 이 시간

에 약간의 운동은 숙면에 도움이 된다.

나. 휴식

스트레스가 우리 몸에 나타나는 반응이라면 휴식은 이러한 반응이 나타나지 않게 해주는 것이다. 따라서 휴식을 하면 긴장이 감소하고 심장박동이 줄어들고 혈압이 내려가고 호흡 수가 느려진다. 휴식을 취하는 방법으로는 조용한 환경에서 눈을 감고 편안한 자세로 계속해서 마음을 안정시키는 것이다. 사람의 뇌파를 검사한 결과 건강한 사람이 원기 있게 잠에서 깨어난 경우 뇌에서 알파파를 증가시키는 피부 전기 저항력이 주간 보다 2배 이상 높게 나타났는데 기도나 명상을 한 다음에는 수면 직후보다도 2~8배까지 피부 전기 저항력이 증가하는 것으로 보아 마음을 평온하게 하는 휴식이 얼마나 중요한 것인가를 잘 설명해 주고 있다. 그러나 휴식에는 취미생활이나 오락도 포함이 되는데 여기에서 주의해야 할 것은 마음에 들지 않는 사람과 함께하는 취미생활은 오히려 스트레스를 가중시킨다는 사실이다.

다. 유머

웃는 것이 스트레스에 대한 최고의 예방책이다. 우리는 어린 아이들이 집안에서 스트레스를 받을 때 웃기려고 하는 것을 보았을 것이다. 그리고 코미디언들 중에는 가정 분위기가 긴장되어 있고 억압받으며 성장한 사람이 많다는 것을 주목해야 한다. 그리고 우리는 긴장과 스트레스로부터 즐거운 마음을 갖기 위해서는 유머가 있는 생활을 하여야 한다. 조직 내 스트레스 관리에 성공한 코닥회사의 경우처럼 유머 실을 설치하여 유머에 관한 비디오테이프 등의 재료를 많이 확보하고 개인별로 활용할 수 있도록 해주고, 컴퓨터에 유머 소프트웨어를 개발하여 컴퓨터를 가지고 유머를 통해 웃음을 가져오게도 하고 있다. 우리나라 항공사들도 운항 승무원 대기실에서 유머에 관한 서적이나 비디오테이프 등을 확보하여 대기시간이나 휴식시간을 통해 활용할 수 있도록 해준다면 직무에서 오는 스트레스를 감소시키거나, 해소하고 직무의 의욕을 증대 시킬뿐더러 생활에의 활력을 불어 넣을 수 있는 효과를 거둘 수 있을 것이다.

라. 영양

적절한 영양섭취는 인간의 육체적, 정신적 활동을 원활히 해주는 원동력이 된다. 그러나 부적절한 음식물 섭취(과식, 편식 등) 또는 강제적인 Diet 등은 신진대사의 불균형을 초래하여 신체활동에 이상이 나타난다. 특히, 조종사는 한정된 공간 그리고 제한된 시간을 두고 반복하는 순환직업이면서 고도의 심신노동을 요하며 개인에게 미치는 스트레스는 다른 직종에 비하여 심하므로 적절한 영양분을 섭취함으로써 축적된 스트레스를 해소하고 심신을 재충전함이 유익하다.

08 스트레스와 항공안전

가. 개요

스트레스는 운항승무원 자신과 환경 그리고 조직 내에 존재하게 된다. 따라서 운항환경 가운데 승무원 자신들이 조절할 수 없는 사항을 제외하고, 운항 승무원과 조직에 국한하여 강조하고자 한다.

스트레스 문제는 운항승무원 자체를 한 개인으로 볼 때 자신이 속해 있는 가정과 자신이 대상이 되며 비행 중 발생하는 스트레스 인자는 물리적, 생리적 그리고 심리적인 것으로 크게 나누어 3가지로 분류될 수 있다. 물리적인 것으로는 이미 언급한 기온, 습도, 기압, 소음, 진동 그리고 산소부족 등이 있으며 생리적인 것으로는 피로, 신체상 부적합, 수면부족, 결식 등으로 인한 혈당량 저하, 소변을 마음대로 보지 못하여 겪는 불편함, 그리고 질병 등이 있다. 심리적인 스트레스 인자로는 비행이 진행됨에 따라 나타나는 정상적인 비행상황 이외에도 예상되지 못했던 비정상적인 비상상황, 기상악화 또는 승객중 환자 발생 등 매우 다양한 스트레스 인자들이 존재한다. 어떠한 스트레스 인자에 의해서든지 스트레스가 발생하면 운항승무원 자신들의 신체상에 변화가 오고 합리적인 의사결정에 도달하지 못하기 때문에 비행안전을 저해하게 된다.

여기에 일상생활 및 직무상 발생되는 스트레스 극복방법을 다음과 같이 제시한다.

(1) 다른 사람과 의논한다.

스트레스를 받고 있는 일이 있을 때 신뢰하는 사람과 의논한다. 근심을 있는 그대로 털어놓고 무엇으로 상황을 바로 잡을 수 있는 가에 대해 의논하게 되면 스트레스를 해소하는데 도움이 될 수 있다.

(2) 스트레스를 제공하는 직무를 잠시 동안 피한다.

일이 잘못되어 심한 스트레스가 발생되면 잠시 동안 그 문제를 영화, 독서, 스포츠 또는 상황변화를 가져올 수 있는 간단한 여행 등으로 스트레스를 풀도록 한다. 잘못된 일에 매달려 스트레스를 지속시키는 것보다 잠시 피해 있는 것이 보다 바람직하고 건강에도 좋다. 이와 같이 잠시 시간을 갖게 되면 차분하고 논리적인 방법으로 문제를 해결하는 마음의 자세로 돌아갈 수 있다.

(3) 다른 사람에 대한 노여움을 억제한다.

노여움은 시간이 지나게 되면 바보스럽고 후회스럽게 느껴진다. 어떤 사람을 심하게 꾸짖고 싶을 때 잠시 동안 그 충동을 억제하여 노여움을 참는다. 억제되었던 에너지는 잠시 후 육체적 활동이나 자기가 해야 할 계획에 건설적으로 사용될 수도 있다. 다시 말해서 화내지 않고 하루나 이틀을 참게 되면 자신의 문제해결을 위하여 보다 유리한 조건에 놓이게 된다.

(4) 다른 사람에게 양보한다.

잦은 다툼으로 자기 자신이 도전적이고 완강하다고 느껴지면 자신이 옳다고 생각되더라도 일단은 자신의 잘못일 수도 있다는 사실을 인정하면서 다른 사람에게 양보하는 여유 있는 마음의 자세는 스트레스를 극복할 수 있는 한가지의 방법이다.

(5) 과중한 업무에 처하게 되면 우선순위를 정하여 일을 한다.

과중한 업무로 인해 스트레스를 받게 되면 이같이 과중한 업무량은 일시적 상황이고 이런 상태로부터 자신은 탈출할 수 있다고 생각하고 처리해야 할 업무의 우선순위를 정한다음 가장 시급한 업무를 선택하여 먼저 처리하고 나머지는 다음으로 미루어 둔다.

(6) 자신을 남들과 동일시한다.

많은 사람들은 자신에게 많은 기대를 걸어놓고 다른 사람들과 차별화 하려고 노력한다. 이런 사람들은 생활 속에서 단순히 자기들이 이루어야 할 만큼 성취하지 못하고 있다고 실망하면서 자승자박 격으로 스트레스를 받게 된다. 모든 일에 완벽하기를 바라는 것이 목표겠지만 자신도 남들과 똑같은 한 인간이라는 겸손한 관념을 가지고 잠시 자신이 정해 놓은 관념의 틀에서 벗어나도록 함으로써 스트레스를 극복한다.

(7) 직무수행을 향상시킨다.

때로는 모든 사람들이 자신의 능력을 무시하거나 배척하고 있다고 생각하여 좌절감에 빠져 심한 스트레스를 받게 된다. 자신을 무시하거나 배척한다는 등의 느낌을 갖기 전에 먼저 자신의 직무수행 능력이 부족하다고 인식이 되면, 기다리지 말고 항상 자신이 스스로 직무수행능력을 향상시키는 것이 보다 효과적이고 건강에도 유익하다는 점을 강조한다.

나. 비행 전 자기진단

비행 전에 운항승무원 스스로가 자기진단을 함으로써 자신의 비행준비상태를 점검하는 것도 대단히 중요하다. 따라서 운항승무원들이 비행 전에 자기진단을 할 수 있는 'I'M SAFE'라는 점검절차를 소개한다.

- I = Illness　　　나에게 질병증상이 있지는 않는가?
- M = Medication　처방전에 의한 의약품을 복용해 왔는가?
- S = stress　　　직무로부터 혹은 사적인 문제로 스트레스를 받고 있는 것은 없는가?
- A = Alcohol　　지난 24시간 이내에 음주하지는 않았는가?
- F = Fatigue　　비행 후 몇 시간 휴식을 취하였으며 지난밤에 숙면을 취하였는가?
- E = Eating　　　비행하는 동안 필요한 음식을 섭취하였는가?

제7절 개인 건강관리

01 건강관리의 중요성

가. 건강의 개념

세계보건기구에서 정의한 바에 의하면 건강이란 단순히 질병이 없거나 허약한 상태가 아닐 뿐더러 신체적, 정신적, 사회적으로 안녕한 상태라고 하였다. 건강을 유지하고 증진시키는 일은 심신의 건강은 물론 사회적으로 맡은 임무를 잘 수행할 수 있는 사회구성원으로서의 역할까지 건강한 범주로 보고 있기 때문에 사람과 사람과의 인간관계에서부터 사람과 일과의 관계 등을 원만하게 처리할 수 있어야 건강하다고 본다.

나. 건강관리의 중요성

항공종사자들은 평소에 개인건강에 대한 관심을 가지고 건강행위를 지속적으로 생활화하는 것이 바람직하다. 왜냐하면 건강장애가 갑자기 오는 급성질환도 있지만 대부분은 만성적으로 서서히 장애를 가져오기 때문에 건강한 식생활과 규칙적인 운동, 그리고 알코올 및 약물 오남용 방지 등 개인의 기호생활에까지 철저한 절제로 안전운항에 지장을 초래할 심신의 장애가 야기되지 않도록 각별한 노력이 뒤따라야 한다.

다. 항공종사자의 건강관리 사항

항공종사자는 일반 건강사항 외에 항공과 연관이 있는 사항들이 추가되므로 항공종사자는 건강에 대해 폭넓은 관심과 전문적인 사전 지식이 필요하며 다음과 같은 건강관리 사항을 이해해야 한다.

- 난청
- 시력 저하
- 약물사용
- 알코올 중독
- 유독물질에 의한 중독
- 기타 일반질환
- 비만
- 비행중 조종불능
- 심장병 및 혈관 질환

02 건강 위험요인

가. 음식과 영양

① 건강에 영향을 미치는 위험요인은 수 없이 많다. 왜냐하면 질병의 종류에 따라 위험요인이 각각 다르기 때문이다. 그 중에서 섭생은 어느 질병이나 영향을 줄 수 있는 공통 위험요인이라 할 수 있다.

② 영양소는 음식물(식품)속에 함유되어 있으며 인체에 에너지를 공급하며, 신생조직을 성장시키고, 조직을 치료하며, 인체의 신진대사를 조절 하는 3가지 중요한 역할을 한다.
③ 과거에는 영양 부족이 문제시 되었지만 근래에 와서는 영양 과다로 비만 등이 문제가 되고 있다. 아울러 특정 음식의 과다섭취로 내분비계 질환 등이 나타나 심장병이나 고혈압, 지방간 등 성인병이 증가 하고 있다.
④ 올바른 섭생이란 섭취된 여러 영양소가 골고루 음식물을 통해서 공급되며 열량도 활동량에 비례하여 유지될 때를 말한다. 영양소에는 단백질, 지방, 탄수화물, 비타민, 무기물 등 5가지로 대별할 수 있고 골고루 영양소를 섭취하여야 한다는 것은 탄수화물 55~65%, 단백질 20~30%, 지방 15~20% 정도 비율로 섭취하는 것이 바람직하며, 비타민과 무기물은 약물이 아닌 자연 음식물로 하루 권장량을 충족시키는 것을 말한다.
⑤ 탄수화물은 소화와 대사과정을 통해서 단당인 포도당(Glucose)으로 분해되어서 인체의 주 에너지원으로 이용된다. 곡물, 빵, 쌀, 야채, 아이스크림, 도넛, 과자 등이 대표적인 식품이다.
⑥ 지방은 식품 중에서 최고로 농축된 고 에너지원이라고 할 수 있다. 탄수화물과 단백질은 1g당 4cal의 열량을 공급하는 반면, 지방 1g은 9cal의 열량을 공급한다. 지방은 외상으로부터 인체를 보호하고 냉기의 노출에 대한 단열과 보호작용을 한다. 지방산은 포화지방산과 불포화지방산(다중 불포화지방산과 단일 불포화지방산)으로 나눈다.
⑦ 일반적으로 포화지방(버터와 돼지기름)은 실온에서 고체상태로 존재하고 주로 동물에 함유되어 있다. 불포화지방(주로 식물성기름)은 실온에서 액체상태로 존재하고 주로 식물계에 존재한다. 예로 야자와 코코넛 기름은 고도로 포화되어 있는 식물성지방이다. 포화지방은 혈액중 콜레스테롤의 농도를 증가시켜 심장병의 발병 위험을 증가시키기 때문에 섭취를 자제해야 한다.
⑧ 인체조직은 주로 단백질로 구성되어 있다. 단백질은 조직의 성장과 치료에 필수물질이다. 또 호르몬, 효소 및 혈장운반계의 구성 성분에 필수성분이다. 휴식 시와 운동 중에는 에너지로 사용되지 않는다. 그러나 굶거나 저탄수화물의 식사처럼 탄수화물의 섭취가 장기간 부족할 경우에는 단백질을 에너지로 이용한다. 육류, 생선, 계란, 우유 및 닭 등은 9개의 아미노산이 함유되어 있어서 완전 단백질이라 하고 콩, 곡물과 같은 식물성 단백질은 필수아미노산이 부족하기 때문에 불완전 단백질이라고 한다.
⑨ 우리는 매일 식사 때마다 여러 종류의 식품으로부터 필수 아미노산을 공급받고 있기 때문에 채식주의자라도 별도의 성분을 보충해서 먹을 필요는 없다. 채식은 보통 주식보다 지방은 적게 함유되어 있지만 고밀도 탄수화물이 많이 들어 있기 때문에 균형잡힌 채식은 오히려 심장질환이나 암의 발생을 예방할 수 있다.
⑩ 비타민은 체내에서 미량으로 필요한 유기물질로 인체 내에서는 생산되지 않는다. 비타민은 에너지를 생산하지 않으며 대사의 조절물질로 작용하여 에너지의 생산과정, 성장, 유지 및 수복을 조절한다.

비타민의 기능 및 식품

영양소		기 능	식 품
수용성	Vitamin C	콜라겐 형성, 면역, 항산화 작용	감귤류, 토마토, 딸기, 감자, 양배추
	Vitamin B1	에너지 생산	소고기, 곡류, 우유, 콩
	Niacin	에너지 생산, 지방과 아미노산 합성	땅콩, 곡류, 녹색 야채, 소고기, 닭고기, 생선
	Vitamin B6	단백질 대사, hemoglobin 생성, 에너지 생산	곡물류, 바나나, 소고기, 시금치, 양배추
	Folacin(Folic acid)	신생세포 성장, 적혈구 생산	녹색야채, 버섯류, 간
	Vitamin B12	에너지 및 적혈구 생산	육류
지용성	Vitamin A	시력, 피부, 항산화, 면역	우유, 간, 요구르트, 당근, 녹색야채
	Vitamin D	뼈 형성, 칼슘 섭취 증가	햇볕, 보강된 우유, 계란, 생선
	Vitamin E	항산화, 세포내에서 불포화 지방산의 손상보호	식물유, 마가린, 곡물
	Vitamin K	혈액 응고	녹색야채, 간

- 비타민은 수용성 비타민과 지용성 비타민으로 나뉜다. 지용성 비타민은 A, D, E 및 K 등이 있으며 인체 내의 지방 속에 특별히 간 속에 저장되어 있다. 한 번에 필요 이상으로 A와 D를 섭취하게 되면 중독증상을 나타낸다. 비타민 A를 과량 섭취하게 되면 식욕감퇴, 두통, 흥분, 간장의 장해, 뼈의 통증 및 대뇌손상 등의 신경장애를 나타낸다.
- 비타민 D를 과량 섭취하면 체중감소, 구토, 흥분 및 연조직의 심한 칼슘의 축척과 심한 경우에는 신장장애를 일으킨다. 비타민 A는 동물에서만 존재하고 식물에서는 오렌지와 초록색 식물 속에 존재한다. 비타민 C와 B군 비타민은 수용성 비타민이고 통상의 속도로 교체된다. 과량의 수용성 비타민을 섭취하면 과량은 요로 배설된다.

⑪ 무기질은 탄소를 함유하지 않은 무기화합물을 말하며 체내에서 여러 가지 기능을 한다. 칼슘, 인과 같은 무기화합물들은 치아와 뼈를 형성하고 요오드는 갑상선 호르몬인 티록신(Thyroxine)을 형성한다. 철은 헤모글로빈(Hemoglobin)을 형성하고 적혈구에서 산소를 운반한다.

무기질의 기능 및 식품

영양소	기 능	식 품
칼슘(Ca)	뼈 형성, 효소반응, 근 수축	유제품, 녹색야채, 완두
철(Fe)	헤모글로빈 형성, 근 성장과 기능, 에너지 생산	육류, 콩, 녹색야채
마그네슘(Mg)	에너지 생산, 근 이완, 신경전달	곡류, 견과류, 육류, 콩
나트륨(Na)	신경자극 전달, 근 수축, 체액 균형	식염, 대부분의 식품
칼륨(K)	체액균형 유지, 근 수축 이완, 단백질 합성	바나나, 오렌지주스, 과일류, 야채
아연(Zn)	조직의 성장과 치유, 면역, 생식선 발달	소고기, 조개류, 굴, 곡류
구리(Cu)	헤모글로빈 형성, 에너지 생산, 면역	곡류, 콩, 견과류, 조개류
셀레늄(Se)	비타민 E작용의 증강 작용	육류, 해조류, 곡류
크롬(Cr)	당 내성인자의 일부, 인슐린 작용 보조	곡류, 치즈, 맥주
망간(Mn)	뼈와 조직 발달, 지방합성	견과류, 곡류, 콩, 녹차, 과일류
요오드(I_2)	대사 조절	해조류
불소(F)	뼈 형성과 충치 예방	수돗물, 커피, 쌀, 시금치
인(P)	뼈와 치아 형성, 신진대사	육류, 생선, 유제품

나. 비 만

① 비만이란 지방이 복부, 엉덩이, 가슴에 과다하게 축적된 상태를 말하며 축적된 지방은 비상시(공복상태) 활용하기 위한 예비 에너지이다. 비만에 걸려있는 사람은 고혈압에 걸릴 위험이 정상인에 비해 5배 이상 높고, 당뇨병은 3배 이상 높으며, 중풍에 대한 위험도 높다. 또한 비만증은 신장질환, 담낭질환, 호흡기 질환, 관절계통의 질환, 심장질환, 생리불순, 고 위험 임신 등 여러 가지 성인병을 야기시키는 중요한 위험요인이다.

비만의 합병증

질환	내 용
순환계 질환	고혈압, 고지혈증, 심장병(협심증, 심근경색증), 동맥경화
소화기계 질환	담석증, 지방간, 기능성 위장장애
여성관련 질환	월경 이상, 임신중의 합병증과 불임, 유방암, 자궁 내막암
호흡기계 질환	코골이, 수면 무호흡증후군
기타 질환	퇴행성관절염, 암, 심리적 질환

② 비만 판정을 위한 가장 정확한 방법은 쥐와 같은 실험동물에서는 지방을 직접 꺼내어 지방 무게를 측정하지만 사람에게 있어서는 이러한 방법을 사용할 수 없기 때문에 간단하게 측정하는 방법으로 표준 체중법(Broca Index), 체질량 지수(Body Mass Index, BMI), 허리와 히프의 비(Waist-hip Ratio, W / H)등이 있다.

③ 표준체중 : 표준체중은 이상적인 체중(Ideal weight) 또는 바람직한 체중(Desirable Weight)을 의미하는 것으로 건강 유지상 가장 적정하고 신체활동에 가장 효율적인 체중을 말한다. 이 방법은 Broca방식이라고도 하는데 지방비율(%Fat)을 측정하기는 정확성이 좀 떨어지는 방법이다. 그러나 키와 몸무게만으로 현재 자신의 상태가 표준에 비하여 어떤지 파악할 수 있기 때문에 많이 이용되는 방법이다. 그러나 이 산출법은 신체구성은 무시하고 있기 때문에 웨이트 트레이닝을 하여 근육량이 많은 사람은 때로는 비만으로 오인 판단되는 수가 있다.

Broca 방식의 표준 체중

- 남성 : 표준체중(kg) = {신장(cm) − 100} × 0.9
  ex) 175cm의 남자 표준체중? (175cm − 100) × 0.9 = 67.5kg
- 여성 : 표준체중(kg) = {신장(cm) − 100} × 0.85
  ex) 165cm의 여자 표준체중? (165cm − 100) × 0.85 = 55.3kg

④ 비만도 : 비만도는 표준체중과 실제체중을 이용하여 현재의 비만의 정도(%)를 평가하는 방법이다. 이 방법은 키와 몸무게만 있으면 간단하게 구할 수 있다. 비만도가 20%를 넘으면 비만으로 판정하게 된다. 비만도를 판정하는 공식은 비만도(%) = [실측체중(Kg) − 표준체중(Kg) / 표준체중(Kg)] × 100%로 계산한다.

비만도 기준

비만도	상태	비만도	상태
~ -20%	매우 마름	20~30%	비만(경도)
-10 ~ -20%	마름	30~50%	비만(중등)
± 10%	정상	50%~	비만(고도)
10~20%	과 체중		

⑤ 체질량지수(Body Mass Index(BMI)) : 신장의 제곱을 분모로 하고 체중을 분자로 한 수치가 된다. 이는 대다수의 인구집단에서 체지방양과 높은 상관관계를 가진다는 장점이 있어 체중 및 신장을 이용한 지수 중 가장 널리 쓰이는 방법이다. 체질량 지수는 질병의 이환율 및 사망률의 상대 위험도를 예측할 수 있으며, 체질량 지수가 높을수록 심혈관 질환, 비만 관련 암의 발생률이 높아지고 조기 사망 가능성도 높아진다. 체질량 지수를 구하는 방법은 체중(kg) ÷ [신장(m)]^{2}의 값이다. 예를 들어 175cm의 75kg의 남자의 체질량 지수는 75kg / (1.75m)^2 = 75 / 3.06 = 24.5(kg/㎡)로 결국 이 남자는 과체중으로 판명된다.

BMI에 의한 비만 판정 기준(WHO, 1997)

체질량 지수(kg/㎡)	분류	비만 관련 질환 발생위험
18.5 미만	저 체중	낮 음
18.5~22.9	정상 체중	보 통
23.0~24.9	위험 체중(과 체중)	위험 증가
25.0~29.9	비만1단계	중등도 위험
30.0 이상	비만2단계	심각함

⑥ 비만의 해결 및 예방을 위해서는 식이조절 방법으로 균형 있는 식단과 규칙적인 식사, 저지방 섭취 등 과체중이 되지 않도록 체중관리에 힘써야 하며 섭생과 운동을 통하여 조절하여야 한다. 비만 예방을 위해서는 적어도 주 3회 이상 주당 최소한 900kcal의 에너지를 소비할 수 있는 운동을 하여야 하며 특히 대 근육을 움직이는 보행이나 구보, 체조 등이 가장 효과적인 운동이다.

다. 약물 남용

① 일반인들이 흔히 마시는 기호품으로 콜라나 커피, 건강보조 음료 등이 있다. 이러한 기호식품에는 소량의 각성제인 카페인이 포함되어 있어 빈번하게 음용할 경우 자신도 모르게 습관성에 빠질 수도 있다.
② 최근의 연구보고에 의하면 하루에 정상인이 커피를 다섯 잔 이상 마시면 심장질환의 발병 확률이 크다고 한 바 있다. 아울러 일상생활에서 자극받는 스트레스를 해소하기 위해서 약물을 복용하는 빈도가 점점 증가하고 있다고 한다.
③ 신경안정제, 수면제, 그리고 최면효과를 나타내는 약물들이 이에 속한다. 심지어는 졸림

을 야기할 수 있는 암페타민 같은 마약류의 복용도 빠르게 확산되고 있다. 두통이나, 감기, 알레르기 증상을 완화할 목적으로 상기와 같은 약물을 복용하는 사례도 늘고 있다.

④ 약물은 주된 약리작용이 있고 원치 않은 부작용도 있게 마련이다. 질병치료에 있어서 약물요법을 사용하는 것은 약이 체내에 흡수되어 주된 약리작용으로 질병을 호전시키는 효과를 기대하면서 약물을 사용하고 있다.

⑤ 몸에 안전하고 완벽한 약은 아직 지구상에는 없다고 봐야 한다. 다만 독성이 적을수록 안전한 약들이라고 말하는 것뿐이다. 현재 의약분업이 시행되고 있어서 위험한 약물은 반드시 의사의 처방에 의해서 약을 구입할 수 있지만 수면제와 같은 약물은 불면증 등 수면장애가 왔을 때 손쉽게 구할 수 있어서 신중히 사용해야 한다.

⑥ 조종사들이 약물을 필히 복용해야할 상황이 발생되면 전문 의사의 진료를 받아 비행안전에 지장을 주지 않도록 조치하여야 한다.

⑦ 행동에 영향을 주는 약물
- 아편제 : 아편의 종류로는 헤로인, 모르핀, 크랙 등이 있으며 아편은 정맥주사후 피부 발작과 함께 오르가즘과 비슷한 감각이 하복부에 약 45초간 지속되며 행동이 공격적으로 변하며 성적 욕구가 감소된다. 금단증상으로는 눈물, 콧물, 땀이 분비되며, 몸이 쇠약해지고 한기를 느끼며, 소름과 구토, 근육통, 과호흡, 체온증가, 혈압상승(7~10일간 지속)후에는 26~30주에 걸쳐 저혈압, 서맥, 저체온증이 발생된다.
- 중추신경 억제제 : 진정제로는 수면제, 알코올이 있으며 투여시 중추신경 억제효과(감각 및 운동의 저하, 사고기능의 저하, 수면)가 발생한다. 금단증상으로 불면증과 불안감을 느끼며 심한 경우 신경쇠약, 근육경련 등이 나타난다. 중추신경 억제제의 금단증상은 생명을 위협하는 경우도 발생하게 되므로 무분별한 투여를 금해야 한다.
- 정신 흥분제 : 코카인, 암페타민은 대표적인 정신 흥분제로 투여 시 기분이 상승되고 도취감과 행복감, 각성, 식욕 감소, 일의 수행능력 증가 등의 현상이 나타난다. 금단증상으로는 우울증 증가, 불안, 전신의 피로와 졸음, 과식 등의 현상을 보인다.
- 니코틴 : 코카인이나 암페타민 보다는 약한 강화물질인 니코틴은 투여시 기억이 일시적으로 촉진되고, 중추 신경계의 각성효과가 나타나며 유쾌한 감정을 보이며 공격성이 감소하고 체중 증가를 감소시킨다. (흡연자는 비흡연자에 비해 평균 2.3~4.5kg 정도 가볍다)
- 마리화나 : 대마초는 대표적인 마리화나로 투여시 기분이 좋아지며 기억, 운동조정 능력, 인지력, 감각, 시간감각을 둔화시키며 안락감과 다행감, 안도감을 증가시킨다.
- 흡입제 : 휘발성 용매(접착제, 신나, 부탄가스, 본드)와 흡입 마취제(산화질소, 에테르, 클로로폼)등이 대표적 흡입제로 직접적으로 흡입시 행복감, 긴장 이완, 각성, 식욕 감소 등이 나타나며 부작용으로는 간장 및 신장 손상, 말초신경 손상, 골수 억제, 폐질환 등이 나타난다.

라. 생활 속의 약물들

(1) 카페인

카페인은 혈장내 3~7시간 동안 잠재되어 있으면서 우리 인체의 중추 신경계와 심장근을 자극하여 감각기관에 각성작용과 이뇨작용에 영향을 미친다. 다량 섭취시 부작용으로 신경질, 불안, 불면증, 체중감소, 식욕감퇴, 추위, 감각기관의 과민현상이 발생되며, 과다 복용시는 구토, 경련이 발생되며, 치명적 중독성은 없으나 정신적 의존성이 생길 수 있다. 카페인은 간에서 분해되며 투여량의 5% 정도는 분해되지 않고 소변으로 배설된다. 미국 식품의약청 기준에 따르면 성인의 경우 일일 적정 섭취량은 하루 평균 100~200mg 정도로 권장하고 있다. 카페인이 포함된 약물은 각성제, 두통약(게보린), 감기약(판피린), 피로회복제(박카스)등이 있으며, 식품으로는 차(녹차, 홍차 등), 커피, 초코릿, 탄산음료(콜라, 사이다, 오렌지 주스 등)등에도 카페인이 포함되어 있다. 일상생활에서 자주 접하는 약품 및 식품에 포함된 카페인의 함량을 비교해 보면 다음과 같다.

카페인 함량 정도

종류	함 량(mg)	종류	함 량(mg)
원두커피 1잔	90	인스턴트 커피 1잔	60~66
무카페인 커피 1잔	2~5	홍차 1잔	69(20~100)
인스턴트 홍차 1잔	70(24~131)	무카페인 홍차 1잔	3
인스턴트 코코아 1잔	5	콜라 1캔(355ml)	41
다이어트 콜라 1캔	32	초코릿(57g)	40
밀크 초코릿	12~14	각성제	100~200
두통약	32~65	감기약, 알레르기약	15~32

(2) 담배

흡연은 조종사에게 아주 중요한 문제이다. 흡연이 조종사에게 미치는 단기적인 영향으로써는 여러 가지 비행장애에 대한 인체 내성의 저하, 야간시력 저하 및 혈액의 산소이동 능력을 감소시킨다. 장기적인 영향은 암, 심장질환 또는 폐기종, 동맥경화 등을 일으키며 야간시력의 20%를 감소시킨다. 흡연자중 후두암 사망률은 비흡연자보다도 6~10배나 높으며, 식도암, 방광암 뿐만아니라 췌장암의 원인이 되기도 한다. 흡연은 심장근에 산소공급을 감소케하며, 동맥을 수축케하여 순환장애를 일으키기도 하며, 호흡기관의 내면을 자극하여 호흡에 지장을 준다. 이와 같은 요소들은 폐기종 또는 영구적인 폐의 손상을 유발하는 원인이 되기도 한다. 담배에는 니코틴, 타르, 일산화탄소, 청산, 산화질소 등 독성물질들이 다량 함유되어 있다. 담배를 분당 35mm의 속도로 태우게 되면, 태울 때 생기는 연기속(입안과 폐 속)에 약 4%의 일산화탄소가 함유된다. 공기중의 일산화탄소의 함량은

0.01% 이하에서만 안전하며, 일산화탄소와 헤모글로빈(Hb)과의 결합 능력은 산소보다 약 200배나 강하다. 이 때 대기중에 일산화탄소가 0.1% 존재할 때 산소의 결합능력과 같다. 그러므로 흡연시 발생되는 평균 4%의 일산화탄소의 농도는 0.1%의 약 40배에 해당된다.

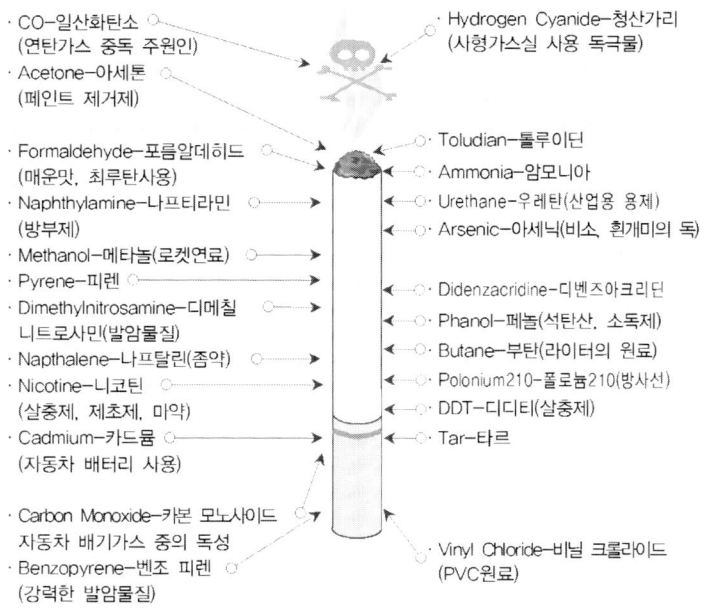

담배의 유해 성분

① 타르 : 타르는 흡연할 때 가스와 수증기가 제거된 후 남는 접착성 잔류물로써 장기간 동안 축적될 때 인체에 해를 끼친다. 이것은 잠재적인 암의 원인이 될 뿐 아니라 폐를 붓게 하여 폐의 자율적인 대사작용에 지장을 주며, 하루 한 갑의 흡연자는 1년에 100cc 이상의 타르를 흡입하고 있는 것과 같다.

② 니코틴 : 니코틴은 신경 및 근육조직에 주로 영향을 주는 매우 독한 약물이다. 소량이라도 독성이 아주 강하다. 즉, 두 개피의 담배에 함유해 있는 니코틴양을 축출하여 사람의 혈류에 주입한다면 치사량이 된다. 다행히도 니코틴은 흡연시 호흡기관을 통하여 전량이 흡수되지 않는다. 니코틴은 골 근육을 무력하게 하고 경련, 위장경련, 두통 등을 일으키며 특히, 초심자에게는 그 영향이 더욱 심하다. 니코틴은 신경자극, 혈액순환, 심장박동 및 호흡률 등을 변화하게 하며, 소량의 니코틴이라도 다른 스트레스에 대한 내성을 저하시킨다.

③ 일산화탄소 : 일산화탄소는 무색, 무미, 무취의 가스로써 탄소 함유물질의 불완전 연소 때문에 생긴다. 이는 헤모글로빈과의 친화력이 산소보다 무려 250배나 높다. 헤로글로빈이 일산화탄소와 결합함으로써 조직에 공급되는 산소량이 적어져서 빈혈성 저산소증을 일으키며 이로 인하여 고공에 대한 인체내성을 저하시킨다. 비행중 조종사가 흡연시 헤모글로빈의 10% 정도가 일산화탄소와 결합되어 있을 경우 10,000ft 고도를 비행

할 때 생리학적 대등고도는 15,000ft가 된다. 헤모글로빈과 결합한 일산화탄소의 절반을 제거하기 위해서는 100% 산소를 약 40분 동안 호흡해야 한다. 담배를 피우지 않더라도 흡연자로 가득찬 방에 함께 일을 할 경우 일산화탄소 중독의 위험이 있다. 호흡기중에 일산화탄소의 최대 허용치는 50ppm 정도 인데 비해 담배연기로 가득 찬 방안은 보통 일산화탄소 포화량이 약 20~80ppm 정도이다. 일산화탄소와 헤모글로빈과의 결합 혈액이 5%만 되어도 관상동맥질환을 유발(흡연자의 5%)하고, 10%의 혈중농도에서 조종사의 시력의 선명도가 25% 떨어진다.

④ 금연한다는 것은 인생의 큰 즐거움을 빼앗기는 것이 아니라 자기의 건강을 위하여 자진해서 그릇된 습관을 버리는 것이며, 담배에 지배되지 않는 자유스러운 인생을 의지로써 선택하는 즐거움을 찾는 방법인 것이다. 흡연욕구를 제거하기 위한 방법을 살펴보면 다음과 같다.

- 맑은 공기를 마신다.
- 찬물로 세수를 한다.
- 간단한 맨손체조를 한다.
- 양치질을 한다.
- 가능하면 냉온욕을 번갈아 하면서 수건으로 피부를 마찰해 준다.
- 흡연 욕구가 생길 때 열 번 정도 심호흡을 한다.
- 무가당 껌 혹은 미역 줄기나 감초를 씹는다.

⑤ 금단현상에서 오는 긴장감을 예방하기 위해서는 다음과 같은 방법을 실천해 본다.

- 따뜻한 물에 목욕한다.
- 산보를 해본다.
- 기도나 명상을 한다.
- 조용히 자기 자신을 반성해 본다.
- 가볍게 근육 이완 운동을 해 본다.

⑥ 금연을 계획하고 실천하기 위해서는 커피, 홍차류, 알코올성 음료, 청량음료, 색소첨가음료, 설탕이 첨가된 음료, 후추, 겨자, 육류, 어패류, 기름에 튀긴 음식, 맵고 짠 음식물은 반드시 피해야 한다. 금연교육 과정 중 권장하는 음식은 1일 6~8컵의 생수, 신선한 과일이나 과일즙, 보리차나 옥수수차, 신선한 녹색채소, 두부, 두유, 원곡류, 비타민 C, B가 풍부한 음식물을 섭취하는 것이 도움이 된다.

(3) 알코올

미국 통계에 의하면 158건의 항공기 사고를 낸 조종사들의 혈중 알코올 농도를 조사한 결과 그 중 35.4%가 알코올이 축적되어 있음을 보여 주었다. 이 조사 결과 한 가지 중요한 사실은 비행장애를 일으킬 수 있는 알코올양은 차량의 운전장애를 일으킬 수 있는 양의 1/4밖에 되지 않는다는 사실이다. 알코올은 용해성이 강하기 때문에 술을 마시면 알코올은 정상적인 소화과정을 거치지 않고 위나 장을 통하여 혈액에 직접 침투한다. 그러므로 술을 마시면 혈중 알코올 농도가 급격히 높아지고 약 30분내지 2시간 사이에 최고도에

달하며 그 후 천천히 감소하게 된다. 혈액 중에 알코올이 들어가면 인체조직이 산소를 이용할 능력을 상실하게 되므로 문제가 발생하며 그 증상은 대부분의 사람이 경험하고 있듯이 저산소증과 흡사하다. 보편적으로 사람들이 알코올에 대해 잘못 인식하고 있는 사항은 다음과 같다.

> 첫째, 소량의 알코올은 인체생리 활동에 자극제가 되기 때문에 건강에 좋다고 생각하는 것이다.
> 둘째, 생커피를 마시거나 운동을 하면 알코올 대사가 촉진되고 그 영향을 최소한으로 줄일 수 있다고 생각하는 것이다.
> 셋째, 지상에서 별 지장이 없으면 비행중에도 '그럴 것이다'라고 생각하는 것이다.

① 알코올의 작용은 다른 약물과 마찬가지로 위장에서 20%, 소장에서 80% 흡수되며, 혈중 알코올 농도는 성(性), 체중, 음주량, 음주속도 등에 따라서 개인마다 차이가 있다. 흡수된 알코올 섭취량에 따라 혈중알코올 농도를 측정할 수 있는데 이 농도에 따른 심신에 미치는 영향은 다음과 같다.

혈중 알코올 농도와 신체 증상

맥주(大)=633ml, 위스키:1잔=약30ml, 병=약750ml, 청주:1홉=180ml, 1되=1800ml

알코올 농도(%)	맥주(대)	위스키	청주	신체증상
0.02~0.04	1병	싱글 2잔	1홉	상쾌한 기분, 피부가 빨개짐, 기분이 좋아짐, 판단력이 약간 둔해진다.
0.05~0.06	1~2병	싱글 2~4잔	1~2홉	이완감, 푸근함을 느낌, 자극에 대한 반응 시간이 조금 늦어짐
0.08~0.10				시각 및 청각의 저하, 균형감, 언어기능의 저하, 자신감이 커짐, 운동 조절능력 저하
0.11~0.15	3병	싱글 6잔	홉	감정이 격해짐, 큰소리 고함침, 화내기 쉬움, 서면 휘청거림
0.16~0.30	5병	더블 5잔	5홉	휘청거림, 같은 이야기 반복, 호흡이 빨라짐, 구역질
0.31~0.40	7~10병	0.7~1병	7홉~1되	잘 서지 못함, 의식이 별로 없음, 언어가 안통함
0.41~0.50	10병 이상	1병 이상	1되 이상	흔들어도 안 일어남, 대소변을 무의식적으로 함, 호흡이 느리고 깊음, 사망

② 알코올은 대뇌, 안기능, 내이 등에 작용하며, 대뇌의 영향은 반응속도의 저하, 사리분별의 감퇴, 판단, 기억력의 쇠퇴 등을 일으킨다. 안기능 장애는 초점을 흐리고 사물이 두 개로 겹쳐 보이는 복시현상 등이 나타나며, 내이장애는 어지러움, 청력감퇴 등이 올 수 있다. 이러한 장애는 수면방해, 피로, 약물복용으로 고공성 저산소 환경, 야간비행, 악기상하에서는 그 영향이 더 크게 확대되어 나타날 수도 있다. 비행중 조종사들이 중대한 실수를 야기하는 경우는 혈중 알코올 농도 0.04% 이상에서 급격하게 증

가한다고 보고된 바 있다. 더욱이 0.025% 의 낮은 알코올 농도에서도 조종사의 기량이 감소하였다는 보고도 있다. 주정 농도가 낮다고 하여 음주량을 많이 섭취하면 체내 섭취 알코올 농도는 마찬가지로 높아지기 때문에 저 농도의 알코올 섭취가 더 안전하다는 것은 옳지 않다. 식사 후에 알코올을 섭취하면 혈중 알코올농도 절정치가 약 50%까지 감소된다. 알코올 흡수율이 빠를수록 최대 혈중 알코올 농도 절정치도 더 높아진다. 그러므로 조종업무에 종사하고자 하는 사람은 알코올로부터 자유로워야 하며 세심한 주의를 기울여 건전한 음주문화를 키워 나아가야 한다. 알코올이 혈중에서 없어지기까지는 의외로 많은 시간을 필요로 한다. 기분 좋은 술도 과음하면 오랫동안 체내에 알코올이 남아 있고 취기 등 불쾌한 기분의 증상을 일으킨다. 원샷을 하는 등 술을 터무니없이 마시면 혈중에 알코올 농도가 급상승하고 급성 알코올 중독을 일으킨다. 자신의 적량을 천천히 자기 페이스로 마시는 것이 즐겁게 술과 친해지는 비결이다. 혈중 알코올 농도를 대략적으로 계산할 수 있는 공식은

$$혈중\ 알코올\ 농도(\%) = \frac{체중(kg) \times 0.67 \times 1000}{음주량(ml) \times 알코올(\%) \times 0.8}$$ 이다.

즉, 54kg의 여성이 맥주(4.5%) 2000ml을 마셨다면 혈중 알코올 농도는

$$\frac{54kg \times 0.67 \times 1000}{2000ml \times 4.4\% \times 0.8} = \frac{36180}{7200}$$ 이므로, 알코올 농도는 0.199% 이다.

혈중 알코올 농도는 시간당 평균 0.015%씩 내려간다는 것이 학계의 연구결과이다.

③ 건강을 지키는 올바른 음주습관
- 자신에게 맞는 적당한 음주량을 알자 : 자신의 주량을 정확히 알고 마시는 습관은 건강과 생활의 활력을 불어 넣어준다. 건강에 도움이 되는 적당한 양은 사람마다, 남녀 성과 나이에 따라 다르기 때문에 한마디로 말하기는 어려우나 긴장과 불안감 해소, 식욕증진, 스트레스 해소에 의한 기분전환의 효과를 느낄 정도면 적당한 양이라 할 수 있다.
- 음주 빈도를 조절하자 : 건강한 사람은 알코올 80g(소주1병)을 매일 마셔도 간이나 기타 장기에 해가 되지 않지만, 120g(1병반)을 마신 경우에는 2일 이상 쉬는 것이 좋다. 술은 한 번에 많은 양을 마시는 것보다 소량으로 나누어 마시는 것이 건강에 좋다.
- 공복시 음주는 건강에 해롭다 : 공복에는 알코올의 흡수 속도가 빨라 혈중 알코올 농도가 급격히 상승하므로 음식을 충분히 섭취한 후 음주를 하게 되면 건강을 보호할 수 있다. 특히 비타민과 고단백질을 많이 포함한 음식물은 간장의 알코올 해독에 도움을 주므로 많이 섭취하는 것이 좋다.
- 과음과 폭음을 피하자 : 과음과 폭음은 각종 간질환, 위장병, 심장병, 뇌세포의 손상

등 신체적, 정신적으로 여러 가지 병의 원인이 될 뿐 아니라 한번 손상된 인체는 쉽게 복원시키기도 힘들고, 그로 인한 건강과 경제력의 상실은 가정과 사회생활에 치명적인 결과를 가져온다.

- 나 홀로 음주를 피하자 : 사람들은 기분이 우울하거나 고민이 있을 때 혼자 술을 마시게 되는 일이 많은데 그럴 땐 속도도 빨라지고 마시는 양도 많아진다. 술은 여러 사람들과 어울려 대화를 하면서 즐거운 마음으로 마셔야 건강을 지킬 수 있으며 기분전환도 할 수 있다. 취하기 위한 음주, 과음을 위한 음주는 건강을 위해 가급적 피해야 한다.
- 술에는 장사가 없다 : 일반적으로 술은 마실수록 양이 늘어나지만 알코올에 대한 저항력이 높아지는 것은 아니다. 술에 강한 체질을 갖고 있는 사람도 있지만, 간은 무한정 알코올을 분해할 능력이 없음을 명심해야 한다.
- 약과 함께 마시면 독이 될 수 있다 : 약을 복용하면서 술을 마시면 흡수성이 빠른 알코올을 우선적으로 분해하므로 약의 분해가 늦어져 간, 위 등 장기에 부담을 주고 부작용이 생길 수 있으므로 약물복용시 음주는 절대 피해야 한다.
- 술 마시며 피우는 담배는 독이다 : 담배는 니코틴 외에 인체에 유해한 각종 물질과 발암물질을 많이 포함하고 있는데, 음주시 알코올에 용해되어 저항력과 암발생 억제력을 감소하고 인체에 쉽게 흡수된다. 술을 마시면서 담배를 피우는 사람은 구강암, 식도암, 후두암 등에 걸릴 위험이 높다.
- 약한 술도 자주 마시면 중독이 된다 : 도수가 낮은 술에 의해서는 알코올 중독이 되지 않는다고 생각하지만 도수가 약한 만큼 술의 양은 늘게 되고 혈중 알코올 농도도 올라가게 되므로 도수가 낮은 술도 과음을 자주하면 중독이 될 수 있다.
- 음주 후 스포츠는 위험하다 : 술은 뇌의 판단력과 인체의 반사신경을 더디게 하므로 음주후 운동은 아주 위험하다. 또한, 취한 상태에서 수영을 하는 것은 매우 위험하며 심하면 사망에 이르는 경우도 있다. 그리고 축구장과 야구장 등에서 술에 취한 상태에서 경기를 관전하거나 음주하는 모습을 쉽게 볼 수 있는데 이런 경우도 매우 위험하므로 피해야 한다.
- 여자는 남자보다 술에 약하다 : 여성은 알코올 분해효소는 남성의 절반 정도 밖에 안 되기 때문에 같은 양이라도 여성의 혈중 농도가 남성보다 20% 정도 높게 나타난다.
- 오후 7시 전·후에 마시자 : 오전 7시, 11시, 오후 7시, 11시 등 각각의 시간별로 음주 후 인체의 반응을 측정한 결과 오전중의 음주는 취기가 별로 없고 오후 7시 전·후가 가장 서서히 흡수되며 취기가 많다는 연구 결과가 나왔다.
- 음주 후 비행은 살인죄와 같다 : 음주는 뇌신경의 반응을 둔화시키고 신체의 순발력을 더디게 하며, 주의집중 능력과 판단력을 둔화시켜 적절한 대응능력을 상실하게 하므로 음주비행은 자신은 물론 다른 사람의 생명까지도 잃게 할 수 있다.

④ 술에 관해 알아두면 유익한 사항
- 술을 마시면 얼굴이 붉어지는 이유 : 간장에는 아세트알데이드 탈수소효소(ALDH)가 5종류 있다. 이 중 주로 1, 2 형이 아세트알데히드란 독성물질을 분해 처리한다. 그러나 얼굴이 잘 붉어지는 사람은 저알코올에서도 작용하지 않는 2형 ALDH를 갖고 있지 않기 때문에 알코올 분해가 전혀 안 된다. 따라서 조금만 술을 마셔도 금방 혈중 알코올 농도가 높아져 얼굴이 붉어지게 되는 것이다.
- 해장술은 건강에 치명타 : 과음으로 인해 간과 위장이 지쳐 있는 상태에 또 술을 마시면 그 피해는 엄청나다. 해장술은 뇌의 중추신경을 마비시켜 숙취의 고통조차 느낄 수 없게 하고 철저히 간과 위를 파괴한다. 일시적으로 두통과 속쓰림이 가시는 듯한 것은 마약과 다름없다. 다친 곳을 또 때리는 것과 똑같은 해장술, 마시지도 권하지도 말아야 한다.
- 여자는 남자보다 알코올성 간질환이 발생할 가능성이 높다 : 여성 음주가 늘면서 여성 알코올 의존증 환자가 늘고 있다. 여성이 상습적으로 음주를 하면 남성보다 배는 빨리 중독이 된다. 그 까닭은 알코올 분해효소를 남성의 절반밖에 갖지 못하고 태어났기 때문이다. 당연히 같은 양의 술이라도 알코올의 해를 더 많이 받게 되어 간경변증과 같은 간장질환의 발병률이 훨씬 높다.
- 딸기코 : 흔히 술을 즐겨 마시는 사람 중에 코가 빨간 사람들이 있는데, 이것은 술에 의해 생기는 것보다는 진드기의 일종인 "데모덱스"라는 기생충이 얼굴에 생겨 일어나는 경우가 많다고 한다. 데모덱스는 길이 0.2mm~0.3mm의 벌레로 30~50대에서 많이 발생하며 수명이 약 14일 정도로서 특히 피지선이 많은 코 부위에 감염이 쉽게 일어나 염증이 생겨 딸기코가 되는 것이다.
- 한국인은 서양인에 비해 술에 약하다 : 간에 들어온 알코올은 알코올탈수소라는 효소의 작용을 받아 아세트알데히드로 변하여 최종적으로 물과 탄산가스로 배설되어 해독되는데 한국인에게는 아세트알데히드를 초산으로 변화시키는 효소가 서양인에 비해 그 수가 현저하게 적다. 따라서 동양인의 체질은 체내의 아세트알데히드의 독성 체재 시간이 훨씬 길어 서양인에 비해 술에 약한 것이다.
- 폭탄주 : 폭탄주는 1970년대 미국의 항구 노동자들 사이에서 성행한 음주문화로 돈이 없어 술을 많이 마실 수 없는 노동자들이 빨리 취하기 위해 싸구려 위스키와 맥주를 혼합해 마신 것에서 유래되었다. 폭탄주는 짧은 시간에 많은 양의 술을 마시는 것이어서 뇌, 심장, 신경, 고환 등의 조직이 망가지고 대뇌 전두엽(뇌 앞부분)의 기능마비가 쉽게 올 수 있다는 것이 신경정신과 의사들의 지적이다.

03 건강관리 요소

각종 항공기와 기타 지상 장비를 작동하는데서 일어나는 강한 소음은 인체에 큰 장해요인이 되고 있다. 이러한 소음문제는 항공분야에서 사용하는 장비의 동력원이 날이 갈수록 더 강해지고 커지고 있으며, 또한 그 수량도 증가하고 있는 까닭으로 더 큰 관심의 대상이 되고 있다. 소리의 강약은 실용적으로 Decibel(dB)로 나타낸다. dB이란 표준음(Reference Noise)에 비례한 음의 실용적인 강도의 단위이다. 표준음이란 정상적인 청각의 소유자가 1,000Hz에서 들을 수 있는 소리의 절대감지 한계치이다. dB의 단위는 이 표준음의 상용 대수치에 비례한다. 즉, 표준음의 1,000배의 강도를 가진 음의 30dB가 된다. 이는 소리의 크기가 2배가 되었다고 해서 인간의 청각도 2배로 느끼지 않는다는 것을 나타낸다.

또한, 여기에서 다루고자 하는 것은 개개인의 독특한 생활습성으로 인하여 일어날 수 있는 근무능률의 저하현상에 관한 것이다. 고공 고속 비행 중에 발생하는 생리적 제 장애들은 우리가 적절한 보호책을 강구 할 수 있지만 항공종사자들 자신의 생활 습성에서 발생하는 Stress는 본인이 사전에 이를 인지할 수 없기 때문에 비행안전에 지대한 위험요소가 되고 있다. 이와 같은 장애들은 우리가 적절한 보호장구를 사용하고 건강관리를 철저히 함으로써 극복 할 수 있지만 그렇지 못할 경우 비행사고를 유발 할 수 있는 요인이 된다.

과거 항공기 사고를 분석해 볼 때 조종사들의 인적요소가 원인이 된 것이 많으며, 그들이 정상적인 자기능률을 발휘하지 못하는 상태에서 발생하였음을 보여주고 있다. 인적요소로 인한 사고의 1/2이 기상불량이나 정비불량 등과 같은 불가항력에 의한 것이 아니라 조종사 자신의 능률을 최대한으로 발휘 할 수 없는 건강 불량에서 발생한 것이며 이는 바로 Stress와 관련되어 있다는 사실이다. 우리가 건강을 해치는 나쁜 생활습성을 가질 때 Stress를 자초하여 비행안전에 지대한 위협이 될 수 있다는 사실을 명심하고 이에 대한 예방 및 대비책을 강구하여야 한다.

가. 소음

(1) 소음원

① 프로펠러 항공기 : 저주파수 음역의 소음으로서 프로펠러에서 주로 발생한다. 평균 106dB 정도이다.
② 제트엔진 항공기 : 전주파수 음역에서 비슷한 소음강도를 나타낸다. 평균 98dB이다.
③ 헬리콥터 : 프로펠러 항공기와 거의 비슷하다. 헬리콥터의 소음수준은 96~115dB 정도이며, 평균 106dB로 조종사들이 폭로되는 소음환경으로서는 가장 큰 소음수준에 속한다.
④ 무인항공기 : 우리나라 군에서 운용 중인 고정익 무인항공기는 프로펠러 항공기와 거의 비슷한 수준이다. 그러나 중량 12kg 정도의 멀티콥터는 그 보다 적은 30~40dB 정도이다.

(2) 소음이 인체에 미치는 영향

① 일과성 청력손실 : 생체가 강렬한 소음에 일시적으로 노출된 직후에 어느 정도의 청력손실이 발생하는 것이 보통이다. 이때, 고막과 이소골 등 전도계에 음향성 외상을 받지 않으면, 시간이 경과함에 따라 점차 회복되는 현상을 보인다. 이명과 함께 동반된다. 회복은 얼마만한 소음에 노출되었고 귀가 얼마나 휴식을 취했는지에 따라 결정된다.

② 영구적 청력손실 : 소음에 반복 노출되면 점차 청력이 회복되는 시간이 길어지다가 마침내 불가역적인 청력손실이 생기며 이를 소음성 난청이라고 한다. 청각말초기관인 Corti씨 기관의 감각모발 세포가 완전히 회복되기 전에 반복손상을 주기 때문인 것으로 보고 있으며, 소음의 크기가 클수록, 노출시간이 길수록 심하게 나타난다. 또한 소리의 주파수별 분포와 개인의 감수성에 따라서 차이가 많다.

(3) 소음성 난청의 특징

소음의 주파수 분포와 관계없이 고 주파음(3,000 4,000 6,000Hz)에 대한 청력손실로부터 시작되어 계속되면 그 주변영역(500 1,000 2,000 8,000Hz)로 파급되는 특징이 있다. 초기에 청력검사를 시행하면 오디오 그람에서 4,000Hz에 대한 청력이 현저히 감소되어 있는 것을 볼 수 있으며 이를 C5-dip이라고 한다. 초기에는 청력손실을 알아차리지 못하는 것이 보통이고, 다만 이명이나 두통, 불면증을 호소하는 수가 있다. 청력손실은 양쪽귀에 대칭으로 오는 것이 보통이며, 일단 발생한 난청은 회복되지 않으나, 소음에 노출되는 것을 중지하면 더 이상 진행되지는 않는다.

(4) 소음의 전신 영향

주로 교감신경과 내분비 계통을 흥분시킴으로써 혈압을 상승시키고 맥박, 신진대사를 증가시키며 발한을 촉진, 타액이나 위액, 위장관 운동을 억제하기도 한다. 그러나 이러한 효과는 생체의 적응 현상이 커서 습관화되면 없어지는 현상이 있다. 같은 강도일지라도 고주파수 또는 순음의 소음이 저주파수 소음보다 인체에 미치는 영향이 크다. 120dB의 고강도 소음은 귀에 통증을 일으키기도 하지만 영구적 소음성 난청은 이보다 저강도 소음에서도 일어난다. 소음 환경에 폭로된 후 귀가 멍멍하거나 또는 귀울림이 있을 정도라면 소음에 과도하게 폭로된 것으로 간주하여야 한다. 프로펠러 항공기든 제트 항공기든 간에 이륙상승시 가장 소음이 많이 발생하며, 이때 저주파수의 고강도 소음이 발생한다. 강하시는 엔진의 RPM과 동력을 높게 유지하는 것이 보통이므로 소음강도가 일반적으로 높다.

(5) 소음의 인체 허용한계

80dB 환경에서 16시간 이내까지 장기간 폭로되더라도 영향이 없다. 그런데 80dB에서 4dB 증가할 때마다 하루당 소음 폭로 허용시간은 절반씩 감소한다. 115dB를 초과하게 되면 폭로 시간이 아무리 짧더라도 영향을 받게 된다. 일반적으로 대화시에 0.3m(1 feet)에

서 큰소리를 쳐야 할 때, 또는 0.9m(3 feet)에서 고함을 쳐야 들을 수 있는 소음환경이라면 청각기관에 해롭다고 간주하면 된다.

(6) 보호장구

① 귀마개(Ear Plug) : 300~4,800Hz 음역에서 20~25dB 정도의 소음 차음 효과를 갖는다.
② 귀덮개(Ear Muff) : 차음효과는 귀마개와 비슷한 20~25dB 정도이다. 고주파수 차음효과는 귀마개보다 높고 저주파수 차음효과는 낮은 편이다.
③ Head Sets : 고주파수에 대한 효과는 매우 좋은 편이나 저주파수 소음에는 차음효과가 낮다.
④ 보호장구의 혼용 : 115dB 이하의 소음에서는 귀마개만으로도 청력보호가 가능하다. 115dB 이상의 고강도 소음환경에서는 귀마개와 귀 덮개를 혼용하여야 한다. 혼용할 경우 300~4,800Hz에서 30~35dB 정도, 주파수 및 다른 요인에 따라서는 최대 40~60dB까지의 차음효과를 얻을 수 있다.

나. 진동(Vibration)

항공생리학적으로 의미있는 것은 저주파수 고강도의 진동이다. 인체에 가장 해로운 영역은 약 1~100Hz 범위이다. 20~30Hz에서는 머리가 울리고 60~90Hz에서는 안구가 흔들린다. 유해한 진동에 폭로되면 식욕부진, 흥미상실, 발한, 타액분비 과다, 오심, 두통, 구토 증세가 나타난다. 장시간 진동에 폭로 시에는 관절 강직 증상을 초래한다.

다. 심리적 스트레스

심리적 스트레스는 불안감을 조장하며 정신혼란을 유발하고 주의집중력을 저하시킨다. 그리고 두통, 위장계통장애, 피로의 원인이 되고 있다. 정신심리적 스트레스를 갖고서 안전한 비행은 하기 어려우며 이를 사전에 예방하고 치료하는 것이 비행안전에 매우 긴요한 것이다.

마. 피로(Fatigue)

피로라 함은 계속된 운동이나 작업등으로 심신의 기능이 저하되어 있는 상태를 말한다. 피로를 일으키는 요인은 여러 가지가 있으나 피로의 정확한 실체는 아직 밝혀지지 않고 있다. 피로가 일어나는 원인에 대해서는 활동에 의해 체내에 피로 물질이 쌓이기 때문이라는 피로물질설과 밖으로부터 가해지는 스트레스에 의해 호르몬 특히 부신피질 호르몬에 의한 조절기능이 이상을 일으켜 생긴다는 스트레스설 또는 신체 각 부위의 장기나 조직 간의 유기적인 활동에 혼란이 일어나 생긴다는 기능실조설 등이 있다.

(1) 육체적 피로

육체적인 운동의 결과 주로 근육에서 오는 피로를 말하며 실험적으로 개구리의 골격근을 체외에 꺼내놓고 1초에 1회 정도 전기 자극을 가하면 근육의 수축고가 초기에는 증대하지만 그 후 점차 감소되다가 결국에는 전혀 수축하지 않게 되는데 이러한 근육피로는 에너지원의 감소로부터 오지만 그 보다도 근육의 산소부족으로 발생하는 젖산에 의해 근육내부의 pH가 저하하여 대사가 전반적으로 느려지는 데서 오는 것이다. 그리고 이와는 다른 경우로써 신경섬유도 근육과의 연결부의에 대한 자극전달이 원활하지 않게 되어 근육의 수축력이 저하하는 경우도 있다.

(2) 정신적 피로

정신적 피로는 단순한 작업의 반복이나 고도의 지적 작업을 장시간 계속할 때 생기지만 육체적 피로와는 달리 뚜렷한 생리적 변화가 나타나지 않고 또 개인차도 크기 때문에 판정하기가 어렵다.

정신적 피로 시에는 대외신피질의 활동이 저하하는데 거기에는 시상하부가 중요한 역할을 하는 것으로 추측되고 있다. 일에 만족하고 의욕에 차 있을 때는 피로감을 느끼지 않다가 일에 실패한 순간 피로감에 휩싸이는 경우를 우리는 자주 경험하게 된다. 육체적 피로에는 때때로 쾌감이 수반되지만 시상하부는 대뇌변연계와도 밀접하게 연관되어 있으므로 정신적 피로에는 통상 불쾌감만이 수반된다.

(3) 피로에 대한 대처

피로에 대처하는 가장 효과적인 것은 휴식과 수면이다. 「피로하면 쉰다」는 것은 누구나 다 알고 있는 사실이지만 어느 정도 피로하면 어느 정도 쉬어야 하는 것은 판단하기가 어렵다. 육체적 피로의 경우에는 근력의 저하, 맥박수의 증가 등에 의해서 본인도 피로의 정도를 알 수 있고 휴식이 필요한가 아닌가를 판단할 수 있다 그러나 정신적 피로에는 개인차도 클 뿐만 아니라 피로의 정도를 판별할 수 있는 뚜렷한 증상도 없다. 특히 계기의 감시 작업과 같이 중요하지만 단조롭고 장시간이 걸리는 작업에서는 정신적 피로가 극심하여 시간의 경과에 따라 착오를 일으킬 위험이 크므로 일정한 시간을 정해서 휴식 하도록 하는 것이 좋다.

그리고 하루의 피로는 그 다음날까지 가져가지 말고 그 날에 휴식과 수면을 통해 회복하는 것이 바람직하다. 그리고 만성 피로를 막기 위해 일상생활 속에서 7일마다 한번 쉬는 것이 매우 합리적이다. 피로회복에 관한 연구도 많이 있었는데 피로회복에는 피로한 부분은 쉬게 하고, 다른 부분은 활동을 시키는 것이 아무것도 하지 않는 것보다 오히려 좋다고 한다.

실제로 재미있는 연구결과로 오른팔이 작업으로 인해 피로한 경우, 아무 일도 하지 않을 때보다 왼팔을 움직이는 편이 오른팔의 회복속도를 빠르게 한다는 것이다. 피로는 비행안전을 위협하는 가장 위험한 요소이다. 그 이유는 조종사 본인이 중대한 과오를 범하기 전에는 자신이 그것을 인식 못하기 때문이다. 피로는 주로 지속적인 근육운동 내지 작업으로 인해서 온다고 생각하고 있지만 비행에 있어서는 정신 심리적 이유로 인한 피로가 더 심각한 문제가 되고 있다. 심리적 갈등은 때때로 매우 큰 피로의 원인이 되며 조종사 자신의 무기력하고 의욕이 없는 그 원인을 정확하게 알 수 없기 때문이다. 심리적 갈등이 계속되는 한 아무리 충분한 수면을 취하고 신체적 활동을 하지 않는다 하더라도 피로는 지속된다.

바. 생체리듬(Circadian Rhythm)

생체리듬(Circadian Rhythm)이란 용어는 라틴어의 "Circadies"(Aboat a day)에서 유래된 것이다. 이 용어의 의미는 평균 24시간을 기준으로 하여 약 20 - 28시간의 시간범위 내에 일어나는 생물학적 리듬을 말하는 것으로서 우리가 잠자고, 깨고 하는 내적인 주기와 그날그날의 외부적 영향, 즉 낮과 밤의 순환, 기온, 사회활동 등에 적응하여 생기는 생물학적 리듬을 뜻한다. 일일생활 주기의 예로서는 체온의 변화, 심장의 박동, 산소 소모량, 작업수행 능력, 호르몬 분비, 체내수증기 증발 등이 그날의 시간에 따라 달라지는 것을 들 수 있다.

조종사들도 개인적인 특성이나 주위환경의 영향을 받으므로 밤과 낮의 자연적인 주기에 따라서 업무시간을 조정하고자 하는 경향 등이 있다. 시차가 다른 지역에 적응하기 위해서는 몇 시간 내지 며칠이 소요된다. 남북방향으로 비행했을 때보다 동서방향으로 비행할 경우가 근무능률에 더 지장이 많다. 서쪽방향으로 비행했을 경우보다는 동쪽방향으로 비행했을 경우에 피로 회복시간이 더 걸린다는 것이다. 그러나 그보다는 자신의 생물학적 주기와 다른 곳에서의 시간차가 더 큰 문제가 된다. 시차가 다른 지역으로 신속하게 이동하면 사물에 대한 판단과 반응에 필요한 시간이 더 소요되며 업무 능률이 저하한다.

정상적인 생활주기로의 회복을 촉진하는 방법은 아직 잘 알려져 있지 않지만 조종사 중에는 여행(비행) 후 적절한 휴식을 취하면 대체로 쉽게 적응할 수 있음을 볼 수 있다. 조용한 숙소, 적절한 운동, 비행군의관의 조언 등이 이 문제를 해결하는데 도움을 준다. 문제 해결을 위한 제1단계는 이러한 생활주기 문제가 있다는 것을 아는 것이다. 조종사들은 시차지역을 비행하고 난 후에는 자기 신체기능이 정상적인 상태가 아니며 신체의 효율성이 많이 저하되어 있다는 사실을 알고 있어야 한다.

사. 신체단련(Physical Conditioning)

요기운동(Aerobics)은 산소소모율을 향상되고 지구력을 향상시키는데 적절한 체력단련법이다. 이 운동의 요체는 산소공급과 운반기능을 강화하여 인체의 산소소모율을 높임으로써 전반적인 체력을 증진하는 것이다. 산소의 공급과 운반기능이 강화되면 폐는 적은 힘으로 더 많은 공기를 흡입할 수 있으며 심장도 적은 박동으로 더 많은 혈액을 배출할 수 있게 된다. 그리하여 전체적인 혈량이 증가하여 각 조직에 공급되는 산소량이 증가된다.

아. 식사 및 저혈당증

항공종사자의 부적절한 식사 및 영양관리 불량은 다음 두 가지 영향을 유발한다.

(1) 단기적 영향

끼니를 굶는다든가 간단히 요기만을 할 때 피로를 초래한다. 우리의 모든 정상적인 기능을 발휘하기 위해서는 정기적인 영양공급이 필요한 것이다. 우리 간장에는 에너지원이 되는 영양소를 Glycogen 형태로 저장하여 매식사 사이에도 이를 지속적으로 인체조직에 공급한다. 혈액 내에 포도당이 부족하게 되면 이 Glycogen은 쉽게 포도당으로 전환된다.

어떤 조종사는 제때에 적당한 식사는 하지 않고 도리어 이 저장된 Glycogen에 의지하려 한다. 이와 같은 경우 간장 내에 저장된 Glycogen이 소진된다면 그 이상 혈류에 포도당을 공급할 수 없게 된다. 인체는 혈류 내에 에너지 공급원(源)으로서 적절한 포도당 농도를 유지해야 한다. 만일 이 포도당 농도가 지나치게 저하되면 우리는 작업능률이 저하되고, 무기력해지며, 실신할 수도 있다. 이런 증상을 저혈당증이라 한다. 저혈당증과 저산소증은 깊은 연관성이 있기 때문에 그 증상은 대개 저산소증과 비슷하다. 저혈당증은 단백질, 지방질, 탄수화물 등 골고루 균형을 갖춘 식사를 함으로써 예방 할 수 있다.

(2) 장기적 영향

부적절한 식사습관을 장기적으로 지속할 때 체중과다 또는 비대증 문제가 생긴다. 과다한 영향섭취와 운동부족은 비대증의 원인이 된다. 통계에 의하면 마른 사람보다 비대한 사람이 노년에 노화현상이 빨리 오는 것으로 나타나고 있다. 또한 체중이 과다한 조종사는 비행 중 양성가속도나 감압증에 대한 내성이 약해진다.

의사와 상의 없이 체중감소를 위해 체중 조절제를 복용하는 것은 비행에 위험하므로 반드시 의사와 상의해야 한다.

제8절 의사소통

01 개요

의사소통은 의사(意思)를 가진 주체와 그 의사를 수용하는 객체 사이에서 뜻과 감정이 소통되는 과정으로서, 상호교류작용에 의해 전달자와 피 전달자간에 사실과 의견이 전달되어서 인간에게 영향을 미치고 행동에 변화를 일으키는 것을 말한다.

항공종사자들의 의사소통은 항공기내의 정·부조종사 및 승무원간, 조종사와 관제사간, 조종사와 정비사를 포함한 지상요원들 사이에 이루어지며 부가적으로 타 항공기의 조종사와의 의사소통도 포함될 수 있다. 무인항공기에 있어서도 무인항공기 조종자 간, 조종자와 신호수 등 보조자와의 관계 그리고 지상의 기타요원과의 관계를 포함할 수 있다.

의사소통은 운항계획 전달, 운항계획 승인, 운항방법 지시, 지시내용 수정, 지시내용 확인, 업무분담, 의사결정과 조직행동의 전 분야에서 필수적이다. 특히, 항공분야의 특수성으로 인하여 항공에서의 의사소통은 전달자와 피전달자 사이에 본래 의도하는 내용이 정확히 전달되어야 한다. 만일 왜곡이 발생하면 의사소통 효과나 효율성은 떨어지고 직무성과가 낮아지며 특히, 항공기가 운항되는 동안에 발생된 의사소통 문제는 사고로 직결될 여지가 많다.

조종사와 관제사는 의사소통을 위하여 항공부분에서 공통으로 통용되는 영어를 사용한다. 그러나 세계 대부분의 국가는 고유한 언어를 가지고 있으므로 항공부분에서 요구하는 영어와 자국어의 두 가지 언어가 혼재될 수 있다. 이러한 경우에 혼돈이나 언어 능력의 부족으로 운항지시나 허가를 완전히 이해하지 못하면, 이로 인하여 항공교통에서의 의사소통 문제가 발생할 수 있다.

02 의사소통의 기능과 과정

부서(조직) 내에서 이루어지는 의사소통은 조직구성원들에게 일상적이고 자연적인 업무이다. 그러나 조직구성원들 간에 의도한 정보가 제대로 전달되지 않았거나 이해되지 않는 등 의사소통에 두절, 오류, 왜곡, 오해 등의 여러 가지 문제가 빈번하게 발생되면 의사소통은 조직관리 및 목표달성의 문제에 중요한 이슈로 제기된다. 따라서 조직구성원들 간의 의사소통 문제를 해결하고 관계를 원활하게 하는 것이 효율적이고 안정된 부서(조직)관리를 할 수 있으며 업무성과를 향상시키는 중요한 과제이다.

가. 의사소통의 기능

(1) 감정 표현과 사회적 욕구충족

부서(조직)내에서 의사소통을 통하여 부서장 또는 동료들의 고충이나 만족감을 표현하며, 감정을 표출하고 다른 사람들과 교류를 넓혀 나간다.

(2) 동기유발 촉진

의사소통은 조직구성원들의 임무와 목표를 설정하며, 임무수행의 적절성과 성과확대를 위한 요구사항을 알려준다. 또한, 부서(조직)원들 간에 협동과 몰입을 일으키고 부서 목표에 참여하도록 유도한다.

(3) 의사결정을 위한 중요정보 전달

임무결정시 선택을 위한 대안들을 파악하고 평가하는데 필요한 자료를 제공하여 원활한 의사결정이 이루어지게 한다. 또한, 부서(조직)원들에게 의사결정의 기준이 제공되고 명령과 지시 등이 수행된다.

(4) 구성원의 행동 통제

부서(조직)원이 해야 할 일을 명확히 하고, 권한과 책임 범위를 설정하며, 업무처리의 절차와 지침을 전달하여 부서(조직)원들의 행동을 통제하는 것이다. 즉, 부서(조직)는 공식적인 의사소통 경로로 편성표를 통하여 구성원들의 행동을 통제한다.

나. 의사소통의 역기능

의사소통은 역기능을 가지기도 하므로 이를 고려해야 한다. 대표적인 역기능으로는 다음과 같은 사항이 있다.

(1) 오해 발생

전달자의 의도가 부호화 과정과 해독, 전달과정에서 오류가 발생되어 전달자와 피전달자 사이에 내용에 대한 인식상의 불일치가 발생될 수도 있다.

(2) 마취작용

전달자와 피전달자 사이에 각자의 의사나 의지가 상대방의 의사와 의지에 따라 감각을 상실하는 경우가 발생될 수 있다.

(3) 모방

전달자보다는 피전달자의 경우, 전달자의 메시지에 따라 자신의 의지에 의한 창조보다는 전달자의 의사나 의지를 추종하거나 모방하는 경우가 발생될 수 있다.

(4) 수동적 인간화

전달자의 의사나 의지가 피전달자에게 전달됨으로 인하여 피전달자는 자연스럽게 전달자의 의사나 의지대로 변화되는 현상이 발생될 수 있다.

다. 의사소통의 과정

의사소통의 과정을 이해하는 것은 의사소통을 위하여 매우 중요하다. 의사소통은 생각 또는 아이디어가 전달자로부터 시작되는 것으로 이는 전달자와 피전달자 사이에 이루어진 약속된 방법에 따라 피전달자가 이해할 수 있는 방법으로 전달된다. 의사소통의 대표적인 형태는 언어이며 그밖에도 얼굴표정, 몸짓수화, 글자 등을 사용하여 의사소통을 하기도 한다. 의사소통 채널은 전달자와 피전달자를 연결하는 통로이며 전달자의 의사나 의지는 부호화를 거쳐 전달하고자 하는 내용을 부호나 상징으로 변화시키는 과정을 말한다. 이와 같이 부호화된 메시지는 무전기, 컴퓨터, 전화, 전신, 텔레비전 등을 통해서 피전달자에게 전달된다.

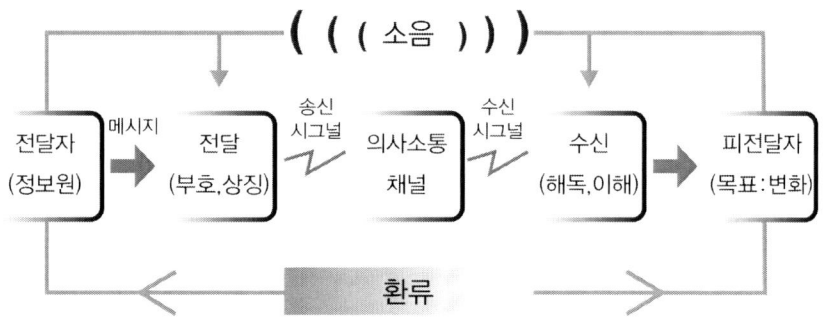

메시지의 정보를 수령하는 피전달자가 메시지 내용을 생각으로 전환하기 위해 부호화된 메시지를 해독하고 이해하게 된다. 의사소통의 모형에서 변화는 실제로 기본적인 의사소통 과정에는 포함되지 않는다. 그러나 넓은 의미로 볼 때, 의사소통의 목표는 피전달자의 변화에 목적을 두고 있기 때문에 의사소통 과정에 포함하여 다루게 된다. 여기에서 소음이란 의사소통을 방해하는 전반적인 것들을 의미하며, 환류는 의사소통의 유효성을 검증하기 위하여 이루어진다.

03 의사소통의 수단

의사소통이란 전달자가 전달하고자 하는 내용을 기호를 통하여 피전달자에게 전달해 주는 것을 의미하며 이와 같이 의사소통을 위해 사용되어지는 기호는 다음과 같이 분류될 수 있다.

가. 언어적 기호

언어적 기호는 문자와 음성으로 된 언어를 말하며, 이는 의사소통뿐만 아니라 사고의 과정 및 인식과정과 깊이 관련되어 있다. 문자와 언어의 중요한 차이는 언어의 발음에 있다. 발음은 출생지역, 사회적 계층, 교육정도와 같은 정보를 포함하고 있으며, 고유의 말씨나 언어는 의사전달 과정에서 상호 의사소통의 문제로 야기되는 경우도 있다.

언어적 기호의 인식은 언어를 인식하는 감각기관과의 관계로 이루어진다. 특히, 언어를 통한 의사소통에서 청각에 이상이 있을 경우에는 시각에 의한 입술모양(Lip-Reading)이 메시지 인식에 다소 도움을 준다. 따라서 조종사와 항공교통관제사가 대면하지 않은 상태에서 이루어지는 의사소통은 시각이나 문자가 동반되지 않으므로 효과가 반감되는 경우가 많이 발생된다.

나. 비언어적 기호

비언어적 기호는 문자 그대로 언어를 제외한 의사소통에 사용되는 모든 기호를 의미한다. 예를 들면 얼굴의 표정, 눈짓, 몸짓, 머리의 움직임, 음성의 어조, 강약, 복장, 신체적 접촉의 강도, 동작의 제 형태 등의 많은 기호들이 해당된다.

(1) 신체언어

전 세계적으로 문화는 다르나 공통성을 가지고 있는 넓은 영역의 신체언어가 있다. 예를 들면 눈썹 올리기, 윙크하기, 고개 끄덕이기, 엄지손가락 들기, 얼굴 표정 등 국가와 민족의 특성에 따라 표현방법도 상이하다. 항공기 운항 중에도, 업무를 수행하면서도 이 같은 신체언어를 사용하게 되는데 예를 들어 조종사 상호간 또는 지상 정비사에게 손으로 엔진 시동 준비가 완료되었다고 신체언어로 신호를 보낼 수도 있다. 특히, 신체언어는 문화의 영향이 매우 크나 기본적으로는 인간의 욕구에 의해 이루어진다. 그러므로 상대방과의 관계에 있어서 어떻게 앉는가에 중요한 차이가 있다. 의사소통의 기능에 따라 얼굴을 마주 보고 앉는다든가 옆에 앉을 수도 있으며 일상적인 대화, 인터뷰, 업무협조나 기타 업무의 형태에 따라 신체언어의 사용이 달라진다.

(2) 신호와 상징

신호란 의미를 갖지 않고 반사적 작용을 하는 기호이다. 유도요원이 항공기를 계류할 때 수기 또는 수신호로 조종사에게 항공기 계류 위치와 방향을 신호로 보낼 수 있다. 상징이란 어떠한 의미를 갖고 있는 기호를 말한다. 즉, 어떤 사상에 대하여 자의적 또는 의도적인 의미를 갖는 인위적인 기호이다. 항공운항에서는 적은 공간을 효율적으로 활용하고 의사소통을 원활히 하기 위하여 다양한 형태의 상징이 사용되는데, 특히 신호는 조종사나 항공종사자간에 많이 사용되고 운항관련 교범 및 항공기 내부의 장치 등에도 상징이 많이 사용된다.

04 의사소통의 장애요인

가. 과거의 경험

사람들은 자신의 과거 경험이 얼마나 강력한 힘을 갖는지에 대하여 알고 있다. 종종 사람들은 자신이 어떤 메시지가 있을 것이라는 것을 미리알고 그 메시지가 흥미가 없거나 중요하지 않을 것이라고 예상함으로써 그 메시지를 왜곡하여 받아들이는 경우가 있다.

나. 고정관념

사람들이 종종 갖게 되는 단순화된 고정관념 역시 메시지의 지각에 영향을 준다. 두 명의 연사가 아주 대조적인 차림, 즉 한 사람은 회색빛의 가는 세로줄 무늬의 고전적인 양복을 입고, 나머지 한 사람은 턱수염에 장발머리를 하고 요즘 유행되는 옷을 입고 있는 모습을 하고 있었다면, 사람들은 강연을 하기전이라도 이들 두 명에 대한 시각적인 측면과 관련시켜 일반화된 가정을 하게 된다.

다. 잠재적 의도

자기 자신의 욕구에 따라 메시지를 이해하는 것을 잠재적 의도라 부른다. 사람들은 자신이 마음속에 특별한 관심사를 갖거나 시비를 걸려고 하거나 어떤 사람에 대해 증오심을 품게 되면, 사람들은 의식적이거나 무의식적으로 모임에 방해를 하고 대화를 자기 자신의 목적을 달성시키는 방향으로 이끌려고 한다.

라. 물리적 환경

효과적인 의사소통을 방해하는 물리적 요소로는 소음이 있다. 그 중에서도 조종사에게 영향을 미치는 소음은 기계소음과 의미소음이 있다. 이 두 소음은 그 어떤 유형의 의사소통 상황 하에서도 작용을 한다.

마. 기계소음

물리적인 소음 또는 채널소음이라고도 말한다. 항공기 운항에서의 무전상태, 항공기 자체 소음, 타 항공기와의 교신내용, 무전기에서 정전기에 의한 공전방해 현상, 마이크 장치의 삑삑거리는 소리, 주변 사람들의 기침소리나 웃음소리 등이 기계소음에 해당된다.

바. 의미소음

전달된 메시지가 의미상의 불일치로 인해 일어나는 장애를 말한다. 비록, 의사소통에 함께 참여하고 있더라도 용어나 개념이 갖는 의미에 대한 혼선이 과다할수록 상호간에 의미소음이 많게 되며 이는 결과적으로 오해를 낳게 된다. 항공운항에서 의미소음은 매우 중요한 문제이다. 그러므로 각급 부서(조직)에서는 각 직급 및 계층 간 원활한 의사소통의 참여를 통하여 의사소통의 장애요인을 해소해야 한다.

의사소통의 장애요인으로는 다음과 같은 것이 있다.

- 의사소통 참여자들의 배경 차이
- 메시지에 대한 관심의 차이
- 참여자 상호간의 존경심 결여
- 연령, 성별, 인종, 계급의 차이
- 의사소통 진행시 환경이나 조건
- 의사소통이 진행되고 있을 때의 정신적·신체적 긴장
- 전달자 측의 기교 부족(글 솜씨나 말솜씨의 부족)
- 피전달자 측의 기교 부족(이해능력 부족)
- 메시지 속의 정보 내용 결여(속빈 메시지)
- 공식 및 비공식적인 교육의 차이
- 지능지수의 차이
- 언어 수준 및 사용 면에서의 차이
- 환류(상호작용의 결여)
- 경험 면에서의 공통점 결여

05 의사소통 장애의 결과

가. 생략

생략은 메시지의 일부를 삭제하는 것이며 수신자가 메시지의 전체 내용을 파악할 수 없어서 그가 파악할 수 있는 것만을 수신하거나 발신하기 때문에 발생한다. 의사소통의 과부하에 의해서도 내용이 생략될 수 있다. 생략은 의도적이기도 하다. 생략은 상향적 의사소통에서 가장 분명하게 나타나는데 이는 많은 메시지가 위계상의 하위 계층에 있는 수많은 사람들과 단위들에 의해 생산되어 위로 올라가는 과정에서 여과될 때 발생한다. 이때 메시지의 지엽적인 내용뿐만 아니라 핵심적인 내용의 일부도 자주 생략된다.

나. 왜곡

왜곡은 조직을 통해 메시지가 전달될 때 메시지의 의미가 바뀌는 것을 말한다. 앞서 지각에 대해서 언급한바와 같이 사람들은 의도적이던 무의식적이던 간에 메시지를 선택적으로 수신한다. 선택적 생략과 왜곡은 가족에서부터 전체 사회에 이르기까지 모든 의사소통 체계에서 발생한다. 따라서 조직이 보다 나은 올바른 의사결정을 하기 위해서는 정확한 의사소통에 의존해야 하므로 선택적 생략과 왜곡의 문제를 가벼이 넘겨서는 안 된다.

다. 무조건 거부

자기의 생각과는 다른 의사소통 내용에 대해서 거부하는 것으로 자기에게 불리하거나 자기의 자존심을 훼손하는 내용은 거부한다. 예를 들면 흡연에 대한 근거가 뚜렷하고 논리적인 설득에 대해 흡연자의 전형적인 반응은 그 주장들은 자기가 담배를 끊을 만큼 훌륭치 못하다고 생각하며, 결국 흡연자는 그 주장들에 대해 답변하기를 꺼려하고 받아들이지 않으려고 한다.

06 항공운항에서의 의사소통

가. 의사소통의 중요성

항공기 운용을 위한 조종사와 조종사, 조종사와 관제사의 관계는 의사소통에 의하여 업무가 진행되며 이러한 의사소통에서 가장 필수적인 요소는 신뢰와 신용이다. 의사소통은 통상 정보전달에 의미를 두고 있으므로 이를 위해서는 Teamwork과 언어를 통한 의사전달 절차가 필수적이다. 조종사와 관제사의 의사소통은 항공기에 장착된 개별적인 무선장치와 지상관제소의 무선장비를 통하여 이루어지며 매체는 무선교신이다.

통상 원활한 의사소통은 상대방의 표정을 보면서 감정 확인이 가능한 상태에서 유지되는 것이 효과적이며 대면상태에서는 신체언어가 의사표현의 많은 비중을 차지한다. 이러한 측면에서 보면 조종사와 관제사의 관계에서 의사소통은 근원적으로 불리한 조건을 지닌다. 또한, 필요한 시기와 짧은 시간에 교신이 되어야 하며, 시기나 경로에 의하여 의사소통의 대상이 변하는 유동성을 가진다. 이러한 조건은 조종사와 관제사의 관계를 어렵게 하는 부분으로 이를 종합하면 다음과 같다.

- 국제적 용어의 능숙한 사용 미흡
- 시간 제약
- 시간, 속도, 고도 차이
- 항공기 소음
- 전문용어와 일상용어의 차이
- 표준 관제용어 사용 미흡

나. 의사소통 향상방안

항공조직의 특성상 임무완수를 위해서는 일사불란한 지휘체계를 유지하고 부서(조직)원들에게 희생정신, 명령에 대한 복종심, 동일체의식 등을 요구한다. 그러나 직급, 개인적 성격, 조직문화, 역사, 학습정도, 편견, 분위기 등에서 개인적 차이가 발생한다. 항공교통관제 업무는 단순한 육체노동이 아니며, 고도의 정신적 노력을 요구하는 업무이다. 또한, 관제사는 기술의 발전 등으로 도입된 자동화와 같이 변화하는 항공교통환경에 적응해야 한다. 따라서 다음 분야의 개선 및 강화를 통하여 원활한 의사소통을 수행할 수 있다.

(1) 부서(조직)장의 노력

부서(조직)장은 자기에게 부여된 책임과 권한을 바탕으로 부서발전 및 목표를 효과적으로 달성하기 위해 구성원에게 부서의 목표 및 방향을 정확히 제시해주고, 근무환경뿐만 아니라 부서(조직)내 구성원의 동기부여와 효과적인 의사소통을 통하여 부서(조직)원의 모든 노력이 부서(조직) 목표에 집중될 수 있도록 해야 한다.

(2) 상호신뢰 및 존중

상호신뢰 및 존중을 위하여 동료와 의사소통 시 적절한 화술을 통하여 상대방을 배려하는 자세를 견지해야 한다. 또한, 관제업무에 있어 관련된 규정과 절차를 완벽히 습득하도록 노력해야 한다.

(3) 참여활동을 통한 유대감 강화

관제업무는 개인으로서가 아닌 팀으로서 제공된다. 따라서 관제사간 이견차이를 줄이기 위하여 정기적인 대화시간의 수립 및 단체체육과 같은 관리차원에서의 적극적인 노력이 요구된다.

(4) 공정한 업무지시 및 개인차를 고려한 업무분배

상급자에게 지시의 정당성을 부여하며, 일사불란한 업무처리를 가능하게 하여 의사소통에 대한 개선을 기대할 수 있다. 하급자가 이해하지 못하고 납득하지 못하는 경우, 문제의 근원을 형성할 수 있다. 따라서 상급자는 우선적으로 제반 규정과 절차를 확실히 습득하도록 노력해야 하며, 순간적인 감정 및 편견에 의하여 하급자를 대하지 않아야 한다.

(5) 직업의식 및 성취감 고취를 통한 능동적 자세견지

직무만족과 성취감은 부서(조직)발전을 위하여 매우 중요한 문제이다. 관제사가 다른 항공종사자들이 관제업무에 대한 복잡성과 중요성을 완전하게 인식하지 못한다고 불평하고 있다면, 타 항공종사자에 대한 관제업무 홍보 및 교육이 이루어져야 한다.

(6) 의사소통 교육

관제교육은 새로운 지식의 습득을 도울 뿐만 아니라 인지는 하지만 실천하지 못하는 내용에 대한 환류(Feed Back)를 제공한다. 이는 관제사 개인 간 의사소통의 개선을 유도하여 보다 바람직한 업무성과를 도출할 것이다.

(7) 의사소통 기술 개선

상대방과 신뢰관계 수립 및 어려운 문제 등을 해결하기 위하여 각 개인은 훌륭한 의사소통 스타일과 기술을 갖추어야 한다. 특히, 상급자인 경우 듣기와 말하기 즉, 훌륭한 화술에 대한 연구가 요구된다.

다. 의사소통의 5개 요소 활용

항공기 운항 간 조종사들의 원활한 의사소통을 위해서는 다음과 같은 요소들이 요구된다.

- 문제제기
- 청취
- 응답(Feed Back)과 비평
- 신념 표명 / 단호함
- 의견 조율

(1) 문제 제기

조종석에서의 "문제제기"는 비행 중 조종사가 시각을 통해 조종사간, 관제사, 승무원, 기타 외부환경의 자료를 통하여 정보를 수집하는 것을 말한다.

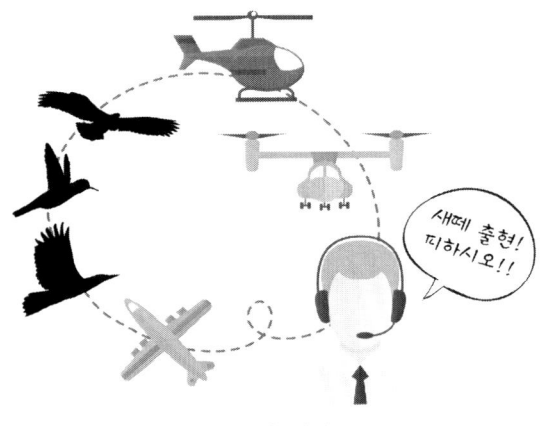

문제 제기

(2) 신념 표명 / 단호함

조종사 상호간 알고 있거나 믿는 바를 기탄없이 진술하는 것으로 내 입장에 대한 진술인 동시에 다른 사람의 권위나 의사가 아닌 자신이 확신하는 사실에 대하여 입장을 유지하는 것을 의미한다. 항공기 운항 중 조종사 상호간 신념을 표명하기 위해서는 의사소통이 단호해야 하는데 이는 사건에 대한 확신을 가지거나 해답을 갖고 있을 경우 또는 위험을 인지했을 때로 조종사 상호간 단호한 신념을 표명하는 방법은 다음과 같다.

- 개인적으로 이름을 부른다.
- 문제를 진술한다.
- 피드백을 통해 동의를 이끌어야 한다.
- 염려되는 부분을 정확히 표현한다.
- 해결 방법을 추천한다.

(3) 청취

청취는 듣고 이해하는 것을 말하며, 효율적인 청취는 일종의 기술이므로 부단한 연습을 통하여 숙달이 가능하다. 또한, 청취는 비상상황에서 절대적으로 요구되는 조치의 일부로도 표현될 수 있다. 그러나 많은 경우 연습을 하더라도 견해차이, 부적절한 우선순위, 협소한 시각, 습관(문화), 과신, 확신, 분노 및 좌절, 선입견, 주의산만, 소음, 감정적 반응 등으로 인하여 좋지 못한 청취를 하게 된다. 항공운항에서 부적절한 청취로 인한 사고는 매우 다양하며 이와 같은 사고의 결과는 매우 참혹하다. 그러므로 이와 같은 사고의 예방은 물론, 효율적인 운항을 위해서는 효과적인 청취가 가능토록 노력해야 한다. 좋지 못한 청취의 전형적인 예는 다음과 같다.

- 미리 답을 정해놓기
- 화제를 돌려 말하기
- 논쟁만 일삼기
- 중요하지 않은 것으로 화제를 옮기기

(4) 의견 조율

의견 조율은 다른 사람들이 의견을 말하도록 북돋우는 효과가 있다. 만약에 의견이 맞지 않을 경우 이를 맞추는데 대화의 초점을 맞추어야 하며, 내 의견을 다른 사람이 잘 알 수 있도록 표현해야 한다. 흔히 나타날 수 있는 의견 충돌을 해결하지 못하면 대화가 감소되며, 주의산만과 스트레스의 증가로 인하여 불안전한 상태로 연결된다는 점을 유념하여 청취와 조율 기술을 습득하여 활용하는 것이 매우 중요한 요소이다.

(5) 응답과 비평

의사소통의 마지막은 응답과 비평이다. 효율적으로 응답을 하고 비평하는 것은 매우 어려우나 좋은 비평은 업무수행을 개선하는데 도움이 되므로 의사소통에서는 필수적인 요소이다.

효과적 피드백과 비효과적 피드백

효과적인 피드백	비효과적인 피드백
묘사적임	평가적임
특정의 것	일반적인 것
명확함	모호함
시간을 잘 맞춤	지연됨
적은 분량	지나친 분량
용인하고 인정하기	남의 탓하기

제9절 조류 충돌

01 개요

우리나라는 가을에 접어들면 새들의 활동이 활발해진다. 조류 충돌로 인한 항공기 사고는 빈도면에서는 적은 것 같지만, 충돌로 인해 일어나는 항공기의 추락을 비롯한 운항저하 내지 항공기 수리에 드는 비용손실을 생각한다면 결코 무시할 수 없는 재해가 아닐 수 없다. 지난 2015년부터 2021년까지 국내에서 일어난 조류충돌 사례를 살펴보면 총 2002건이 발생하였다[20]. 조류충돌 사례는 대부분 항공기가 이·착륙할 때 WINDSHIELD나 ENGINE에 충돌한 것으로 나타나고 있다.

02 다 빈도 충돌위험 조류현황

한국에 서식하는 조류의 종은 약 532종이라고 한다. 이중 항공기와 주로 충돌하는 종은 40여종에 불과하다. 아래 표는 국토부에서 제시한 항공기에 주로 충돌하는 조류의 현황이다. 가장 많이 충돌하는 새는 종다리이며, 멧비둘기, 제비, 황조롱이, 힝둥새, 쇠오리 순으로 나타나 다양한 조류의 새가 충돌함을 나타냈다. 소형 헬리콥터 비행장의 자료에는 조류종이 기록되지 않아 정확한 종을 확인하기가 어렵지만 최근 자료 의하면 황조롱이, 멧비둘기, 종다리 등 소형조류 순으로 보고되었다.

항공기 충돌 주요 조류목록

순위	종류	건수	순위	종류	건수
1	종다리	33	16	황로	4
2	멧비둘기	18	17	쇠부엉이	4
3	제비	16	18	노랑지빠귀	4
4	황조롱이	11	19	검은가슴 물떼새	3
5	힝둥새	9	20	되새	3
6	쇠오리	8	21	되지빠귀	3
7	청둥오리	8	22	쇠기러기	3
8	집비둘기	7	23	수리부엉이	3
9	울새	7	24	유럽 칼새	3
10	개똥지빠귀	5	25	제비물떼새	3
11	흰뺨검둥 오리	5	26	주름입술자유꼬리박쥐	3
12	왜가리	4	27	중대백로	3
13	촉새	4	28	참새	3
14	할미새사촌	4	29	호랑지빠귀	3
15	해오라기	4	30	흰배지빠귀	3

---

20) 출처 : 국토교통부, 2022년 교통안전연차보고서, p.397.

03 조류충돌 관련 법/규정

가. ICAO[21] 규정

국제 민간 항공협약 부속서(Annex 14 Volume1)에는 비행장내에서 조류 충돌 위험이 확인될 때 조류 출현을 억제하기 위해서 잠재적 위험요소인 조류개체 수를 감소하기 위한 대책을 세울 것을 권고하고 있다. 이를 위해 조류의 유인 요소들을 억제하거나 제거 하는 방안을 제시하고 있다.

Airport Services Manual, Part 3은 조류충돌에 관한 위험요소를 억제하기 위한 안내지침을 수록하고 있는 교범으로서 조류충돌의 역사로부터 국가 및 공항관리자의 역할과 책임, 잠재적 위협이 되는 조류의 분류법, 환경관리 및 현장개선 조류의 분산방법, 장애물 설치, 청각적/시각적 억제 방법, 화학적 퇴치방법 등 조류 충돌과 관련된 내용을 상세히 서술하고 있다.

나. 국내 조류충돌 관련 법

(1) 항공안전법

항공안전법은 대부분 ICAO 규정을 준용하고 있다. 국내항공운송사업 또는 국제 항공운송사업에 사용하는 비행장 및 비행장 주변에서 항공기 운항 시 조류충돌을 예방하기 위하여 「국제민간항공조약」 부속서 14에서 정한 조류충돌 예방계획(오물처리장 등 새들을 모이게 하는 시설 또는 환경을 만들지 아니하는 것을 포함한다)을 수립하고 이에 필요한 조직·인원·시설 및 장비를 갖출 것을 권고하고 있다. 조류충돌 예방과 관련된 세부 사항은 국토교통부장관이 별도로 기준을 마련하여 고시하고 있다.

(2) 조류 및 야생동물 충돌감소에 관한 기준

국토교통부 고시 제2012-733호 "조류 및 야생동물 충돌감소에 관한 기준"은 비행장과 비행장 주변 등에서의 항공기와 조류 또는 야생동물의 충돌사고를 예방하기 위해 조류와 야생동물의 서식지 관리 등 충돌예방 활동에 대한 세부사항을 규정함을 목적으로 한다. 이 기준의 적용범위는 국토해양부, 지방항공청, 공항운영자, 항공사 등 항공기의 조류충돌방지 업무에 관련 있는 기관과 부서로 정하고 있다.

주요 내용으로는 국토교통부 장관의 자문기관인 조류충돌 예방위원회의 구성과 활동에 대

---

21) ICAO(International Civil Aviation Organization), 국제민간항공조약(시카고조약)에 기초하여, 국제민간항공의 평화적이고 건전한 발전을 도모하기 위해서 1947년 4월에 발족된 국제연합(UN) 전문기구다. 비행의 안전 확보, 항공로나 공항 및 항공시설 발달의 촉진, 부당경쟁에 의한 경제적 손실의 방지 등 세계 항공업계의 정책과 질서를 총괄하는 것을 목적으로 하는 기구다.

하여 자세히 규정하고 있고, 조류충돌 예방 업무와 관련 있는 자 들을 위하여 조류충돌 위험관리에 대한 계획수립과 평가, 조류충돌과 관련된 보고와 처리 절차, 조류충돌 감소조치, 관계자 교육훈련, 서식지관리 및 조류퇴치 등 관련된 내용들 자세히 수록하고 있다.

(3) 야생생물 보호 및 관리에 관한 법률 (약칭 : 야생생물법)

야생생물법에는 야생 생물을 산·들 또는 강 등 자연 상태에서 서식하거나 자생하는 동물, 식물, 균류·지의류, 원생생물 및 원핵생물의 종으로 정의하며, 멸종위기 종을 1, 2급, 국제적 멸종위기 종으로 특별히 관리하고 있다.

멸종위기 야생생물에 해당하지 아니하는 야생생물 중 환경부령으로 정하는 종(해양만을 서식지로 하는 해양생물은 제외하고, 식물은 멸종위기 야생생물에서 해제된 종에 한정한다.)을 포획하거나 채취하는 것을 금지하고 있다. 다만, 학술 연구 또는 야생생물의 보호·증식 및 복원의 목적, 생물자원관에서 관람용·전시용으로 사용하려는 경우, 「공익사업을 위한 토지 등의 취득 및 보상에 관한 법률」 제4조에 따른 공익사업의 시행 또는 다른 법령에 따른 인가·허가 등을 받은 사업의 시행을 위하여 야생생물을 이동시키거나 이식하여 보호하는 것이 불가피한 경우, 사람이나 동물의 질병 진단·치료 또는 예방을 위하여 관계 중앙행정기관의 장이 시장·군수·구청장에게 요청하는 경우 등, 허가를 받은 경우는 예외로 하고 있다. 야생생물법에는 사람의 생명이나 재산에 피해를 주는 야생동물로서 환경부령으로 정하는 종을 유해 야생생물로 정의 하여 시행규칙에 별도로 종을 정하고 있는데 유해 야생생물에 대하여는 별도로 포획 허가를 받고 허가받은 방법에 의해서만 포획하도록 규정하고 있다.

04 조류 충돌의 위험성

조류가 항공기에 충돌할시 항공기에 주는 충격의 힘은 조류의 질량(m)에 비례하고 조류와 항공기의 상대속도(v)의 제곱에 비례하는데 공식은 다음과 같다.

운동 energy $E = \frac{1}{2}mV^2 = 1/2 \times 1.8kg \times (133.3)^2$

예) $300MPH = 1/2 \times 1.8 \ kg \times (133.3)^2$

$F1 = \frac{1}{2}mV^2 = 1,600kg = 1.6TON$

즉, 예를 들면 속도 600mph(520KTS)로 나르는 항공기가 4 lbs의 조류와 충돌한다면 초당(sec)1.6톤으로 감소된다. 이와 같이 조류의 질량은 비록 작을지라도 상대속도로 인하여 그 받는 힘은 대단히 크므로 그에 대한 충격력은 더욱 무서운 힘을 발하게 되는 것이다. jet ENG의 흡입력은 사람이 빨려 들어갈 정도로 매우 강력하다. 그러므로 항공기가 비행중 항공기의 전방에 있는 새들은 두말할 것도 없다. 일단 ENG속으로 흡입된 조류는 fanblade와 압축기

(COMPRESSOR BLADE)를 손상시키며 BLADE가 한 개라도 떨어져 나간다면 연쇄 반응을 일으켜 ENG flame-out을 유발시키며 때에 따라선 ENG이 폭발할 수도 있다.

또한 미 공군 조류충돌 사고 총계에 의하면 충돌발생건수의 20.4%가 항공기 WIND SHIELD나 CANOPY를 깨뜨리고 조종석 내부로 들어와 조종사가 직접적인 충격과 풍압에 의식을 잃고 사고를 당하고 있고 (BIRD STRIKE REPORT flying safety,srp.1981) 미공군 조류충돌 사고의 65%가 고도 3,000FT 이하의 고도는 첫째, 항공기가 가장 무거운 상태에서 이륙하여 상승을 위한 증속단계 이므로 이때 조류충돌로 인하여 ENG과 같은 주요한 부분에 결정적인 결함을 유발시켜 비행을 계속 할 수 없다면 조종사가 비상탈출을 시도할 시간적 여유가 없으며 둘째, 주로 저고도에서 고속으로 (full power)비행훈련을 하는 경우가 많기 때문에 이로 인하여 조류와 충돌을 한다면 엄청난 충격을 받게 된다. 셋째, 착륙 단계로서 이때는 항공기 기수가 nose down상태로서 조류충돌을 한다면 정확한 판단과 비상처치에 필요한 시간적 여유가 별로 없다.

이상과 같은 요인으로 미국에서는 1955년부터 23년간 조류충돌로 인하여 민항기 및 군용기가 73대나 추락하고 그 결과 138명이나 사망하였으며 한국 공군에서도 조류충돌로 인해 2대의 항공기가 대파되고, 2명의 조종사가 사망하였다(BIRD STRIKE HAZARD AND AIRMAN, JUNG. 1978) 특히 우리나라를 지나가는 철새들의 이동 고도는 대부분 절대고도가 5,000FT이내에서 90%이상이 날고 있으며 몇 종은 2,000FT 이상의 고도를 유지하고 있다.(두루미 3,000FT, 콘돌24,000FT, 비둘기, 백로, 오리 6,000FT, 제비, 까마귀 3,000-4,500FT 이 철새들은 봄, 가을의 이동기간을 제외하면 활동고도가 50%이상이 500-1,000FT사이, 14%가 1,000-1,500FT 내지 5,000FT 사이는 9%, 5,000FT이상 4%만 활동하고 있다. 넷째, 조류충돌 취약요소는 온도상승으로 인한 조류활동의 증가와 해 조류활동이 많은 강변 및 해안과 인접한 공항(김포, 강릉, 속초, 포항, 부산, 제주, 사천, 여수)에 취항하는 항공기 등 활주로 부근 개활지로 인한 조류의 서식처가 가장 많이 산재한 공이며 저고도 지속 상태에서 조류충돌이 자주 발생한다. (FINAL 및 HEAVY WEIGHT로써의 이륙 직후 ENG 소음으로 조류활동 조장)

05 국내·외 조류충돌 예방활동 현황

가. 국내 조류충돌 예방활동

국내의 조류충돌 예방활동 업무는 국토교통부의 항공안전본부에서 담당하고 있으며, 국토교통부 장관은 국토교통부, 지방항공청, 공항운영자, 국적 항공사, 공군, 환경부, 조류와 야생동물 전문가 등으로 구성된 자문기관인 조류충돌 예방위원회를 두고 있다. 조류충돌 예방관련 계획수립과 시행은 한국공항공사와 인천국제공항공사, 군 공항의 경우 각 공항별로 수립 시행하고 있다. 양 공항공사의 경우 민간용역에 의한 조류퇴치반을 운영하고 있으며, 공군의 경우 각 기지별로 운항 관제부에서 수행한다.

헬리콥터를 운용하는 군부대나 기관은 헬리콥터 운항횟수가 많고 조류충돌의 위험이 매우 높은 비행환경에서 운용되고 있음에도 불구하고 조류충돌 예방업무에 소극적이다.

(1) 조류충돌 보고체계

국토교통부 고시 제2013-130호 조류 및 야생동물 충돌위험에 관한 기준에 따라 조류충돌을 인지한 조종사와 항공종사자는 아래 그림의 절차에 따라 소속 항공사 및 지방 항공청장에 제출하도록 규정하고 있으며, 항공사는 조류충돌 잔해와 흔적을 발견한 때에는 충돌한 종류의 종을 분석하기 위하여 공항 운영자에게 보고하도록 하고 있다.

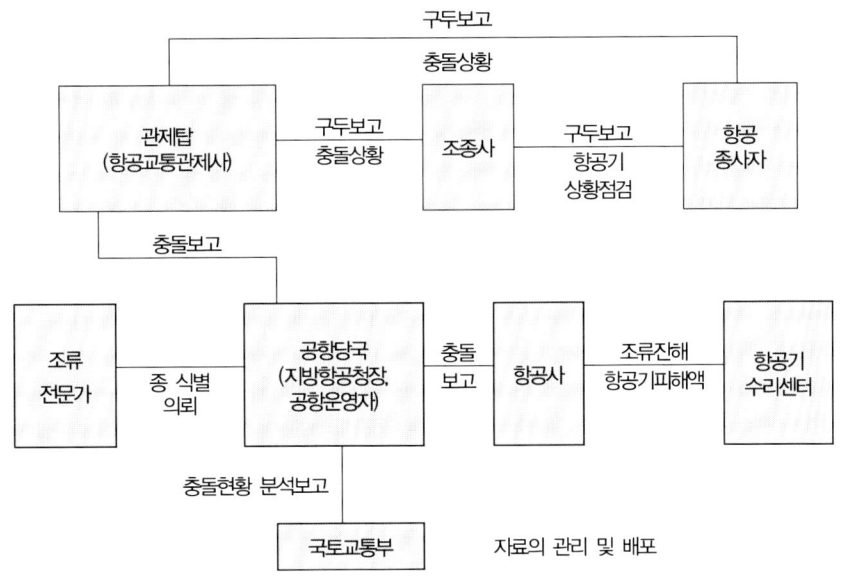

조류충돌 상황보고 체계

(2) 서식지 관리

국내공항의 서식지 관리는 대체로 삭초작업, 배수로 및 나지관리, 새둥지 제거작업과 방제작업으로 나눠 볼 수 있다. 삭초작업은 주로 활주로 주변 녹지의 풀을 제거하고, 잔디를 식재하고 있으며 그 이유는 잔디의 지면이 초지보다 견고하여 항공기가 활주로를 이탈되어도 전복사고를 방지할 수 있기 때문이다. 삭초 시 풀의 높이는 10~20cm 정도를 유지하고 있다.

삭초 작업된 OO공항

새 둥지제거 작업은 매년 4~5월에 조류의 번식억제를 목적으로 공항 주변지역을 중심으로 제거작업을 실시하고 있으며, 새들의 먹이가 되는 지렁이, 곤충 등의 번식을 차단하기 위한 방재 작업도 수시로 수행하고 있다.

(3) 조류퇴치반(BAT, Bird Alert Team) 및 퇴치장비

조류퇴치반은 공항별로 별도운영하며 인원편성은 공항별로 상이하나 약 3~15명으로 공항의 여건에 맞게 운영하고 있다. 조류퇴치반은 통상 고정조와 기동조로 분리 운영하며 조류의 이동상황 감시 및 보고, 조류의 적극적 포획활동과 분산임무를 수행한다.

| 맹조모형 | 폭음탄 | 소음기 및 가스대포 |
| 반짝이 줄 | BAT조와 엽총 | 까치 포획틀 |

BAT조가 사용하는 주요장비로는 활주로 주변에 가스대포(폭음기), 조류기피 소음기(경보기)가 설치되어 있고, 공항별로 까치포획틀, 반짝이 줄, 맹조모형, 새 그물망 등을 활용하고 있으며 조류퇴치반은 폭음과 섬광을 발생하는 SHOT TELL탄과 살상용 엽총탄을 사용한다.

나. 국외 조류충돌 예방활동

(1) 일본의 조류충돌 예방활동

일본은 2009년 허드슨 강 항공기 사고를 계기로 조류충돌방지를 위해 조류충돌 보고체계 강화, 공항 내 방제활동, 버드패트롤 활용 등을 중점 시행하고 있다. 보고체계는 과거 공항중심의 보고체계에서 현재는 항공기 운항 관련자 전원이 작성 보고하는 체계로 운영하고 있다. 이렇게 수집된 자료는 분석과 동시에 각 공항에 예방활동의 기본 자료로 쓰이도록 배포하고 있으며 효과적인 정보 공유를 위하여 인터넷을 이용한 DB를 구축하여 활용하고 있다.

버드패트롤은 우리나라의 BAT조와 유사한 기능을 수행한다. 활동의 특징은 조류충돌이 많이 발생하는 공항의 경우 정기 순회 방식으로 활동을 실시하고, 그 외의 공항은 수시 활동을 실시하여 상황에 맞는 효율적 활동을 수행하고 있다. 일본 내에서는 버드 패트롤이 가장 효과적 예방활동으로 분석하고 있으며 실시공항과 미실시 공항을 비교한 결과 약 1/2정도의 조류충돌 감소 한 것으로 조사 되었다.

(2) 미국의 조류충돌 예방활동

미국은 체계적 온라인 조류충돌 보고시스템을 중심으로 예방활동이 이뤄지고 있으며 실시간 조류이동정보를 인터넷으로 제공하고 있다. 이 홈페이지는 조류충돌에 대한 정보와 가이드라인, 국제 조류충돌 예방활동 동향 등에 대한 정보들을 제공한다. 공항의 일반적 퇴치활동은 우리나라와 큰 차이는 없으나 초지관리의 경우 우리나라와 달리 삭초작업을 시행치 않고 긴 풀을 유지하고 있다. 이는 미국 공항 주변의 서식 조류의 특성에 따른 것으로 분석할 수 있다. 조류충돌이 발생한때에는 활주로 주변의 조류사체를 즉시 수거하여 스미소니언박물관에 분석을 의뢰하며, 박물관은 각 공항별로 충돌조류의 시료를 확보하여 조류 종을 체계적으로 분석하고 예방활동에 필요한 정보들을 공유한다.

(3) 이스라엘의 조류충돌 예방활동

이스라엘은 조류충돌의 85%가 공항주변에서 발생 하지만 군 항공기의 경우 항로상에서 높게 발생 한다. 이스라엘의 지정학적 특징으로 계절에 따라 이동하는 조류와 텃새가 많아 조류충돌 문제가 항공기에 큰 위협요소로 작용하기 때문이다. 1972년~1983년 사이 발생한 조류충돌을 분석한 결과 74%가 철새의 이동시기에 발생하였다. 이에 대한 대책을 마련하고자 이스라엘은 전국망을 이용한 지상관찰, 무인기 및 경비행기를 이용한 추적으로 해당 조류의 이동루트, 비행고도 및 이동기간 등을 분석하여 지도에 표기하고 비행금지시간, 비행고도와 루트를 결정하여 항공기 운항 시 활용하였다. 군 기지의 경우 항공기와 조류의 이동경로를 분리적용으로 사고요인을 제거 하여 항공기 조류충돌을 88%까지 감소시켰다.

(4) 프랑스의 조류충돌 예방활동

프랑스는 보고체계 및 현황관리가 잘되고 있는 국가 중 하나이다. 우발적으로 발생하는 모든 조류충돌 사고에 대하여 운항관련 모든 관계자가 조류충돌 보고서를 작성하도록 강제하고 있으며 조류충돌 현황관리는 PICA[22] 프로그램을 통해 각 공항별 실시간 발생현황을 상세하게 확인할 수 있다. 초지관리는 삭초작업을 수행하지 않는 특징을 가지고 있으며, 이는 조류가 쉽게 먹이를 찾지 못하도록 조치한 것이다. 물이 고이는 곳은 양서류나 파충류 등이 서식하지 못하게 완전히 건조시키거나 그물을 덮어 조류의 접근을 차단한다. 특히, 조종사의 보고와 레이더를 이용한 조류의 이동패턴을 분석하여 조류이동지도를 작성하였으며 조류이동지도를 레이더 시스템에 접목하여 항공기 운항에 활용함으로써 조류충돌 사고를 대폭 감소시켰다.

06 조류 충돌 예방 및 대책

가. 비행 전

① 조류 활동에 관한 NOTAM 및 정보 확인한다.
② 출발지, 목적지 공항의 지형지물에 따른 조류활동 예상한다.
③ 비행 전 briefing시 bird strike에 대한 예방 및 조치사항을 충분히 briefing을 실시한다.

나. 이륙 전

① TAXIING 중 활주로 주변에 조류의 활동이 있는지 확인하고 RWY 사이나 RWY 주변에서 조류 발견 시는 이륙을 지연하고 ATC에 통보하여 조류퇴치 완료 후 이륙한다.
② 일몰, 일출시 태양을 정면으로 향한 이착륙을 회피하여 조류 충돌 가능성 및 사각지대를 줄인다.

다. 이륙 상승 시

① CHART상 별도로 표시된 조류 서식처 상공을 피해 비행한다.
② 이륙 시 조류가 ENG에 흡입되었으면 현재 속도와 V1 및 RWY 잔여 길이를 감안하여 이륙을 중단하고 ENG을 점검한다.
③ 이륙을 계속할 상황이라면 조류가 흡입된 ENG을 재확인하고 적절한 조치를 수행한다.
④ WINDSHIELD에 조류가 충돌하였으면 CRACK이 되었는지 점검을 하고 CRACK이 되었으면 속도를 늦추고 파손에 대비 눈을 보호하기 위해 SUNGLASS나 SMOKE GOGGLE을 착용한다.

---

[22] 프랑스 민간 항공국 민간서비스기술에서 관리하고 있으며, 프랑스 내 항공기의 조류충돌 정보를 데이터베이스화 하여 관리하고 있는 프로그램.

라. 강하 착륙 시

① 조류 떼가 빈번한 공항이 해안과 인접한 공항에 approach시는 landing light, strobe light, wing tip light등 외부 등을 모두 점등한다.
② approach 중 조류 떼와 조우되면 missed approach를 실시하고 ATC에 통보하여 조류 퇴치를 요청한다.
③ 조류의 습성은 어떤 물체와 마주치면 하강하므로 조우 시는 항공기를 상승시켜 회피한다.
④ 밀집 권 조류 떼와 조우되었을 때 항공기의 속도를 줄여 충돌에 따른 피해를 줄인다.
⑤ 조류 떼가 산재해 있는 공항에 이착륙할 시는 상승 또는 접근의 각도를 크게 하여 조류와 조우할 가능성이 있는 저공 비행시간을 단축시키고 circling approach보다 straight-in approach 하는 것이 바람직하다.

07 조류퇴치 방법

가. 적극적 방법

① 생태계(환경)변화 : • 먹이제거 : 항공방제 살포
 • 서식처제거 : 제초작업, 웅덩이 제거

② 포획(살상) : • 독약 및 덫 사용
 • 총기사용

나. 간접적 방법

① 청각자극 : 공포 음(distress call)발사
② 시각 활용 : 허수아비, 모형, 깃발 등 설치
③ ENG INLET CONE EYE BALL MARKING : 이 방법은 일본ANA 항공사 연구진에 의해 최초로 개발되었으며 조류들은 eye ball(눈알)을 피하는 습성이 있다고 하여 1985년 5월부터 실시하였다. ANA 항공사에서도 1985년 5월부터 ENG inletcone 위에 eye ball marking을 실시하게 되었으며 eyeball marking을 실시하게 된 동기는 bird strike 및 그로인한 eng의 손상을 최대한 방지하기 위한 목적이다. marking을 개발한 ANA의 report에 의하면 eye ball marking을 사용한 이후에도 이전과 같이 매년 bird strike가 증가하고 있는 추세이며 이로 인하여 확실한 감소효과가 있다는 정의를 내릴 수 없다는 분석 자료를 KE측으로 통보하여 왔다.

따라서 OAL항공사 관계자들에 의하면 CF6 ENG 제작사인 CE사의 관계자도 BIRD STRIKE가 EYE BALL MAKING으로 인하여 ENG 손상을 감소시킨다는 확실한 근거가 없으므로 권장치 않고 있다고 하며 대부분 항공사에서도 단지 지상 조업자 및 정비작업 수행 시 ENG이 회전하고 있다는 것을 인지시키기 위한 목적으로도 사용하고 있다.

08 소규모 비행장 및 헬리콥터 조류충돌 예방대책

가. 조류충돌 예방 시스템 구축

조류충돌 예방 시스템 구축을 위해 두 가지 방안이 있다. 첫째, 체계적 시스템의 조기 정착을 위해서는 조류충돌 예방업무 매뉴얼을 작성하여 활용하여야 한다. 예방 매뉴얼은 조종사를 비롯한 해당 관계자에 대한 교육, 비행장의 서식 조류에 대한 특성 분석 및 서식지 관리방법, 임무지역에 대한 다 빈도 출몰 조류 분석 및 보고, 주요 비행경로에 대한 조류 분포 지도 작성, 조류충돌 보고방법, 조류충돌 항공기 조치 등을 포함하여야 한다. 둘째, 조류충돌 보고체계를 확고하게 구축하여야 한다. 조류충돌사고 및 준사고에 대한 보고체계를 잘 활용하는 것은 조류충돌 예방업무 중 가장 효과적인 조류충돌 감소대책이다. 미국 및 일본 등 조류충돌 예방업무의 선진국도 보고체계의 개선과 강화로 상당한 조류충돌 사고 감소 효과를 거두었다.

보고체계의 구축 시 독립적 보고체계를 유지하기 보다는 국가적 차원의 보고체계와 연계하여 구축되어야 한다. 국내 대부분의 헬리콥터를 운용하는 군부대나 기관의 자료는 헬리콥터 조류충돌에 대한 데이터로서 중요한 활용 가치가 있다. 국가적 차원의 보고체계와 연계함으로써 타 기관의 조류충돌 자료에 대한 정보를 공유하고 최신 예방활동 자료를 획득하여 헬리콥터 부대와 기관에 적합한 예방대책 수립에 적극 활용하여야 한다.

나. 체계적인 비행장 및 헬기장 관리방안

초지는 새들의 먹이 활동에서 가장 중요한 장소이므로 적절히 관리 한다면 새의 개체수를 줄이는데 매우 효과적일 것이다. 가장 좋은 방법은 초지를 없애는 것이지만 비행장의 식별과 비용적문제로 인하여 초지를 완전히 없애는 것은 현실적인 어려움이 있다.

국내 공항의 사례와 서식 조류의 먹이활동을 고려한다면 대략 10~20cm로 주기적 삭초작업이 수행되어야 한다. 20cm이상의 초지는 설치류의 증가로 맹금류를 유인할 수 있기 때문이다. 활주로 주변은 기지주변보다 짧게 자르지 않아야 한다. 활주로 주변이 더 짧을 경우 새들의 먹이활동에 유리하여 오히려 새들을 유인하는 효과가 발생한다. 삭초작업은 지속적으로 시행되어져야 한다. 삭초가 지속되지 않으면 다른 종의 유인을 초래할 수도 있고, 서식하고 있는 종의 경우 바뀐 환경에 바로 적응할 수 있기 때문이다. 육군 비행장의 초지관리는 규모가 크지 않은 환경 특성상 약간의 관심과 노력으로 큰 성과를 얻을 수 있으므로 적극적인 관리가 필요하다.

비행장내에는 몸집이 작은 종의 새들이 식생하기 좋은 장소가 많다. 기와 형태의 건물지붕은 새들이 둥지로 사용하기 좋아 참새들이 집단으로 서식하고 있다. 더불어 식생타입이 변하는 울타리는 관목과 덤불이 많아 조류의 휴식과 은둔할 수 있는 좋은 장소로 사용된다. 따라서 비행장내 건물의 지붕은 새들이 출입할 수 없도록 철침 등을 설치하고 울타리의 관목과 덤불은 주기적으로 제거하여야 한다. 특히 봄철은 새들이 둥지를 만들고 번식활동이 활발한 시기이므로 주기적으로 둥지 제거 작업을 실시한다면 조류의 개체수를 효과적으로 줄일 수 있을 것이다.

배수로관리는 작은 연못과 물웅덩이를 포함 한다. 물이 있는 곳은 새들의 먹이가 될 수 있는 곤충과 양서류, 파충류가 쉽게 번식하여 조류를 유인하기 쉽다. 따라서 웅덩이 등은 깨끗하게 말리거나 물이 고이지 않게 토양이 파인 곳과 훼손된 곳을 신속하게 찾아내 복구하여야만 하고 배수로는 가급적 깊게 파고 가장자리는 경사도를 높여 새들의 이용을 억제하여야 한다.

비행장의 조경을 목적으로 나무를 심는 경우가 많다. 그러나 조류충돌 예방을 위해서는 가급적 나무를 심지 않는 것이 좋다. 만약 인공 식재를 하여야 한다면 새들의 먹이가 될 수 있는 열매를 맺지 않는 수종을 식재하여야만 한다. 특히, 열매를 맺는 장과류 나무들은 기지 주변에 식재하는 것을 피해야만 한다.

다. 비행 단계별 조류충돌 방지 방안

조류충돌사고는 예측되지 않은 곳에서 순간적으로 발생하므로 조종사가 인지하고 회피하기란 매우 어렵다. 그러나 최근 연구에 따르면 조류는 위협에 대한 판단을 거리에 의존하는 것으로 알려졌다. 그러므로 저속비행이 가능한 헬리콥터의 경우 비행단계별로 적절한 대비책을 세우고 비행한다면 충분히 회피 할 수 있다.

비행 전 단계에는 임무지역에 대한 조류 활동을 사전에 파악하고 경로 상 출몰이 예상되는 지역(철새도래지, 늪지대, 강·하천 지역 등)은 항로에서 제외하여야 한다. 일출·일몰 시, 야간에는 가능한 저고도비행 및 야지 착륙, 편대이착륙은 가능한 계획하지 않는다. 만약, 조류가 예상되는 지역을 비행해야 할 경우 비행속도, 고도, 조명사용계획 등을 포함하여 브리핑 시 전달하여야 한다. 각 승무원은 조류 충돌 시 야기될 수 있는 비상절차에 대하여 확인하고 승무원간의 임무를 사전 분담하여 숙지해야 한다.

조류활동이 많은 지역에서는 비행 전·후 점검 시 세심한 점검을 하여야 한다. 엔진 덮개나 배기구, 착륙장치 등은 새들의 둥지로 좋은 장소를 제공하기 때문이다. 특히 봄철은 새들이 둥지를 만들기 위한 활동을 많이 한다. 따라서 풀이나 작은 나뭇가지가 평상시와 달리 항공기 주변에 흩어져 있다면 좀 더 자세히 점검을 하여야 한다. 특히 엔진 부위는 화재가 발생할 수 있으므로 반드시 확인하여야 한다.

이륙 전 조류충돌에 대비하여 헬멧 바이져는 반드시 착용하고 유도로나 활주로 주변 조류 이동 상황을 수시로 경계하며 조류가 확인되었을 경우, 제자리 비행을 실시하여 조류를 미리 분산 시킨 후 이륙을 실시한다.

이륙 시 태양을 정면으로 향한 이륙은 조류의 이동 상황과 안전에 저해 되는 요소들을 식별하기 곤란하므로 더욱 조심하여야 하며, 가능한 활주로에서 이륙을 실시하되 낮은 고도로 증속하여 이륙하는 조작은 조류 충돌의 가능성을 높이게 되므로 가능한 깊은 각으로 이착륙을 하는 것이 바람직하다.

비행 시는 가능한 AGL 1,500피트 이상 고도를 유지하는 것이 유리하지만 헬리콥터 비행 특성상 높은 고도로 임무를 수행할 수 없는 경우가 많다. 만약 저고도비행과 새들이 활동하고 있는 지역을 피할 수 없는 경우 사용가능한 모든 조명을 이용하고 비행속도를 80KTS 이하로 유지하여야 조류충돌의 확률을 감소시킬 수 있다. 조류가 밀집된 지역 통과 시 방풍유리 Heating S/W를 작동하여 조류충돌에 대비하여야 한다.

비행 중 조류 떼 발견 시 미리 회피비행을 실시하여야 하며 강, 하천, 해안가 비행 시는 더욱더 주의를 기울여야 한다. 항공기와 조우된 대부분의 조류는 날개를 접고 급강하 하는 특성을 가지므로 조종사는 상승 조작을 하여야만 조류충돌을 피할 수 있다.

야간 비행 시는 주간보다 더욱 조류 충돌에 주의하여야 한다. 산림지역이나 조류의 서식이 예상되는 지역을 저고도로 비행한다면 휴식을 취하는 새들을 방해하여 갑작스럽게 비행방향으로 날아올라 충돌 가능성이 매우 높아지기 때문이다. 야지 접근 및 착륙 시 고공정찰을 실시하되 저속비행으로 사전 조류를 분산 시킨 후 접근을 실시하고 가능하다면 편대 착륙은 지양한다.

착륙장 주변에 조류가 확인 되었을 때는 착륙등을 포함하여 모든 등을 점등 후 착륙하고 조류가 산재된 지역은 직진 착륙하는 것이 충돌을 예방할 수 있다. 편대로 착륙을 하여야 할 경우, 선두기는 후속하는 항공기에 조류활동 상황을 전파하고 안전한 고도와 속도를 유지하여야 하며, 조류를 사전 분산 시킨 후 편대의 착륙을 유도한다.

헬리콥터 조류충돌을 분석해보면 엔진흡입구, 메인로터, 방풍유리, 동체 외부 등 다양한 위치에 충돌이 발생하였다. 엔진 흡입구 충돌의 경우 고정익 항공기의 경우처럼 치명적 사고로 발전하는 경우는 드물지만 엔진 출력의 감소와 최악의 경우는 엔진 정지로 이어질 수 있다. 엔진에 충돌한 경우 계기의 변화를 확인할 수 있고, 압축기 실속 현상, 진동 등이 발생할 수 있다. 이런 경우 비행 가능 여부를 판단하여 신속히 착륙하여야 한다.

헬리콥터의 기종별로 상이하지만 외부로 조종계통이 돌출된 헬리콥터의 경우 조종계통이 조류와 충돌 시 조종불능의 치명적 문제가 발생할 수도 있으므로 신속히 안전한 장소에 착륙하여야 한다.

방풍유리의 충돌은 조류 충돌 시 흔히 발생하는 사례로 정도에 따라 "펑"하는 소리와 함께 심한 풍압과 소음이 발생하며, 무전기의 성능저하를 경험할 수 있다. 심한 경우 조종사의 안면부상을 동반할 수 있으며, 방향 감각 상실, 시력감소, 의사소통장애 및 조종간의 방해로 인해 조종불능 상태가 될 수도 있다.

조종사의 부상은 조종사 모두에게 큰 심리적 부담이 발생하기 때문에 먼저 속도를 줄여 안정을 유지하고 무전기 볼륨을 크게 하여 무전교신의 문제를 해결하여야 하며 비행 가능 여부에 따라 안전한 장소를 확인하여 착륙하여야 한다.

조류충돌이 발생한 헬리콥터는 아무리 작은 조류와 충돌 하였더라도 특별검사를 통해 헬리콥터의 안전성을 확인 하여야 한다. 충돌시의 충격에너지로 인해 잠재적인 사고 요인이 될 수 있기 때문이다.

제 10 절 시설 및 환경관리

01 개요

시설 및 환경 특성에도 잠재적인 안전 저해 요인들이 많다. 여기서는 아래와 같은 환경과 시설 문제를 언급해 본다.

02 조명(Lighting)

정비 작업에서와 마찬가지로 인간의 활동은 대부분 시각적인 인식에 주로 의존하고 있다. 정비 작업장의 조명과 관련해서는 '빈약한 조명', '반사광'이라는 2가지 문제가 있다.

야간에 정비 작업을 하기 위해서는 평균 550럭스의 조명이 필요하다고 한다. 전문가들은 최소한 800럭스는 되어야 한다고 한다. 어떤 아주 힘들면서도 중요한 검사를 해야 하는 상황에서는 1000럭스 이상 또는 특수 조명을 필요로 한다. 작업자의 나이에 따라 필요한 조명 정도가 다를 수 있다. 25세인 사람이 540럭스만으로도 충분할 수 있는 반면, 55세인 사람은 같은 일을 하면서도 1075럭스가 필요할 수 있다.

반사 빛은 업무를 수행하는 데 방해가 될 수 있다. 반사광은 직접 광원에서 나올 수도 있으며 다른 물체를 통해 간접적으로 반사 빛을 낼 수도 있다. 반사광을 피하는 방법은 광원에 가리개를 만들어 직접 눈에 들어오는 것을 피하게 하거나 광원 자체를 옮겨 놓는 방법이다.

03 소음(Noise)

소음은 피로의 원인이 되며, 많은 정신적 혼란 상태를 초래한다. 소음은 혈압을 상승시키고, 발한을 촉진하며, 타액이나 위액, 위장운동을 억제하고, 근육경색 등의 원인이 되며 특히, 소음성 난청으로 영구히 청력을 손상시킬 수 있다. 정비 시 소음으로부터 피해를 예방하기 위해서는 필요시 귀마개, 헤드셋 등 보호 장구를 착용하여야 한다.

04 온도(Temperature)

대부분의 정비 작업은 큰 정비고 안에서 빈번하게 문을 열어둔 채 이루어진다. 그러한 시설에서 온도를 정확하게 조절한다는 것은 불가능하기 때문에 온도 변화에 따른 안전과 업무 수행에 미치는 효과를 이해하는 것이 중요하다.

05 공기 청정도(Air quality)

공기의 문제는 건강 문제에서 Human Factors보다 더 많은 영향을 주고 있다. 공기 중 일산화탄소의 증가는 신경을 둔화시켜, 사고나 실수 위험을 가중시킨다. 산소의 비율을 20%선으로 유지해야 하는 이유가 여기에 있다. 습도와 산소의 양을 적절히 유지하도록 공기가 유동할 수 있도록 적절한 환기 장치를 갖추어야 한다.

06 정비환경

작업장의 청결과 질서는 사고와 관련이 있다. 청결하고 잘 정돈된 작업장은 수행되고 있는 일의 전문성 있는 모습을 보여 주며, 동시에 작업장의 위험요소를 줄여 준다. 잘 정돈된 공구나 장비는 그 수명이 오래갈 뿐만 아니라 찾기도 쉽고 작동도 더 잘된다. 청결한 벽, 천장 및 바닥은 빛을 고르게 분산시키며 반사광을 제거하며 바닥의 오일 등은 즉시 제거함으로써 환경오염의 가능성과 미끄럼을 예방할 수 있다.

07 유해물질

정비하면서 유해물질을 사용하는 경우는 어디서나 쉽게 찾아볼 수 있다. X선 같은 비파괴 검사방법을 사용할 때 는 유해물질 처리방법에 대한 교육과 함께 유해물질 위험을 미리 인식하고 유해물질로부터 보호가 가능한 보호복, 고무장갑과 보안경과 같은 보호장구를 착용하여야 한다.

08 건물 관리(Housekeeping)

작업장의 청결과 질서는 사고와 관련이 있다. 청결하고 잘 정돈된 작업장은 수행되고 있는 일의 전문성 있는 모습을 보여 준다 동시에 작업장의 위험 요소를 줄여 준다. 작업장 주변에 놓여 있지 않은 물건에 걸려 넘어지는 일은 있을 수 없다. 잘 정돈된 공구나 장비는 그 수명이 오래갈 뿐만 아니라, 찾기도 쉽고 작동도 더 잘된다. 청결한 벽, 천장 및 바닥은 빛을 고르게 분산시키며 반사광을 제거한다. 엎질러진 내용물을 즉시 제거함으로써 오염의 가능성, 미끄러져 넘어질 가능성을 그만큼 줄인다.

09 입구, 출구(Ingress/Egress)

소방법에서는 작업장의 입·출입 방법을 최소한 2가지 이상으로 해야 한다고 정하고 있다. 이러한 통로는 비상차량의 통행을 방해해서는 안 된다 비상문은 쉽게 위치를 확인할 수 있도록 조명이 된 표시가 있어야 하며, 비상구에는 적절한 조명 시설도 갖추어야 한다. 비상시 통로의 원활한 개방을 위해 평상시는 출입 제한 표지를 붙여 둔다. 비상 탈출 계획에는 모든 작업 위치에서 탈출로를 만들어야 한다.

10 비행장, 헬리포트

비행장 및 헬리포트에는 공중에서 식별이 용이하도록 활주로 방향, 비행장 표고, 야간조명시설, 풍향지시기를 설치, 유지하여야 한다. 헬리포트에는 착륙장 표시와 필요시 풍향지시기를 설치하며, 관리부서는 야간운영을 위한 비상조명 대책을 강구 하여야 한다. 관리부서에서는 태풍이나 강풍으로 인한 항공기 피해를 방지하기 위해서 필요한 조치를 취해야 한다.

11 활주로 및 유도로

활주로 및 유도로 내에서 활동 중인 항공기에 대한 제반 안전조치를 강구하기 위해 활주로의 중앙선 표시는 반사성 흰색 페인트로, 유도로의 중앙선 표시는 최소 6인치 폭의 황색 실선 및 검은색 간격 실선으로 주기적으로 재 도장하여 선명도를 유지하여야 한다.

12 계류장

계류장내에서의 항공기 및 차량의 이동, 연료보급, 인원 탑승, 물자 적재 간 발생 가능한 안전사고 예방을 위해 계류장 접지(지상 어스선 1만Ω 미만)상태, 계류장내 차량 이동로, FOD 방지계획, 계류항공기 안전간격, 비인가자 인원통제, 항공기 급유 시 급유차량 위치 등 계류장내 제반 안전조치를 강구하여야 한다.

13 유류고

유류고는 출입 제한구역으로 설정하고 비인가자의 출입을 통제하여야 한다. 유류고는 건물, 계류장, 격납고와의 안전거리(일반 시설물로부터 80m 이상 이격)를 유지하고 방호벽 및 경계초소, 소화기 및 방화기구를 구비하여야 하며, 기타 항공유류 품질관리, 지상관리, 안전관리는 규정에 명시된 관리절차를 준수한다.

무인항공 안전관리 활동

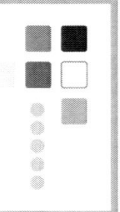

제1절 비행안전

01 조종자 준수사항

가. 주요 내용(항공안전법 제129조, 항공안전법 시행규칙 제310조)

(1) 초경량비행장치의 조종자는 초경량비행장치로 인하여 인명이나 재산에 피해가 발생하지 아니하도록 국토교통부령으로 정하는 준수사항을 지켜야 한다.
① 초경량비행장치 조종자는 법 제129조제1항에 따른 금지행위
- 인명이나 재산에 위험을 초래할 우려가 있는 낙하 물을 투하(投下)하는 행위
- 주거지역, 상업지역 등 인구가 밀집된 지역이나 그 밖에 사람이 많이 모인 장소의 상공에서 인명 또는 재산에 위험을 초래할 우려가 있는 방법으로 비행하는 행위
- 법 제78조제1항에 따른 관제공역·통제공역·주의공역에서 비행하는 행위. 다만, 법 제127조에 따라 비행승인을 받은 경우와 다음 각 목의 행위는 제외한다.
  • 군사목적으로 사용되는 초경량비행장치를 비행하는 행위
  • 다음의 어느 하나에 해당하는 비행장치를 별표 23 제2호에 따른 관제권 또는 비행금지구역이 아닌 곳에서 제199조제1호나목에 따른 최저비행고도(150미터) 미만의 고도에서 비행하는 행위
  1) 무인비행기, 무인헬리콥터 또는 무인멀티콥터 중 최대이륙중량이 25킬로그램 이하인 것
- 안개 등으로 인하여 지상목표물을 육안으로 식별할 수 없는 상태에서 비행하는 행위
- 비행시정 및 구름으로부터의 거리기준을 위반하여 비행하는 행위.
- 일몰 후부터 일출 전까지의 야간에 비행하는 행위.(다만 특별 비행허가를 받은 경우는 제외)
- 「주세법」 제3조제1호에 따른 주류, 「마약류 관리에 관한 법률」 제2조제1호에 따른 마약류 또는 「화학물질관리법」 제22조제1항에 따른 환각물질 등(이하 "주류등"이라 한

다)의 영향으로 조종업무를 정상적으로 수행할 수 없는 상태에서 조종하는 행위 또는 비행 중 주류 등을 섭취하거나 사용하는 행위
- 그 밖에 비정상적인 방법으로 비행하는 행위

② 초경량비행장치 조종자는 항공기 또는 경량항공기를 육안으로 식별하여 미리 피할 수 있도록 주의하여 비행

③ 동력을 이용하는 초경량비행장치 조종자는 모든 항공기, 경량항공기 및 동력을 이용하지 아니하는 초경량비행장치에 대하여 진로를 양보

④ 무인비행장치 조종자는 해당 무인비행장치를 육안으로 확인할 수 있는 범위에서 조종하여야 한다.(다만 허가를 득한 경우 제외)

드론, 이것만 알면 안전해요!

가시거리 범위 외 비행금지	음주비행금지	비행 중 낙하물 투하 금지
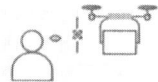		
초경량비행장치 조종자는 항공기 또는 경량항공기를 육안으로 식별하여 미리 피할 수 있도록 주의	조종 업무를 정상적으로 수행할 수 없는 상태에서 조종하는 행위 또는 비행중 주류 등 섭취하거나 사용금지	인명이나 재산에 위험을 초래할 우려가 있는 낙하물 투하 금지
유인항공기 접근 시 회피	인구밀집 상공 위험한 비행금지	장치에 소유자 정보 기재
		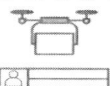
초경량비행장치 조종자는 모든 항공기, 경량항공기 및 동력을 이용하지 않는 초경량비행장치에 대해 진로 양보	인구가 밀집된 지역이나 그 밖의 사람이 많이 모인 장소의 상공에서 위험한 비행 금지	초경량비행장치 조종자는 항공기 또는 경량항공기를 육안으로 식별하여 미리 피할 수 있도록 주의
야간비행금지	고도 150m 이상 비행금지	비행금지구역, 관제권 비행금지
	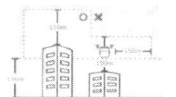	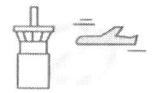
일몰 후부터 일출 전까지 야간시간 비행금지 (승인을 받고 비행하기)	지면, 수면 또는 구조물 최상단(드론 기체 반경 150m)기준, 150m이상 고도에서 비행해야 할 경우 지방항공청장 또는 국방부 허가 필요	• 청와대 인근/중심(P73A)으로부터 3.8km • 서울, 강북, 청와대 인근/중심(P73B)으로부터 8km • 휴전선 부근(P518) • 원전 중심으로부터 18.6km (P61, P62, P63, P64, P65) • 관제권 : 비행장, 공항 참조점(ARP)으로부터 9.3km이내

조종자 준수사항

⑤ 「항공사업법」 제50조에 따른 항공레저스포츠사업에 종사하는 초경량비행장치 조종자는 다음 각 호의 사항을 준수하여야 한다.
- 비행 전에 해당 초경량비행장치의 이상 유무를 점검하고, 이상이 있을 경우에는 비행을 중단할 것
- 비행 전에 비행안전을 위한 주의사항에 대하여 동승자에게 충분히 설명할 것
- 해당 초경량비행장치의 제작자가 정한 최대이륙중량을 초과하지 아니하도록 비행할 것

02 비행 시 유의사항

가. 개요

비행 시 유의사항은 조종자 준수사항과 동일하게 준수하여야 하며, 벌금 및 과태료 등 모두 동일하게 적용 받는다.

나. 내용

(1) 군 방공비상사태 인지 시 즉시 비행을 중지하고 착륙할 것.
(2) 항공기의 부근에 접근하지 말 것. 특히 헬리콥터의 아래쪽에는 Down wash가 있고, 대형 및 고속항공기의 뒤쪽 및 부근에는 Turbulence가 있음을 유의할 것.
(3) 군 작전 중인 전투기가 불시에 저고도 및 고속으로 나타날 수 있음을 항상 유의할 것.
(4) 다른 초경량 비행장치에 불필요하게 가깝게 접근하지 말 것.
(5) 비행 중 사주경계를 철저히 할 것.
(6) 태풍 및 돌풍이 불거나 번개가 칠 때, 또는 비나 눈이 내릴 때에는 비행하지 말 것.
(7) 비행 중 비정상적인 방법으로 기체를 흔들거나 자세를 기울이거나 급상승, 급강하거나 급선회를 하지 말 것.
(8) 제원에 표시된 최대이륙중량을 초과하여 비행하지 말 것.
(9) 이륙 전 제반 기체 및 엔진 안전점검을 할 것.
(10) 주변에 지상 장애물이 없는 장소에서 이착륙할 것.
(11) 야간에는 비행하지 말 것.(특별허가를 받은 경우는 제외)
(12) 음주 약물복용 상태에서 비행하지 말 것.
(13) 초경량 비행장치를 정해진 용도 이외의 목적으로 사용하지 말 것.
(14) 비행금지공역, 비행제한공역, 위험공역, 경계구역, 군부대상공, 화재발생지역 상공, 해상화학공업단지, 기타 위험한 구역의 상공에서 비행하지 말 것.

(15) 공항 및 대형비행장 반경 약 9.3km 이내에서 관할 관제탑의 사전승인 없이 비행하지 말 것.

(16) 고압송전선 주위에서 비행하지 말 것.

(17) 추락, 비상착륙 시 인명, 재산의 보호를 위해 노력할 것.

(18) 인명이나 재산에 위험을 초래할 우려가 있는 낙하물을 투하하지 말 것.

(19) 인구가 밀집된 지역 기타 사람이 운집한 장소의 상공을 비행 하지 말 것.

03 조종자 안전수칙

가. 개요

조종자 안전수칙은 조종자 준수사항과 동일하게 준수하여야 하며, 벌금 및 과태료 등 모두 동일하게 적용 받는다.

나. 내용

(1) 조종자는 항상 경각심을 가지고 사고를 예방할 수 있는 방법으로 비행해야 한다.

(2) 비행 중 비상사태에 대비하여 비상절차를 숙지하고 있어야 하며, 비상사태에 직면하여 비행장치에 의해 인명과 재산에 손상을 줄 수 있는 가능성을 최소화 할 수 있도록 고려하여야 한다.

(3) 드론 비행장소가 안개등으로 인하여 지상 목표물을 식별할 수 있는지 비행 중의 드론을 명확히 식별할 수 있는 시정인지를 비행 전에 필히 확인하여야 한다.

(4) 가급적 이륙 시 육안을 통해 주변상황을 지속적으로 감지 할 수 있는 보조요원등과 이착륙 시 활주로에 접근하는 내, 외부인의 부주의한 접근을 통제 할 수 있는 지상안전요원이 배치된 장소에서 비행하여야 한다.

(5) 아파트 단지, 도로, 군부대 인근, 원자력 발전소 등 국가 중요시설, 철도, 석유, 화학, 가스, 화약 저장소, 송전소, 변전소, 송전선, 배전선 인근, 사람이 많이 모인 대형 행사장 상공 등에서 비행해서는 안 된다.

(6) 전신주 주위 및 전선 아래에 저고도 미 식별 장애물이 존재한다는 의식 하에 회피기동을 하여야 하며, 사고 예방을 위해 전신주 사이를 통과하는 것은 자제한다.

(7) 비행 중 원격 연료량 및 배터리 지시 계를 주의 깊게 관찰하며, 잔여 연료량 및 배터리 잔량을 확인하여 계획된 비행을 안전하게 수행하여야 한다.

(8) 드론에 탑재되는 짐벌 등을 안전하게 고정하여 추락사고가 발생하지 않도록 하여야하며, 드론 비행성능을 초과하는 무게의 탑재물을 설치하지 말아야 한다.

(9) 비행 중 원격제어장치, 원격계기 등의 이상이 있음을 인지하는 경우에는 즉시 가까운 이착륙 장소에 안전하게 착륙하여야 한다.

(10) 연료공급 및 배출 시, 이착륙 직후, 밀폐된 공간 작업수행 시 흡연을 금지하여야 하며, 음주 후 비행은 금지하여야 한다.

(11) 충돌사고를 방지하기 위해 다른 비행체에 근접하여 드론을 비행하여서는 안되며 편대비행을 하여서는 안 된다.

(12) 드론 조종자는 항공기를 육안으로 식별하여 미리 피할 수 있도록 주의하여 비행하여야 하며 다른 모든 항공기에 대하여 최우선적으로 진로를 양보하여야 하고, 발견즉시 충돌을 회피할 수 있도록 조치를 해야 한다.

(13) 가능한 운영자 또는 보조자를 배치하여 다른 비행체 발견과 회피를 위해 외부경계를 지속적으로 유지하여야 한다.

(14) 군 작전 중인 헬기, 전투기가 불시에 저고도, 고속으로 나타날 수 있음을 항상 유의하여야 하며, 군 방공비상사태 인지 시 즉시 비행을 중지하고 착륙해야 한다.

04 통신 안전수칙

가. 주요 내용

(1) 드론은 무선 조종기와 수신기간의 전파로 조종, 지상통제소(Ground Station)와 비행장치 내 프로세서 또는 관성측정장치(IMU)와 Data Radio Link를 이용하여 조종 또는 자율 비행을 수행하고, 역시 Data Radio Link(Telemetry)를 통한 비행 정보를 받아가면서 원격으로 조종되므로 항상 통신두절 및 제어불능 상황발생을 염두에 두고, 사고 피해를 최소화하도록 운영하여야 한다.

(2) 혼신(Interference: 40/72MHz) 또는 잡파(Noise: 40/72MHz/2.4GHz) 발생 시 Fail Safe 기능사용 또는 Self Circling/Stabilized Hovering 모드로 진입 후 문제 해결 또는 RTH나 Auto Landing으로 기체를 회수해야 한다.

(3) GPS 장애 및 교란에 대비 Fail Safe/Throttle cut 기능사용 등 이, 삼중의 안전대책을 강구할 필요가 있다.

(4) GPS의 장애요소는 태양의 활동변화, 주변 환경(주변 고층 빌딩 산재, 구름이 많이 낀 날씨 등)에 의한 일시적인 문제, 의도적인 방해, 위성의 수신 장애 등 다양하며, 이로 인해 GPS에 장애가 오면 드론이 조종 불능(No Control)이 될 수 있다.

(5) 조종불능의 경우 비행체가 조종자의 의도와 상관없이 비행하게 되어 수십 미터 또는

수십 킬로미터 비행하다가 안전사고가 발생할 수 있으므로 No Control이 되면 자동으로 동력을 차단 또는 기능을 회복하여 의도하지 않은 비행을 막아주는 Fail, Safe 기능이 있는지 확인해야 한다.

05 국내 초경량 비행장치 공역

현재 우리나라에서는 전국적으로 UA-2(구성산), UA-3(약산), UA-4(봉화산), UA-5(덕두산), UA-6(금산), UA-7(홍산), UA-9(양평), UA-10(고창), UA-14(공주), UA-19(시화), UA-20(성화대), UA-21(방장산), UA-22(고흥), UA-23(담양), UA-24(구좌), UA-25(하동), UA-26(장암산), UA-27(미악산), UA-28(서운산), UA-29(오촌), UA-30(북좌), UA-31(청나), UA-32(퇴천), UA-33(병천천), UA-34(미호천), UA-35(김해), UA-36(밀량), UA-37(창원), UA-38(울주), UA-39(김제), UA-40(고령), UA-41(대전) 등 32개의 초경량비행장치 공역을 지정 운영하고 있다.

아울러 서울지역에 4개소도 동일한 개념으로 운영되고 있다.(가양비행장 : 가양대교 북단, 신정비행장 : 신정교 아래 공터, 광나루 비행장, 별내IC : 식송마을 일대)

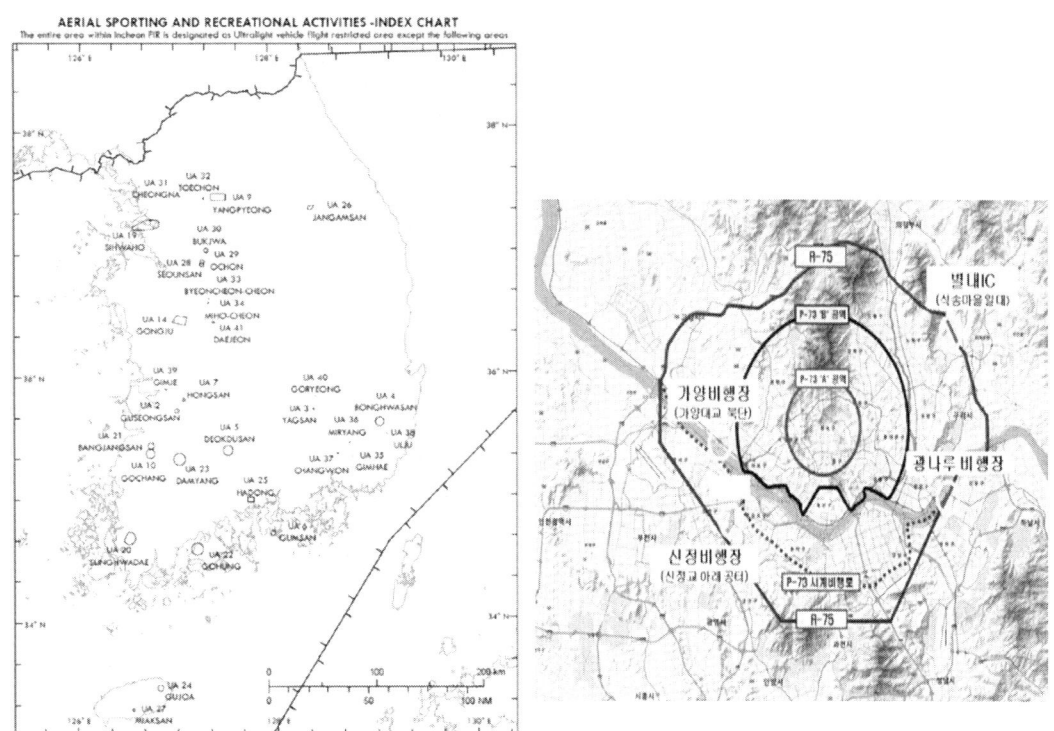

초경량비행장치 전용공역

06 초경량 비행장치 사고

가. 사고발생 시 조치사항
① 인명구호를 위해 신속히 필요한 조치를 취할 것.
② 사고 조사를 위해 기체, 현장을 보존할 것.

나. 사고의 보고
초경량 비행장치 조종자 및 소유자는 초경량 비행장치 사고 발생 시 지체 없이 그 사실을 보고하여야 한다.

다. 보고사항
① 조종자 및 그 초경량 비행장치 소유자의 성명 또는 명칭
② 사고가 발생한 일시 및 장소
③ 초경량 비행장치의 종류 및 신고번호
④ 사고의 경위
⑤ 사람의 사상(死傷) 또는 물건의 파손 개요
⑥ 사상자의 성명 등 사상자의 인적사항 파악을 위하여 참고가 될 사항

07 비행 금지구역, 제한구역 및 훈련구역

가. (RK)P-73A
- 위치 : 생략, 중심반경 2.0NM
- 적절한 허가 없이 (RK)P-73A 침범 시 격추될 것임.
- (RK)P-73A 내의 비행은 7일 전 육군 수도방위사령부의 승인을 받아야 함.

나. (RK)P-73B
- 위치 : 생략, 중심반경 4.5NM
- 적절한 허가 없이 (RK)P-73B 침범 시 경고사격이 있음.
- (RK)P-73B 내의 비행은 7일 전 육군 수도방위사령부의 승인을 받아야 함.

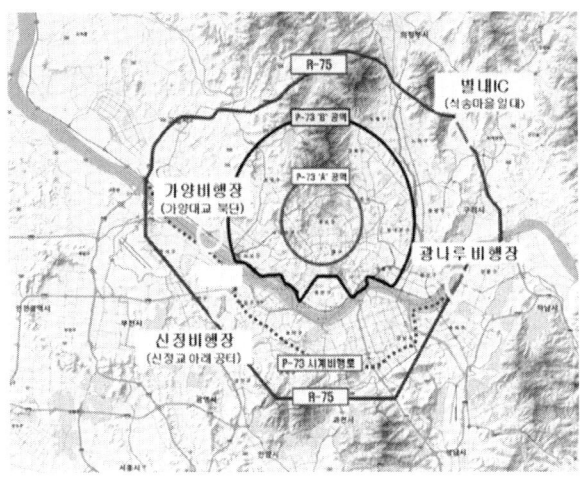

> **P-73**
>
> 서울시 중구, 용산구, 성동구, 서대문구, 강북구, 동대문구, 종로구, 성북구

> **R-75**
>
> 서울시 강서구, 양천구, 영등포구, 동작구, 관악구, 서초구, 강남구, 송파구(가락동, 송파동, 방이동, 잠실동) 강동구(천호동, 풍납동, 암사동, 성내동)

다. (RK)R-75 서울지역 비행제한구역

라. (RK)P-518

위치 : 군사분계선으로부터 아래 다음지점을 연결한 선
- 3739N
- 12610E-3743N
- 12641E-3738N
- 12653E-3758N
- 12740E-3804N
- 12831E-3808N
- 12832E-3812N
- 12836E

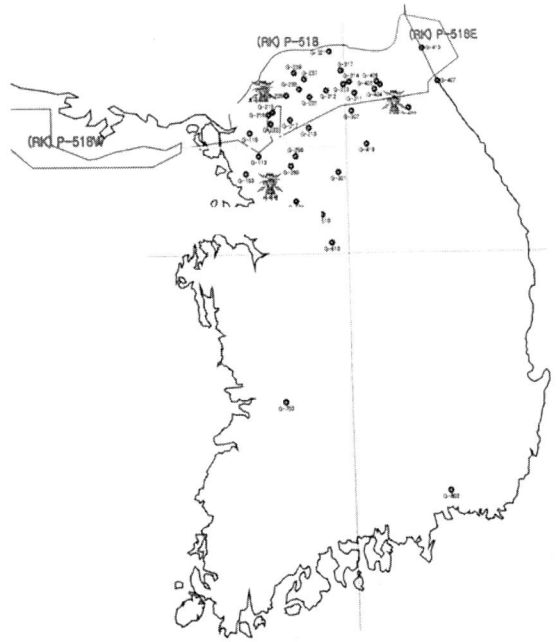

마. 원전 지역 : 중심으로부터 A지역(3.7km, 대전 연구소는 1.85km), B지역(18.6km)

고리(P-61), 월성(P-62), 영광(P-63), 울진(P-64), 대전(P-65) 등

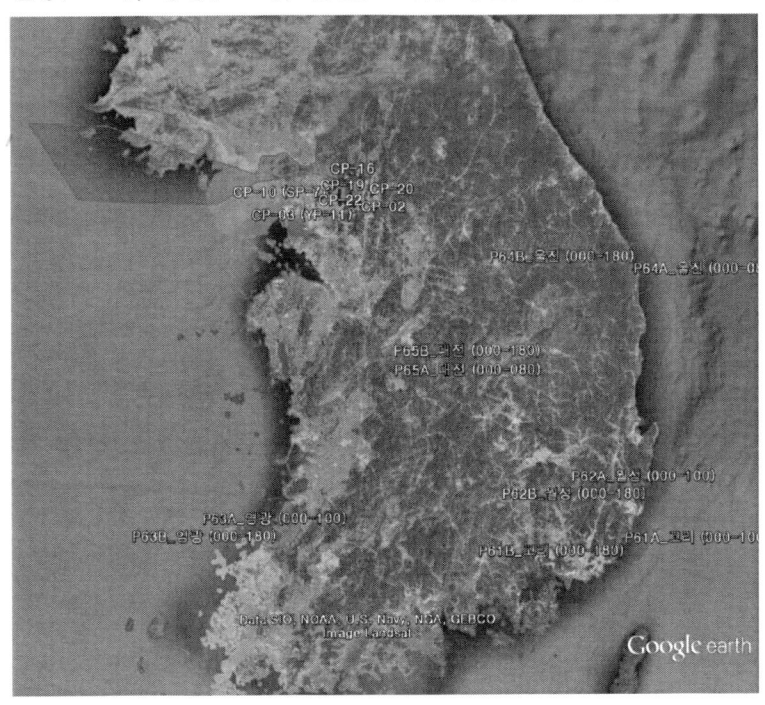

바. 사격장 등 지역

(RK)R-1(용문), K)R-10(매봉), (RK)R-14(평동), K)R-17(여주), (RK)R-19(조치원), (RK)R-20(보은), (RK)R-21(언양), (RK)R-35(매산리), (RK)R-72(육지도), (RK)R-74, (RK)R-75C, (RK)R-75D, (RK)R-76, (RK)R-77(마차진), (RK)R-79A(고온리), (RK)R-79B(당진), (RK)R-79C, (RK)R-80,(RK)R-81(낙동), (RK)R-84, (RK)R-88, (RK)R-89(오천), (RK)R-90A, (RK)R-90B, (RK)R-97A, (RK)R-97B, (RK)R-97C, (RK)R-97D, (RK)R-99(거제도), (RK)R-100(남형제도), (RK)R-104(미여도), (RK)R-105(직도), (RK)R-107, (RK)R-108A, B, C, D, E, F(안흥), (RK)R-110(필승), (RK)R-111(옹천), (RK)R-114(비승), (RK)R-115(동해), (RK)R-116(대청도), (RK)R-117(자은도), (RK)R-118(제주), (RK)R-119(울산), (RK)R-120(동해), (RK)R-121(속초), (RK)R-122(천덕봉), (RK)R-123(어청도), (RK)R-124(덕적도), (RK)R-125(흑산도), (RK)R-126(추자도), (RK)R-127(벌교), (RK)R-128(서귀포), (RK)R-129(수련산), (RK)R-131(백령), (RK)R-132(동 대청도), (RK)R-133(초칠도), (RK)D-1 5개 지역, (RK)D-3, 4, 5, 6, 9, 10, 11, 12 지역

사. 공항지역

군/민간 비행장 주변 9.3km 비행 제한

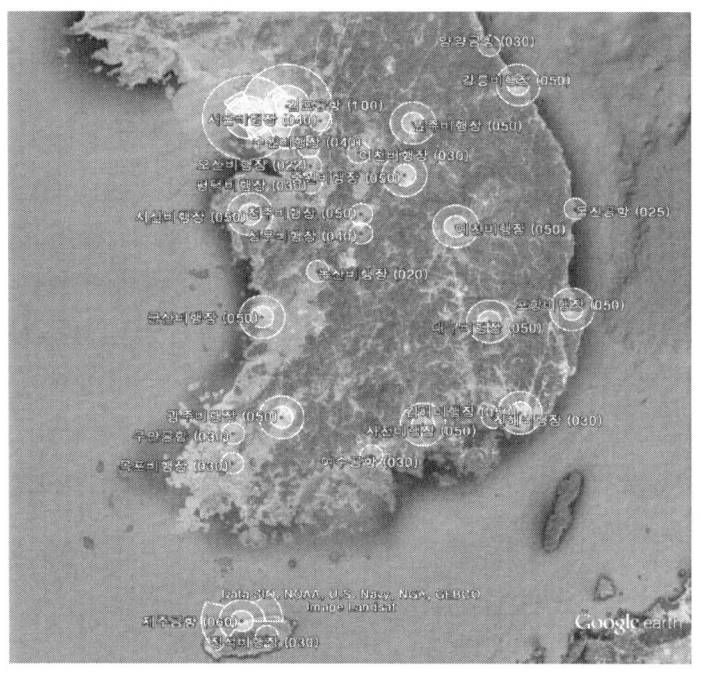

아. 특별비행승인

(항공안전법 시행규칙 312조의 2)

① 조건 : 야간에 비행하거나 육안으로 확인할 수 없는 범위에서 비행

② 특별비행 승인신청서 제출/포함내용

- 무인비행장치의 종류, 형식 및 제원에 관한 서류
- 무인비행장치의 성능 및 운용한계에 관한 서류
- 무인비행장치의 조작방법에 관한 서류
- 무인비행장치의 비행절차, 비행지역, 운영인력 등이 포함된 비행계획서
- 안전성인증서(대상에 해당하는 무인비행장치)
- 무인비행장치의 안전한 비행을 위한 무인비행장치 조종자의 조종능력 및 경력 등을 증명하는 서류
- 해당 무인비행장치 사고에 따른 제3자 손해 발생 시 손해배상 책임을 담보하기 위한 보험 또는 공제 등의 가입을 증명하는 서류

- 그 밖의 국토교통부장관이 정하여 고시하는 서류

③ 특별비행 승인
- 국토교통부 장관은 승인신청서를 제출 받은 날로부터 90일 이내에 무인비행장치 특별비행을 위한 안전기준에 적합한지 여부를 검사한 후 적합하다고 인정하는 경우 무인비행장치 특별비행승인서를 발급한다.
- 국토교통부 장관은 항공안전의 확보 또는 인구밀집도, 사생활 침해 및 소음 발생여부 등 주변 환경을 고려하여 필요하다고 인정되는 경우 비행일시, 장소, 방법 등을 정하여 승인할 수 있다.
- 기타 위의 규정한 사항 이외에 무인비행장치 특별비행승인을 위하여 필요한 사항은 국토교통부장관이 정하여 고시한다.

제 2 절 촬영용 무인항공기 운용 간 주의사항

01 항공촬영 시 주의사항
① 어떠한 항공기 및 비행장치라도 영리 및 영업목적으로 사용 할 경우 필히 지방항공청의 초경량 비행장치 사용 사업 등록증을 취득하여야 한다.
② 사업자 등록증 없이 항공촬영 영업 시 국방부의 촬영허가가 불가하며, 국토교통부는 무등록업자에게 1년 이하의 징역 또는 3,000만원 이하의 벌금을 부과할 수 있다.
③ 항공촬영 책임부대장은 촬영목적, 용도 및 대상시설, 지역의 보안상 중요도 등을 검토하여 촬영허가를 결정하여야 하며, 촬영허가 기간을 관공서는 최장 3개월, 촬영업체나 개인은 최장 1개월 이내 승인한다.

02 취미활동으로서의 비행 및 촬영
① 국방부 항공사진 촬영 지침서와 국가정보원법 제3조 및 보안업무규정 제37조의 규정에 의한 국가보안시설 및 보호장비 관리지침 제29,30조의 항공사진촬영 허가 업무수행규정을 참조한다.
② "주요 국가/군 시설이 없는 곳이며, 비행금지구역이 아닌 곳을 저고도로 본인 책임하에 촬영하는 경우 국방부가 규제하지 않는다"라고 게시되어 있다.
③ 비행금지구역이 아닌 곳에서 조종자 규칙을 지키면서 낮은 고도에서의 촬영은 별다른 규제 및 신고 없이 가능하다.
④ 항공사진촬영이 금지된 곳은 아래와 같다.
- 국가 및 군사보안목표 시설
- 비행장, 군항, 유도탄 기지 등 군사시설

- 기타 군수산업시설 등 국가안보상 중요한 시설 및 지역
⑤ 사생활 침해 및 초상권 침해 등의 민형사상의 위법행위는 법에 저촉될 수 있다.

제3절 방제용 무인항공기 운용 간 주의사항

01 방제작업 전 점검 사항

가. 작업 전 점검 항목

방제작업에 있어서 아무리 비행 및 방제작업에 익숙해져 있어도, 작업 전 점검을 충분히 실시해야 안전하게 작업을 진행할 수 있다. 작업의 시작 전에, 다음 항목에 관해서는 반드시 점검을 해야 한다.

(1) 살포지역의 점검항목

① 가축, 양잠, 양봉, 양어장등에 대한 배려는 충분한가?
② 주차장, 자동차 정비소등 약제에 의한 도장 오염의 위험은 없는가?
③ 통학로와 교통량이 많은 도로 옆등의 작업시간대에 대해서의 배려는 충분한가?
④ 전작 작물, 기타 대상 외 작물에 약해 등의 염려는 없는가?
⑤ 작업의 순서, 안전작업을 위한 지시등, 살포 관계자와의 협의와 확인을 마쳤는가?

(2) 조종자가 해야 할 점검항목

① 위험장소, 장해물의 위치 살포 제외 구역에 대해서 확인을 마쳤는가?
② 풍향, 풍속의 확인
③ 지형, 건물 등의 확인
④ 작업 계획면적과 약제배분, 작업 순서 등의 확인

(3) 정비에 관한 점검항목

① 살포장치의 조정에 실수는 없는가?
　- 비행제원과 분당 분사 량과의 관계 / 고르지 못한 분사 / 흘러서 뚝뚝 떨어짐
② 살포약제의 제형, 제제의 물성, 혼용 등으로 생기는 문제들과 그 방지 대책에 대해서 준비되어 있는가?
③ 약제의 조정, 적재 등의 작업에 불안한 사항은 없는가?

02 살포작업의 비행계획과 지도

가. 살포작업의 계획

살포작업을 원활하고 안전하게 실시하기 위해서는, 작업 시작 전에 현장의 지형이나 작업 구역을 충분히 확인하고, 계획면적, 살포 제외지역, 장해물의 위치 등을 정확하게 파악할 필요가 있다. 이를 위해 현장의 상태를 잘 알 수 있는 축척지도를 준비해야 한다. 작업지도는 작업의 정밀도나 효율, 살포비행의 안전에 직접 연관되므로 작업 전에 도상으로 작업구역 및 장애물, 진/출입로 등을 확인표시하고, 이전에 사용한 작업지도를 사용하는 경우에는 지형/장애물의 변화 여부를 재확인한다.

나. 부적합 지역과 살포 제외 지역

(1) 부적합지역이란

산업용 무인비행장치를 이용하여 적정한 항공방제를 실시하기 위해서는 비행 장애물이 없어야 하고, 조종자의 접근로 등이 확보되어야 한다. 이것은 유사시에 비행장치 및 조종자의 안전을 확보하기 위한 것으로써, 살포 비행하는 것이 심각하게 불안하다고 예상되거나 안전한 살포작업이 불가한 지역은 작업을 진행해서는 안 되는 곳이라 할 수 있다.

(2) 방제 제외지역

산업용 무인비행장치는 유인헬리콥터로는 살포할 수 없는 협소한 지역도 살포 가능하지만, 사전에 충분한 피해 예방조치를 강구할 수 없는 곳이라고 생각되는 곳은 방제 제외지역으로 간주해야 한다. 특히, 다음 사항들을 고려하여 피해 발생 우려가 없는지 확인해야 한다.

① 공중위생 관련(가옥, 학교, 수로, 수원 등), 축잠수산 관련(가축, 가옥, 꿀벌, 누에, 어패류 등 수산동식물 등), 타 작물 관련(살포대상 이외의 농작물 등) 및 야생동식물 관련(천연기념물 등의 귀중한 야생 동식물)

② 산업용 무인비행장치의 조종자, 기타 작업자의 안전이 충분히 확보되어 있을 것

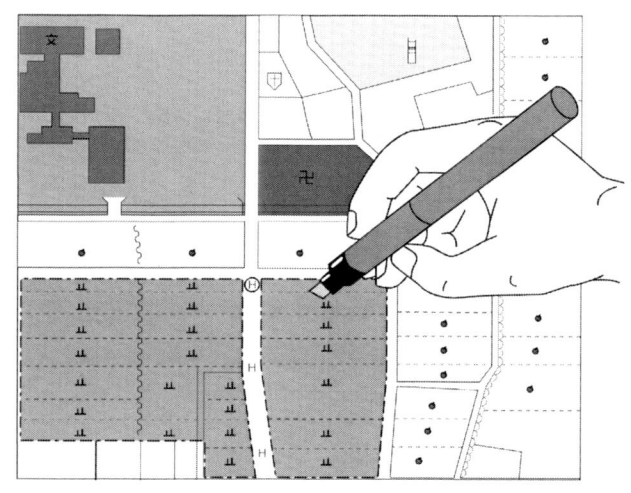

축척비율이 작은 지도

03 이착륙 지점에서의 작업 간 안전사항

가. 이착륙지점에서 작업을 할 경우, 주의 사항

이착륙지점에서 작업을 할 경우, 무인헬리콥터의 경우 메인로터가 회전하고, 있는 동안은 무의식중에 접근하지 않도록 통제해야 한다. 로터가 작은 멀티콥터형의 경우라도 로터가 회전할 때 접근할 경우 심각한 인명의 손상을 초래할 수 있다. 또한 살포 관계자 이외의 사람이 무인비행장치나 약제에 접근하지 못하도록 주의해야 한다. 무인비행장치의 수직 이착륙 시 발생하는 모래먼지가, 약제혼합용기, 물탱크 등에 들어가면 살포장치의 고장원인이 되므로 주의가 필요하다.

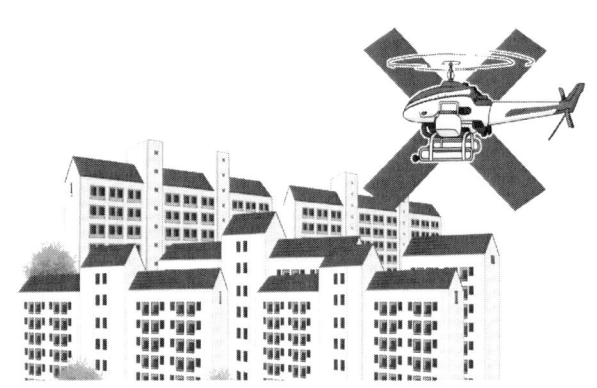

나. 자재의 배치 방법

약재 등의 자재를 모아두는 장소는 아래의 사항을 반드시 준수해야 한다.

① 적재는 너무 높지 않게 한다. (0.5m 정도)
② 약제혼합용기, 보조원의 대기위치 등은 이착륙 지점에서 15m 이상 떨어진 거리를 유지해야 한다.
③ 로터의 풍압으로 떠오를 것 같은 물건(비닐, 빈봉지 등)은 미리 제거하거나 무거운 돌을 올려놓는 등의 조치를 해야 한다.

다. 이착륙지점 선정

① 이착륙지점은 평탄하고 모래먼지가 일어나지 않는 농로 등이 안전하다.
② 설치장소에 경사가 있는 장소는 가능한 수평인 지점을 고른다.
③ 이착륙지점 주변은, 로터의 풍압으로 작물이 손상될 우려가 있다. 이러한 점을 고려하여 이착륙지점을 선정한다.

라. 무인비행장치 탑재 용량

① 작물 현장의 해발고도 ② 기온, 습도 ③ 장애물의 많은 곳 등 적재중량을 제한하는 요인이 있으므로, 항상 그 최대 성능을 발휘한다고는 할 수 없다. 작업을 하기 전에 적재능력의 1/2 정도로 확인 비행을 실시하는 것이 좋다.

약제를 만재한 상태에서 이륙하는 경우, 최대의 마력을 필요로 하므로, 부드럽고 신중한 조작이 요구된다. 따라서, 과적은 장비의 비행제어 장애를 유발할 수 있으므로 피해야 한다.

마. 조종자/작업자 안전 준비 사항

무인항공 방제작업은 좁은 농로에 약제 살포 작업 작업이 요구된다. 이러한 작업 현장상황에서는 안전을 위해 조종자의 복장, 행동 등에 관해서 다음 사항을 지켜야 한다.

① 헬멧의 착용
② 보안경, 마스크 착용
③ 옷은 긴소매를 입고, 단추를 확실히 잠근다.
④ 메인로터가 완전히 정지하기까지는, 무의적인 접근을 하지 않을 것

약제봉지의 절단조작, 실밥, 모래, 진흙 등의 이물질이 약제에 들어가면, 살포장치의 고장 원인이 된다. 이물질이 혼입되지 않도록 특별히 주의를 기울여야 한다.

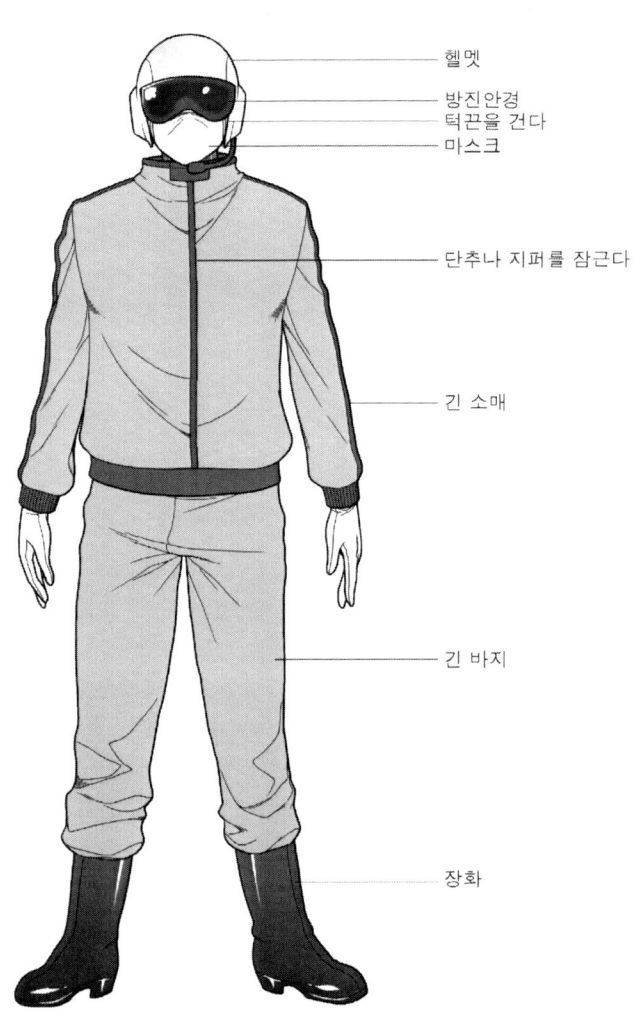

04 항공방제 시의 약제 관련 주의 사항

가. 약제 살포 주의사항

① 살포 장치의 살포 기준에 따라 실시한다.
② 약액이 새는 것을 방지하기 위해 살포용 배관과 살포장치를 점검한다.
③ 특정 농약(혼합 가능여부가 확인된 것) 이외의 혼용을 금지한다.
④ 살포지역의 선정에 충분히 주의를 기울이고, 경계구역 내의 모든 물체들에 유의한다.
⑤ 맹독성 약제 취급 시 마스크, 장갑 등을 착용하여 직접 약액에 닿지 않도록 조심한다.

나. 살포 작업 종료 후

① 빈 용기는 안전한 장소에 폐기한다.
② 약제잔량은 안전한 장소에 책임자를 정해 보관한다.
③ 기체 살포장치는 충분히 세척하고, 세정액은 안전한 장소에 처리한다.
④ 얼굴, 손, 발 등을 세제로 잘 씻고, 반드시 가글한다.

제4절 무인항공기 배터리 관리 시 주의사항

01 배터리 경고사항

대부분의 무인비행장치들은 고성능의 리튬폴리머(LI-Po) 배터리를 사용하고 있다. 하지만, 리튬폴리머 배터리는 관리 및 사용이 부실할 경우 쉽게 성능이 저하되거나 심각한 인명의 손상을 줄 수 있는 화재나 폭발 사고를 일으킬 수 있어 매우 잘 관리해야 한다. 여기서는 배터리 사용 시의 주의 사항을 소개한다.

가. 배터리 사용 시 경고사항

① 배터리를 빗속이나 습기가 많은 장소에 보관하지 말아야 한다. 배터리 속으로 물이 들어간다면, 화학적 분해가 일어나고 잠재적으로 화재가 발생하거나 폭발 위험이 있다.
② 정격 용량 및 장비별 지정된 정품 배터리를 사용해야 한다.
③ 배터리가 부풀거나, 누유 또는 손상된 상태일 경우에는 사용하면 안 된다.
④ 전원이 켜진 상태에서 배터리를 탈착해서는 안 된다.
⑤ 배터리는 -10℃~40℃의 온도범위에서 사용한다. 50℃ 이상의 환경에서 사용될 경우

폭발의 위험이 있다. 또한 -10℃ 이하로 사용될 경우 영구히 손상되어 사용불가 상태가 될 수 있다.
⑥ 배터리를 전기 및 전자기 환경에서 사용하거나 두지 말아야 한다. 그렇지 않을 경우 배터리 관리 보드가 고장을 생겨 비행 중에 심각한 사고를 유발할 수 있다.
⑦ 배터리를 임의로 분해하는 것은 화재 및 폭발의 위험에 노출되는 것이다.
⑧ 만일, 비행 중에 수중으로 추락했을 경우, 즉시 건져올려서 안전한 개방된 곳에 두고, 배터리가 완전히 건조될 때까지 안전거리를 유지한다.
⑨ 전해질은 부식성이 강하다. 만일, 전해질이 피부나 눈에 닿았을 경우 즉시 감염된 부위를 흐르는 물에 15분 이상 세척한 후 의사의 진단을 받아야 한다.
⑩ 망가지거나 심한 충격을 입은 배터리는 사용해서는 안 된다.
⑪ 배터리를 전자레인지나 오븐 등 고온 기기에 두어서는 안 된다.
⑫ 금속 탁자와 같은 전도성의 표면위에 배터리를 두어서는 안 된다.
⑬ 배터리 커넥터나 터미널은 청결하고 건조한 상태를 유지해야 한다.

나. 배터리 충전 시 경고사항

① 배터리 충전 시 직접 상전이나 차량 전원에 연결하지 말고, 반드시 적합한 충전기를 사용하여 충전해야 한다.
② 배터리 충전을 건 상태에서 방치해서는 안 된다.
③ 카펫이나 나무 위와 같이 쉽게 불이 붙거나 발화되기 쉬운 물체 표면이나 주변에서 충전해서는 안 된다.
④ 비행 직후에 온도가 높아진 상태에서 충전하지 말아야 한다. 상온까지 배터리 온도가 내려간 상태에서 충전을 걸어야 한다. -10℃~40℃ 이외의 환경에서 충전을 할 경우 배터리 손상, 과열, 누수 등이 발생할 수 있다.
⑤ 사용하지 않을 때는 충전기에서 분리해야 한다.
⑥ 배터리 충전기를 알콜이나 솔벤트 등으로 청소해서는 안 된다. 손상된 충전기는 절대 사용해서는 안 된다.

다. 배터리 보관 시 경고사항

① 배터리를 어린이나 애완동물이 접근할 수 있는 장소에 보관해서는 안 된다.
② 화로나 전열기 등 열원 주변에 보관해서는 안 된다.
③ 더운 날씨에 차량에 배터리를 보관해서는 안 된다. 적합한 보관 장소의 온도는 22℃~28℃이다.
④ 배터리를 낙하, 충격, 쑤심, 또는 인위적으로 합선시키면 안 된다.
⑤ 안경, 시계, 보석, 머리핀 등의 금속성 물체들과 같이 보관해서는 안 된다.
⑥ 손상된 배터리나 전력 수준이 50% 이상인 상태에서 배송해서는 안 된다.

라. 배터리 폐기 시 경고사항

완전히 방전시킨 후 특별히 정해진 재활용 박스에 버린다. 배터리를 일반 쓰레기 용기에 버려서는 안 되며, 반드시 배터리 폐기 및 재활용에 관한 규정에 따라 처리해야 한다.

마. 배터리 정비 시 경고사항

① 배터리 온도가 너무 높거나 낮을 경우 사용하지 말아야 한다.
② 60℃ 이상의 장소에 배터리를 적재해서는 안 된다.

바. 여행 시 경고사항

여객기 내에 수화물로 가지고 들어갈 경우, 우선 완전히 방전시켜야 한다. 탑승 전에 완전히 방전될 때까지 비행을 하여 소모시킬 수 있다. 화재 위험이 없는 곳에서 방전시켜야 한다. 비행기 화물로는 운송할 수 없으며, 기내 화물로 2개까지 보유할 수 있다.

02 배터리 주의사항

배터리를 오래 효율적으로 사용하기 위해서는 다음 항목들에 주의해야 한다.

가. 배터리 사용 시 주의사항

① 매 비행 시마다 배터리를 완충시켜야 한다.
② 정해진 모델의 충전기만을 사용해야 한다. 타 모델 장비와 혼용해서는 안 된다.
③ 저전력 경고가 점등될 경우 즉시 복귀 및 착륙시켜야 한다.

나. 배터리 충전 시 주의사항

① 배터리 충전 시에는 항상 모니터링한다.
② 충전이 다 됐을 경우 배터리를 분리한다.

다. 배터리 보관 시 주의사항

① 10일 이상 사용하지 않고 보관할 경우 40%~65% 정도까지 방전시킨 후 보관해야 한다. 그렇게 하면 배터리 수명이 상당히 길어진다.
② 비행체를 장기 보관할 경우 배터리를 분리한다.

라. 배터리 정비 시 주의사항

① 과도하게 방전시키면 배터리 셀이 손상되므로 주의해야 한다.
② 배터리를 장시간 사용하지 않을 경우 수명이 단축된다.

제5절 FAQ를 통해 알아보는 무인비행장치 안전관리사항

(자료제공 : 국토교통부)

01 질의 응답식 관련법규

1) 무인비행장치를 한 대 장만했다. 안전하게 비행하려면 어떤 절차를 거쳐야 할까?

【비행장치 구매 시 안전비행 절차】

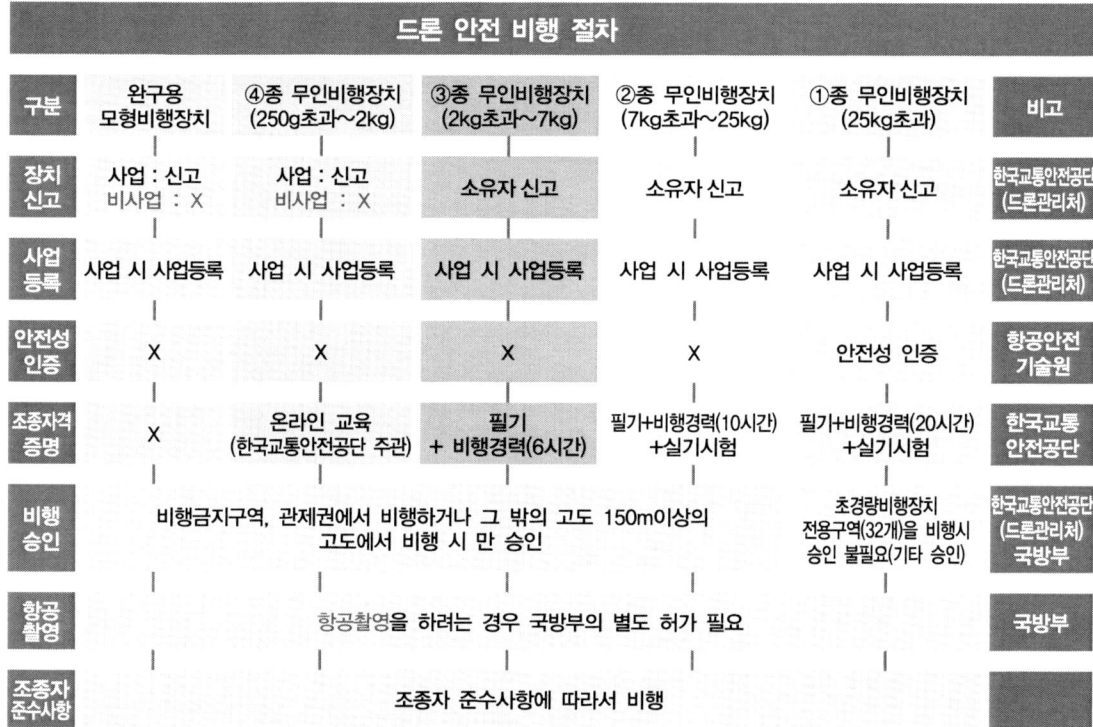

※ 상기 기준은 자체중량 150kg 이하인 무인동력비행장치에 적용
※ 비행제한구역 및 비행금지구역, 관제권, 고도 150m이상에서 비행시는 무게와 상관없이 비행승인
 최대이륙중량 25kg 초과 기체는 상시 승인 필요(단, 초경량비행장치 비행공역에서는 승인없이 가능)
※ 비행금지구역이더라도 초, 중, 고학교 운동장에서는 지도자의 감독아래 교육목적의 고도 20m이내 비행은 가능함.(7kg이하)
※ 조종자격증명 응시 연령 : ④종 무인비행장치는 만 10세 이상, ③~①종은 만 14세 이상

【업무별 처리기관 연락처】

업무내용	관할지역
장치신고	한국교통안전공단 드론관리처(054-459-7942~8)
사업 신고	한국교통안전공단 드론관리처(054-459-7942~8)
안전성 인증	항공안전기술원 (032-727-5891)
조종자격 증명	교통안전공단 드론 자격연구센터(031-645-2103, 2104)
비행승인	서울지방항공청 항공운항과 (032-740-2157~8) 부산지방항공청 항공운항과 (051-974-2153) 제주지방항공청 안전운항과 (064-797-1745)
공역 관련	서울지방항공청 관제과 (032-740-2185) 부산지방항공청 항공관제국 (051-974-2206) 제주지방항공청 항공관제과 (064-797-1764)
국방부	콜센터 1577-9090, 대표전화(교환실) 02-748-1111, 수도방위사령부(서울 비행금지구역 허가 관련) 02-524-3413 보안암호정책과(항공촬영 허가 관련) 02-748-2344

【지방항공청 관할지역】

지방항공청	관할지역
서울지방항공청 관할	서울특별시, 경기도, 인천광역시, 강원도, 대전광역시, 충청남도, 충청북도, 세종특별자치시, 전라북도.
부산지방항공청 관할	부산광역시, 대구광역시, 울산광역시, 광주광역시, 경상남도, 경상북도, 전라남도.
제주지방항공청 관할	제주특별 자치도.

2) 취미용 드론(무인비행장치)은 안전관리 대상이 아닌가요? x

취미활동으로 드론(무인비행장치)을 이용하는 경우라도 조종자 준수사항은 반드시 지켜야 한다. 이는 타 비행체와의 충돌을 방지하고 무인비행장치 추락으로 인한 지상의 제3자 피해를 예방하기 위한 최소한의 안전장치이기 때문이다. 또한 비행금지구역이나 관제권(공항 주변 반경 9.3km)에서 비행할 경우에도 무게나 비행 목적에 관계없이 허가가 필요하다.

3) 드론(무인비행장치)을 실내에서 비행할 때에도 비행승인을 받아야 되나요?

A ✕

사방, 천장이 막혀있는 실내 공간에서의 비행은 승인을 필요로 하지 않는다. 또한 적절한 조명장치가 있는 실내 공간이라면 야간에도 가능하다. 다만, 어떠한 경우에도 인명과 재산에 위험을 초래할 우려가 없도록 주의해서 비행해야 한다.

4) 비행허가가 필요한 지역과 허가기관을 알려주세요.

(1) 아래 지역은 장치 무게나 비행 목적에 관계없이 드론을 날리기 전 반드시 허가가 필요하다.

(2) 전국 관제권 및 비행금지구역 현황은 다음과 같다.

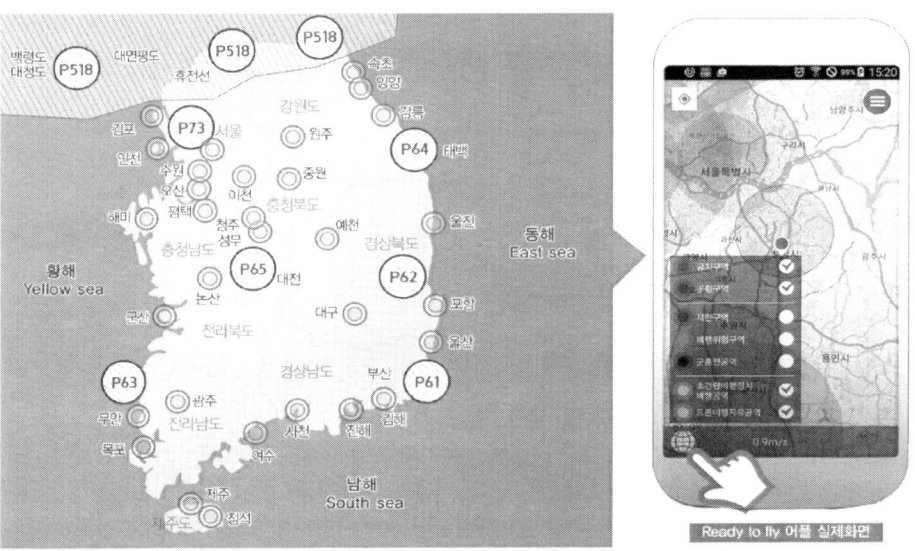

① 지도에 표시된 장소에서 드론을 조종하려면 허가가 필요하다.
② 공역 설정현황은 스마트폰 어플(Ready to fly) 또는 브이월드 홈페이지 (www.vworld.kr)에서 보다 자세히 확인할 수 있다.
③ 비행금지구역 및 제한구역에 대한 허가기관

구분	관할기관
P-73(서울지역)	수도방위사령부(화력과)
P-518(휴전선지역)	합동참모본부(항공작전과)
P-61~P-65의 A구역	합동참모본부(종심작전과)
P-61~P-65의 B구역	각 관할 지방항공청
R-75(수도권 인구밀집지역)	수도방위사령부 방공작전통제소

※ 비행허가 신청은 비행일로부터 최소 3일 전까지, 드론원스탑 민원서비스(drone.onestop.go.kr)을 통해 신청 가능하다.(국방부는 별도)

5) 내가 비행하려는 장소가 허가가 필요한 곳인지 쉽게 찾아볼 수 있는 방법이 있나요? A ㅇ

(1) 국토교통부와 (사)한국드론협회가 공동 개발한 스마트폰 어플(명칭: Ready to fly)을 다운받으면 전국 비행금지구역, 관제권 등 공역 현황 및 지역별 기상정보, 일출일몰시각, 지역별 비행허가 소관기관과 연락처 등을 간편하게 조회할 수 있다.

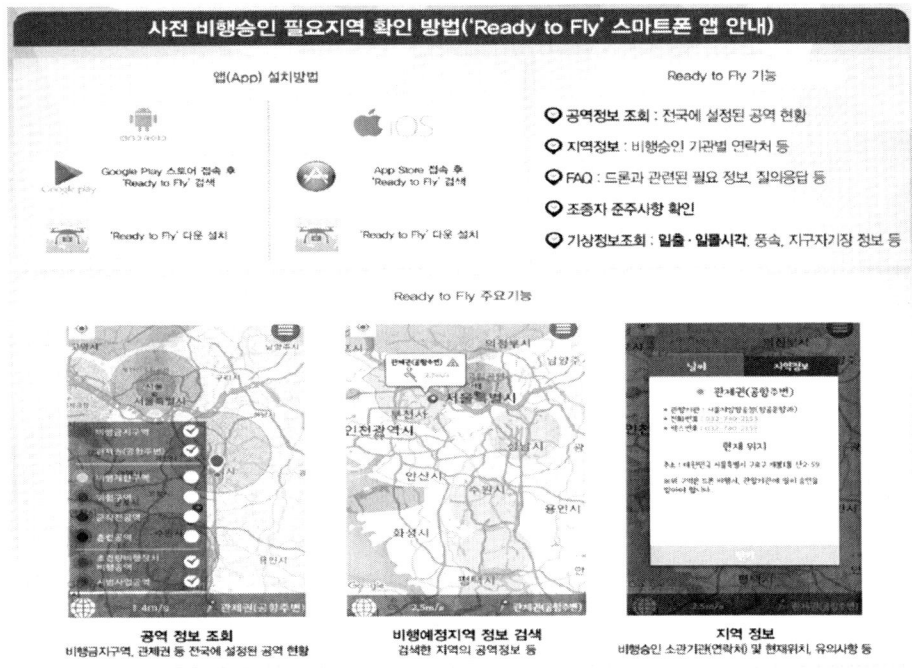

(2) 마켓에서 "readytofly" 또는 "드론협회" 검색·설치 후 이용 가능하다.

6) 무인비행장치는 마음대로 날릴 수 있다? Ⓐ X

(1) 단순 취미용 무인비행장치라도 모든 조종자가 준수해야 할 안전수칙을 항공안전법에 정하고 있고 조종자는 이를 지켜야 한다. 조종자 준수사항은 비행장치의 무게나 용도와 관계없이 무인비행장치를 조종하는 사람 모두에게 적용된다.

(2) 조종자 준수사항을 위반할 경우 항공법에 따라 최대 200만원(3차 이상)의 과태료가 부과된다.

① **비행금지 시간대** : 야간비행(야간 : 일몰 후부터 일출 전까지)

※ 최근 야간에도 특수목적으로 비행 시 사전허가를 득하면 비행 가능하다.

② **비행금지 장소**
- 비행장으로부터 반경 9.3 km 이내인 곳
- "관제권"이라고 불리는 곳으로 이착륙하는 항공기와 충돌위험 있음.
- 비행금지구역 (휴전선 인근, 서울도심 상공 일부) 국방, 보안상의 이유로 비행이 금지된 곳.
- 150m 이상의 고도 → 항공기 비행항로가 설치된 공역임.
- 인구밀집지역 또는 사람이 많이 모인 곳의 상공(예 : 스포츠 경기장, 각종 페스티벌 등 인파가 많이 모인 곳) → 기체가 떨어질 경우 인명피해 위험이 높음

※ 비행금지 장소에서 비행하려는 경우 지방항공청 또는 국방부의 허가 필요
(타 항공기 비행계획 등과 비교하여 가능할 경우에는 허가)

③ **비행 중 금지행위**
- 비행 중 낙하물 투하 금지, 조종자 음주 상태에서 비행 금지
- 조종자가 육안으로 장치를 직접 볼 수 없을 때 비행 금지(예 : 안개·황사 등으로 시야가 좋지 않은 경우, 눈으로 직접 볼 수 없는 곳까지 멀리 날리는 경우)

7) 무인비행장치로 취미생활을 하고 싶은데 자유롭게 날릴 만한 공간이 없다. Ⓐ X

(1) 시화, 양평 등 전국 각지에 총 32개소의 "초경량비행장치 전용공역"이 설정되어 있고, 그 안에서는 허가를 받지 않아도 자유롭게 비행할 수 있다. 참고로, 초경량비행장치 전용공역을 확대하기 위해 관계부처 간 협의를 활발히 진행하고 있다.

(2) 국토부, 국방부, 동호단체간 협의를 통해 수도권 내 4곳의 드론 전용 비행장소를 추가 지정한 바 있다.

※ 수도권 드론 전용장소 : 가양대교 북단, 신정교, 광나루, 별내 IC 인근
(비행장 문의 : 한국모형항공협회 ☎ (02)548-1961)

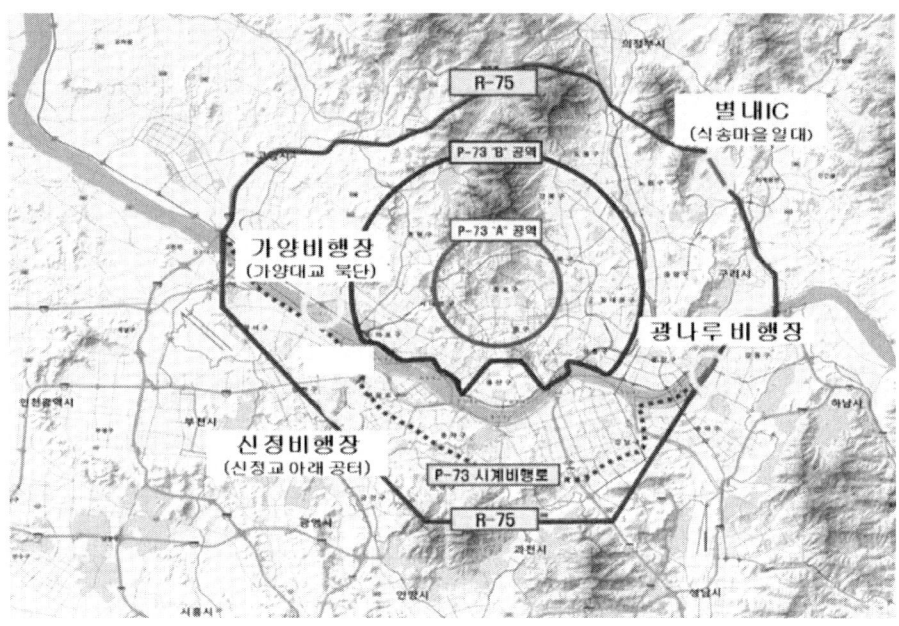

8) 드론으로 사진촬영 하는데도 허가가 필요한가요?

(1) 드론으로 사진촬영 하는데 허가가 필요하다. A O

① 국방부장관은 항공촬영 허가 시 관련 기관 및 업체의 업무를 고려하여 촬영허가 기간을 관공서(최장 3개월), 촬영업체 / 개인 (최장 1개월) 이내에서 허가할 수 있다.

② 전국단위 초경량비행장치(드론) 항공촬영 승인은 육군 제 17보병사단(정보참모처)에서 실시하며 보안조치는 해당 책임지역 부대장이 실시한다.

③ 항공사진 촬영신청자는 촬영 4일전(천재지변에 의한 긴급보도 등 부득이한 경우는 제외)까지 인터넷 드론 원스톱(One Stop) 민원처리 시스템(http://www.drone.onestop.go.kr) 의 항공사진 촬영 허가 신청서(붙임 #1)(촬영대상·일시·목적·촬영자 인적사항 등)를 이용하여 신청한다.

④ 항공사진 촬영 허가관련 문의 : 국방부 정보본부 보안암호정책과(02-748-2344)

(2) 드론으로 사진촬영 하는데 허가가 필요하지 않다. A X

① 책임부대 부대장은 촬영목적·용도 및 대상시설·지역의 보안상 중요도 등을 검토하여 항공촬영 허가여부를 결정하되, 다음의 ②에 해당되는 시설에 대하여는 항공사진 촬영을 금지한다.

② 항공사진촬영이 금지된 시설
- 국가보안시설 및 군사보안 시설
- 비행장, 군항, 유도탄 기지 등 군사시설
- 기타 군수산업시설 등 국가안보상 중요한 시설·지역

9) 드론(무인비행장치) 조종자로서 야간에 비행하거나 육안으로 확인할 수 없는 범위에서의 비행은 불가능한가요? A x

(1) 항공안전법 제129조제5항에 따라 드론(무인비행장치) 조종자로서 야간에 비행하거나 육안으로 확인할 수 없는 범위에서 비행하려는 자는 특별비행승인을 받아 그 승인 범위 내에서 비행이 가능하며, 드론 원스탑 민원서비스(http://www.drone.onestop.go.kr)를 통하여 특별비행승인 신청이 가능하다.

(2) 드론 특별비행 승인절차는 다음과 같다.

드론 특별비행 승인절차

10) 항공촬영 허가를 받으면 비행승인을 받지 않아도 됩니까? A x

(1) 항공촬영 허가와 비행승인은 별도입니다. (대한민국 전 지역이 항공촬영 승인 대상입니다.) 항공사진 촬영 목적으로 드론(무인비행장치)을 날리려면 먼저 국방부로부터 항공사진 촬영 허가를 받고, 이를 첨부하여 공역별 관할기관에 비행승인을 신청하여 드론 원스탑 민원서비스(http://www.drone.onestop.go.kr)를 통하여 신청이 가능하다.

(2) 항공촬영을 위한 비행 시에는 항공촬영 허가와 별도로 국토교통부에 신고하여야 한다. 다만, 비행금지구역을 비행할 경우 항공촬영 신청자는 해당 지역의 공역(空域)관리기관(합참·수방사, 공군 등)의 별도 승인을 얻은 후 국토교통부에 신고하여야 한다.

(3) 군사작전 지역 내 비행 및 군 시설 이용이 필요할 경우 사전에 관할 군부대와 협조하여야 한다.

11) 국내에서 무인비행장치로 사업을 할 수 있다? 🅐 ○

(1) 국내 항공법은 무인비행장치를 이용한 사업을 "초경량비행장치 사용사업"으로 구분하고, 비료나 농약살포 등의 농업지원, 사진촬영, 육상·해상의 측량 또는 탐사, 산림·공원의 관측 등의 사업에 사용할 수 있도록 정하고 있다.

(2) 무인비행장치로 사용사업을 하기 위해서는 항공법에서 정하는 자본금, 인력, 보험 등 등록요건을 갖추고 지방항공청에 등록하여야 한다. 또한 2kg을 초과하는 무인비행장치로 사용사업을 할 경우는 소속된 조종자가 조종자 증명을 취득하여야 한다.

(3) 2014년 7월 15일부터는 개정 항공법이 발효되어, 등록하지 않고 사업을 하다 적발될 경우 1년 이하의 징역 또는 3천만원 이하의 벌금에 처해질 수 있다.

02 비행 정보

1) AIP(Aeronautical Information Publication)
(1) 해당 국가에서 비행하기 위해 필요한 항법관련 항공정보간행물.
(2) 우리나라는 한글과 영어로 된 단행본으로 발간되며, 국내에서 운항되는 모든 민간항공기의 능률적이고 안전한 운항을 위하여 영구성 있는 항공정보를 수록.

2) NOTAM(Notice to Airman) : 노탐
(1) 항공고시보라고 하며, 항공시설, 업무절차 또는 위험요소의 신설, 운용상태 및 그 변경에 관한 정보를 수록하여 전기통신수단으로 항공종사자들에게 배포하는 공고문. (28일 주기로 발행하여 연간 13회 발행함. 최대 유효기간은 3개월)

3) AIRAC(Aeronautical Information Regulation And Control)
(1) 정해진 Cycle에 따라 최신으로 규칙적으로 개정되는 것.

4) AIC(Aeronautical Information Circular) : 항공정보회람
(1) 위의 AIP나 NOTAM으로 전파될 수 없는 주로 행정사항에 관한 다음의 항공정보를 제공한다.
   ① 법령, 규정, 절차 및 시설 등의 주요한 변경이 장기간 예상되거나 비행기 안전에 영향을 미치는 사항.
   ② 기술, 법령 또는 순수한 행정사항에 관한 설명과 조언의 정보 통지
   ③ 매년 새로운 일련번호를 부여하고 최근 유효한 대조표는 일 년에 한 번씩 발행.

제6절 기상과 무인항공기 운용

01 바람과 바람의 측정

바람은 공기의 흐름이다. 즉, 운동하고 있는 공기이다. 수평방향의 흐름을 지칭하며, 고도가 높아지면 지표면 마찰이 적어 강해진다. 공기의 흐름을 유발하는 근본적인 원인은 태양 에너지에 의한 지표면의 불균형 가열에 의한 기압차이로 발생하고, 기온이 상대적으로 높은 지역에서는 저기압이 발생하고, 기온이 상대적으로 낮은 지역에서는 고기압이 발생한다.

바람의 측정은 공항이나 기상 관측소에 설치된 풍속계(anemometer)와 풍향계(wind direction indication)에 의해서 측정된다. 종류는 바람주머니, T형 풍향지시기, Aerovane 등이 있으며, 지표면 10m 높이에서 관측된 것을 기준으로 하며, 풍향, 풍속을 표기한다.

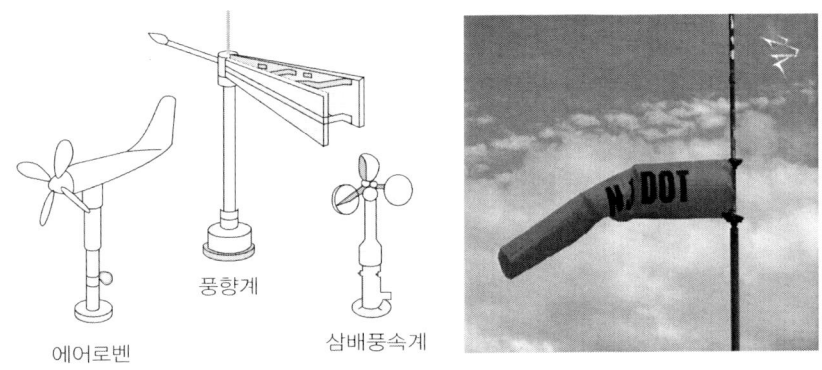

바람의 측정기구

바람의 속도(velocity)와 속력(speed)은 차이가 있다. 속도는 벡터량으로 방향과 크기를 가지는 반면 속력은 스칼라량으로 방향만 갖는다. 풍속의 단위는 NM/H(kt), SM/H(MPH), km/h, m/s이다. 1kt = 1,852m(Nautical Mile)(Statute Mile 1 mile = 0.869해리이다.)이다. 바람의 방향을 제공할 때 지상에서 기상 활용자(또는 전문가)들은 진북방향을 공중에서 항공종사자(조종사, 관제사 등)는 자북방향으로 제공한다.

바람의 방향은 다음의 그림과 같으며, 바람 방향 북풍이라는 것은 북에서 남으로 부는 바람을 말한다. 즉 북쪽을 향하는 바람이 아니다. 그러나 조류, 해류 등 물 흐름의 방향은 향해서 가는 방향을 의미한다. 방위를 붙여서 표현하고 풍향은 동서남북의 중간방위를 더해서 16방위로 표기한다.

풍향 풍속의 측정방법은 1분간, 2분간, 또는 10분간의 평균치를 측정하여 지속풍속을 제공한다. 평균풍속은 10분간의 평균치로 공기가 1초 동안 움직이는 거리를 m/s, 1시간에 움직인 거리를 마일(mile)로 표시한 노트(kt)를 말한다. 순간풍속은 어느 특정 순간에 측정한 속도를 말하며 최대 풍속은 관측기간 중 10분 간격의 평균 풍속 가운데 최대치를 말한다. 순간최대 풍속은 관측기간 중 순간 풍속의 최대치 즉 가장 큰 풍속을 말한다. 해상에서는 풍력을 많이 사용하고 있다.

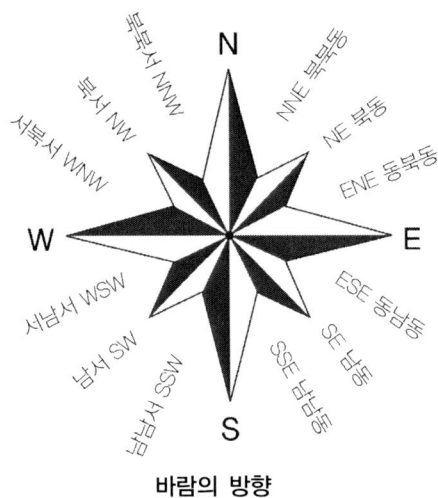

바람의 방향

다음은 Windsock에 의한 풍속 측정방법으로 Windsock의 각도에 따라 풍속을 측정할 수 있으며, 풍향은 Windsock 입구 쪽 방위를 10°단위로 측정하면 된다.

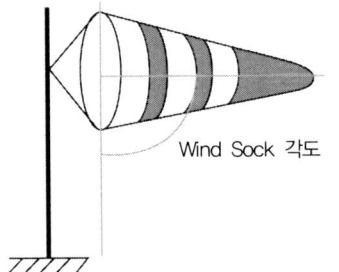

Wind sock 각도	풍속(m/sec)
0도	0m/sec
15~20도	1m/sec
30~40도	2m/sec
50~60도	3m/sec
70~80도	4m/sec
90도	5m/sec

Wind sock에 의한 풍향,·풍속 측정법

Windsock에 의한 측정방법에 있어서 유의해야 할 점은 정확한 측정방법은 아니라는 것이다. 그러나 주변에 많이 설치된 Windsock을 잘 활용하면 항공기 및 드론 운용 시 좋은 자료가 될 것이다.

또 다른 방법으로는 휴대하고 있는 손수건을 활용한 방법으로 손수건을 손으로 잡고 날리는 정도에 따라 측정하는 방법이다.

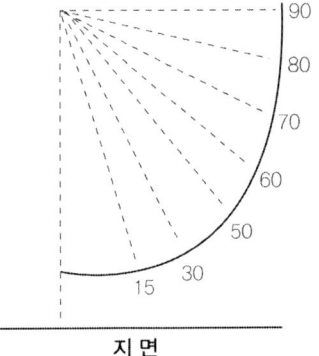

수직 각도	풍향(m/sec)
0도	0m/sec
15도	1m/sec
30도	2m/sec
50도	3m/sec
70도	4m/sec
90도	5m/sec

손수건에 의한 풍향·풍속 측정법

02 무인항공기(드론) 운용에서의 바람의 활용

무인항공기 및 드론 등 공중에서 운용하는 비행체는 바람의 영향에 매우 민감하며 중요하다. 무인항공기 및 드론 등의 성능에 상당한 영향을 미치고 있다. 무인항공기나 드론이 아니더라도 하늘을 나는 새들의 행태를 보더라도 바람을 적절히 활용하고 있음을 알 수 있다. 새들이 나뭇가지에 앉거나 날아 갈 때도 반드시 맞바람을 적절히 이용하고 있는 것을 볼 수 있다. 따라서 무인항공기나 드론을 운용하는 조종자 및 관계자들은 맞바람을 활용할 수 있도록 하여야 한다.

맞바람(head wind)은 사람의 앞부분이나 무인항공기 또는 드론의 기수(nose) 방향을 향하여 정면으로 불어오는 바람이다. 맞바람은 항공기의 이착륙 성능을 현저히 증가시키고 드론 역시 바람이 부는 상황에서 이·착륙 시 맞바람을 적절히 이용하면 안전하게 운용할 수 있다.

뒷바람(tail wind)은 무인항공기 또는 드론의 꼬리(tail)방향을 향하여 불어오는 바람이다. 뒷바람은 항공기 이착륙 시 성능을 현저히 감소시키거나 이착륙 자체를 불가능하게 한다. 드론 역시 뒷바람 상태에서 이착륙 시는 안전하게 운용 될 수 없다.

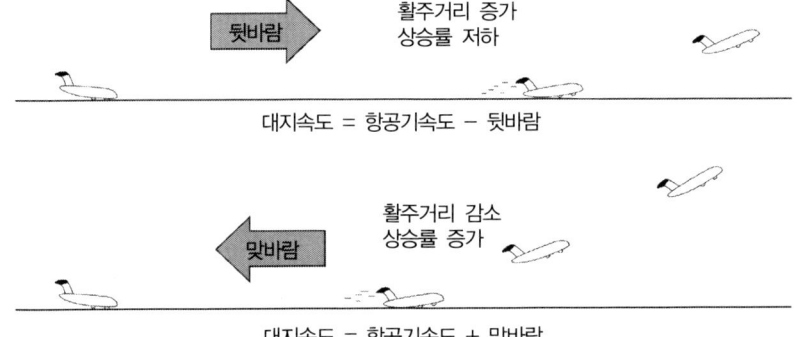

맞바람과 뒷바람

측풍은 무인항공기나 드론 등 비행체의 왼쪽 또는 오른쪽에서 부는 바람이다. 측풍 역시 무인항공기나 드론 운용에 많은 영향을 미치는 요인으로 작용한다. 무인항공기나 드론 등 공중에서의 비행체를 운용하는 요원들은 정풍, 배풍이라는 용어를 많이 사용하고 접하고 있다. 이는 맞바람과 뒷바람을 연계하여 사용하여도 무방하다.

03 국지풍(열적 국지풍)

지형적 특이성에 의한 부등가열로 인해 발생하며 해륙풍, 산곡풍, 경사 순환 등이 있다. 복사 가열 또는 복사 냉각에 의해 발생하며 여름철 중위도에서 잘 발달하며, 하루를 주기로 순환의 방향과 강도가 변한다.

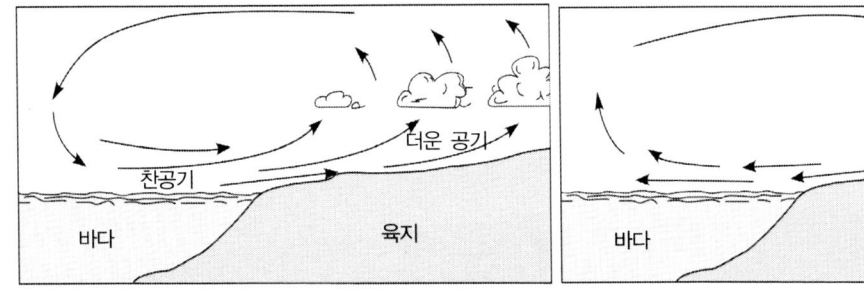

해풍(좌)과 육풍(우)

해륙풍(land breezes, sea breezes)은 주간(해풍)에는 태양복사열에 의한 가열 속도차로 기압경도력이 발생한다. 즉 육지에서의 가열이 높아지면 기압이 낮아지고 수평 기압경도가 형성된다. 오후 중반 10~20kts 속도로 발생되나 그 이후 점차 소멸되며, 1,500~3,000ft 높이까지 발달한다.

야간(육풍)에는 지표면과 해수면의 복사 냉각차로 기압 경도력이 발생한다. 해풍(주간)보다 육풍(야간)이 적은 것은 야간의 기온 감률이 느리기 때문이다.

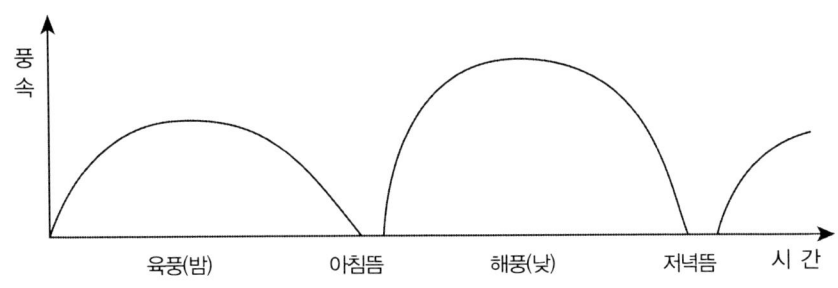

1. 해풍이 육풍보다 빠르다.
2. 해풍과 육풍이 바뀌는 순간 바람이 일시 정지함. 이 때를 뜸이라고 함.

하루 중 해륙풍의 풍속 변화

육풍은 육지에서 해양으로 이동하는 하층기류로서 최대 풍속은 약 5kts이다. 단, 한랭공기가 해안을 따라 위치한 산악지역의 경사면 아래로 움직이는 배출풍(drainage wind)인 경우 센바람이 발생한다. 호수풍 및 육풍은 큰 호수 주변에서 부는 바람으로 풍속은 수면의 넓이, 육지와 물의 온도차에 비례하며, 여름철에 강하고 빈번하게 발생한다.

산곡풍(산들바람, mountain breezes, valley breezes)은 산바람과 골바람으로 나누어진다. 산바람은 산 정상에서 산 아래로 불어오는 바람(야간)을 말하고, 골바람은 산 아래에서 산 정상으로 불어오는 바람(주간)으로 적운이 발생한다. 산 경사면의 태양 복사 차이로 수평적 기압 경도력이 발생하며, 비행기로 계곡 통과 시 순간적인 상승, 강하 현상이 발생하는 것을 볼 수 있다.

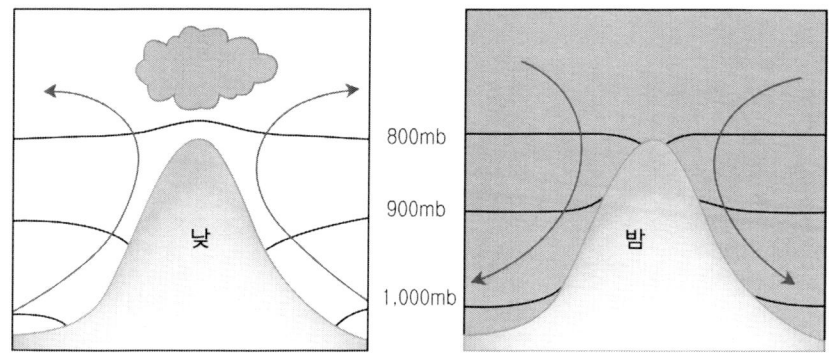

골바람(좌)과 산바람(우)

04 돌풍

돌풍(gust)은 바람이 항상 일정하게 불지 않고 강약을 반복하는 바람을 말하며, 숨이 클 경우 갑자기 10m/sec, 때로는 30m/sec를 넘는 강풍이 불기 시작하여 수 분, 혹은 수 십분 내에 급히 약해진다.

발생원인은 첫째, 지표면이 불규칙하게 요철을 이루고 있어 바람이 교란되어 작은 와류(회오리)가 많이 생길 때, 북서 계절풍이 강할 때 발생하며, 둘째, 태풍 중심 부근의 강풍대에서 저기압이 급속히 발달할 때 발생한다. 셋째, 지표면이 불규칙하게 가열되어 열대류가 일어날 때 발생하며, 넷째 뇌우의 하강기류에서 고지대의 한기가 해안지방으로 급강하할 때, 다섯째, 한랭전선 전방의 불안정선이나 한랭전선 후방의 2차 전선이 통과할 때 발생한다.

근본적인 원인은 한랭한 하강기류가 온난한 공기와 마주치는 곳, 즉 한랭 기단이 따뜻한 기단의 아래로 급하게 침입하여 따뜻한 공기를 급상승시켜 일어나게 된다. 특징은 풍향이 급하게 변하고 큰 비 혹은 싸락눈이 쏟아지며 우박을 동반할 수 도 있다. 기온은 급강하하고 상대습도는 급상승한다.

스콜(squall)은 관측하고 있는 10분 동안의 1분 지속풍속이 10kts 이상일 때 이러한 지속풍속으로부터 갑작스럽게 15kts 이상 풍속이 증가되어 2분 이상 지속되는 강한 바람을 말한다.

05 시정

시정(visibility)이란 정상적인 눈으로 먼 곳의 목표물을 볼 때, 인식 될 수 있는 최대의 거리 즉 지상의 특정지점에서 계기 또는 관측자에 의해서 수평으로 측정된 지표면의 가시거리를 말한다.

어느 정도 먼 곳의 물체를 바라볼 때 똑똑하게 보일 때와 그렇지 못할 경우가 있는데, 이는 지표면 부근의 대기 중을 떠다니는 작은 먼지, 수증기가 응결한 아주 작은 물방울들과 밀도가 다른 공기 덩어리들이 불규칙하게 접해 있기 때문이다. 이를 대기의 투명도(혼탁도)라하며 눈으로 물체를 보아 잘 보이면 시정이 좋고 잘 보이지 않을 때는 시정이 나쁘다고 한다.

시정을 나타내는 단위는 mile이다. 즉 statute mile로서 이는 NM(Nautical Mile)과는 달리 1mile에 약 1.6093km이다. 우리가 사용하는 meter 단위로의 환산을 하면 1/2mile=800m, 1mile=1,600m, 2mile=3,200m, 3mile=4,800m, 4mile=6,000m, 5mile=7,000m, 6mile=8,000m, 7mile=9,999m 이상이다. 그 이상의 시정의 단위는 없다.(이유는 인간의 눈으로 확인 가능한 최대의 거리가 10km이기 때문이다.) 4mile은 6,400m, 6mile은 9,600m이나 4mile부터는 1,000m단위로 끊어서 사용한다.

시정은 한랭 기단 속에서는 시정이 좋고, 온난 기단에서는 나쁘다. 시정이 가장 나쁜 날은 안개 낀 날과 습도가 70% 넘으면 급격히 나빠진다. 쾌청하게 맑은 날은 40~45km, 흐린 날은 30km 전후, 비가 올 때는 6~10km, 눈이 올 때는 2~15km, 안개 낄 경우에는 0.6km정도이다.

06 황사

황사는 미세한 모래입자로 구성된 먼지폭풍이다. 바람에 의하여 하늘 높이 불어 올라간 미세한 모래먼지가 대기 중에 퍼져서 하늘을 덮었다가 서서히 떨어지는 현상이다. 구성물질은 대규모 산업지역에서 발생한 대기오염 물질과 혼합되어 있다.

모래폭풍이 발생할 수 있는 있는 기상상태는 지표면이 수목 등이 없는 황량한 황토 또는 모래사막에서 큰 저기압이 발달하여 지표면의 모래 입자를 수렴하여 이들을 상층으로 운반하는 상승기류를 형성하여야 한다. 커다란 상승기류가 이들 모래먼지를 운반하고 상층부의 공기는 편서풍을 타고 이동하면서 주변에 확산시킨다.

황사는 공중에서 운항하는 항공기에게 직접적인 영향을 미치며 시정 장애물로 간주된다. 우리나라에 영향을 미치는 황사는 중국 황하유역 및 타클라마칸 사막, 몽고 고비사막으로 알려져 있다. 중국의 산업화와 산림개발로 토양 유실과 사막화가 급속히 진행되어 황사의 농도와 발생빈도가 증가되고 있다.

황사 발생지역과 영향권

황사가 밀려오고 있을 때 하늘은 엷은 황토색을 띠거나 한 낮에도 불구하고 어둡기까지 한다. 상층으로 모래먼지는 태양 빛을 차단하거나 산란시켜 심각한 저 시정을 초래한다. 황사는 공중에 운용하는 항공기의 엔진 등에 흡입되어 엔진고장의 원인이 되고, 지상으로 내려앉을 경우 생활에 불편과 각종 장비에 흡입되어 장비 고장의 원인이 되기도 한다. 드론 운용의 경우 황사 상황 하에서 운용 시 장비의 효율이 떨어지고 운용 후 장비 손질이 반드시 되어야 한다.

07 착빙

착빙(icing)은 물체의 표면에 얼음이 달라붙거나 덮여지는 현상이다. 즉, 항공기 착빙은 0℃ 이하에서 대기에 노출된 항공기 날개나 동체 등에 과냉각 수적이나 구름 입자가 충돌하여 얼음의 막을 형성하는 것이다. 계류장에 주기 중이거나 공중에서 비행 중에 발생한다.

수증기량이나 물방울의 크기, 항공기나 바람의 속도, 항공기 날개 단면(airfoil)의 크기나 형태 등에 영향을 받는다. 항공기 날개, 로터 끝에 착빙이 발생하면 날개 표면이 울퉁불퉁하여 날개 주위의 공기 흐름이 흐트러지게 되고 이러한 결과는 항공기(헬기, 드론 등 포함)항력이 증가하고 양력이 감소하고, 엔진이나 안테나의 기능을 저하시켜 항공기 조작에 영향을 미친다.

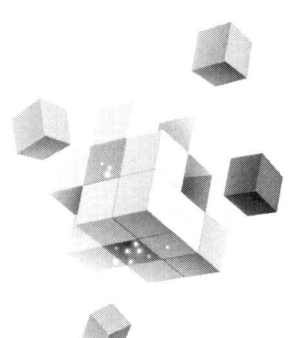

무인항공 드론 안전관리론

제3장 | 무인항공기 안전관리 법규·규정

- 1 국제민간항공기구
- 2 우리나라 초경량비행장치 관련법규

chapter 01 국제민간항공기구

제1절 Annex 19 Safety Management

International Standards and
Recommended Practices

Annex 19
to the Convention on
International Civil Aviation

Safety Management

The first edition of Annex 19 was adopted by
the Council on 25 February 2013 and becomes
applicable on 14 November 2013.

For information regarding the applicability
of the Standards and Recommended Practices,
see Chapter 2 and the Foreword.

First Edition
July 2013

International Civil Aviation Organization

part 3. 무인항공 안전관리론

TABLE OF CONTENTS

	Page
Abbreviations	*(vii)*
Publications	*(viii)*

FOREWORD .... *(ix)*

CHAPTER 1. Definitions 1-1

CHAPTER 2. Applicability 2-1

CHAPTER 3. State safety management responsibilities 3-1

    3.1   State safety programme (SSP) 3-1
    3.2   State safety oversight 3-2

CHAPTER 4. Safety management system (SMS) 4-1

    4.1   General 4-1
    4.2   International general aviation — aeroplanes 4-2

CHAPTER 5. Safety data collection, analysis and exchange 5-1

    5.1   Safety data collection 5-1
    5.2   Safety data analysis 5-1
    5.3   Safety data protection 5-2
    5.4   Safety information exchange 5-2

APPENDIX 1. State safety oversight system .... APP 1-1

    1.   Primary aviation legislation .... APP 1-1
    2.   Specific operating regulations .... APP 1-1
    3.   State system and functions .... APP 1-1
    4.   Qualified technical personnel .... APP 1-2
    5.   Technical guidance, tools and provision of safety-critical information ... APP 1-2
    6.   Licensing, certification, authorization and/or approval obligations ... APP 1-2
    7.   Surveillance obligations .... APP 1-2
    8.   Resolution of safety issues .... APP 1-3

APPENDIX 2. Framework for a safety management system (SMS) ... APP 2-1

    1.   Safety policy and objectives .... APP 2-1
    2.   Safety risk management .... APP 2-3
    3.   Safety assurance .... APP 2-3
    4.   Safety promotion .... APP 2-4

CHAPTER 3. STATE SAFETY MANAGEMENT RESPONSIBILITIES

Note 1.— This chapter outlines the safety management responsibilities of the State, through compliance with SARPs, the conduct of its own safety management functions and the surveillance of SMSs implemented in accordance with the provisions in this Annex.

Note 2.— Safety management system provisions pertaining to specific types of aviation activities are addressed in the relevant Annexes.

Note 3.— Basic safety management principles applicable to the medical assessment process of licence holders are contained in Annex 1. Guidance is available in the Manual of Civil Aviation Medicine (Doc 8984).

3.1 State safety programme (SSP)

3.1.1 Each State shall establish an SSP for the management of safety in the State, in order to achieve an acceptable level of safety performance in civil aviation. The SSP shall include the following components:

a) State safety policy and objectives;

b) State safety risk management;

c) State safety assurance; and

d) State safety promotion.

Note 1.— The SSP established by the State is commensurate with the size and the complexity of its aviation activities.

Note 2.— A framework for the implementation and maintenance of an SSP is contained in Attachment A, and guidance on a State safety programme is contained in the Safety Management Manual (SMM) (Doc 9859).

3.1.2 The acceptable level of safety performance to be achieved shall be established by the State.

Note.— Guidance on defining an acceptable level of safety performance is contained in the Safety Management Manual (SMM) (Doc 9859).

3.1.3 As part of its SSP, each State shall require that the following service providers under its authority implement an SMS:

a) approved training organizations in accordance with Annex 1 that are exposed to safety risks related to aircraft operations during the provision of their services;

b) operators of aeroplanes or helicopters authorized to conduct international commercial air transport, in accordance with Annex 6, Part I or Part III, Section II, respectively; Annex 19 — Safety Management Chapter 314/11/13 3-2

Note.— When maintenance activities are not conducted by an approved maintenance organization in accordance with Annex 6, Part I, 8.7, but under an equivalent system as in Annex 6, Part I, 8.1.2, or Part III, Section II, 6.1.2, they are included in the scope of the operator's SMS.

c) approved maintenance organizations providing services to operators of aeroplanes or helicopters engaged in international commercial air transport, in accordance with Annex 6, Part I or Part III, Section II, respectively;

d) organizations responsible for the type design or manufacture of aircraft, in accordance with Annex 8;

e) air traffic services (ATS) providers in accordance with Annex 11; and

Note.— The provision of AIS, CNS, MET and/or SAR services, when under the authority of an ATS provider, are included in the scope of the ATS provider's SMS. When the provision of AIS, CNS, MET and/or SAR services are wholly or partially provided by an entity other than an ATS provider, the related services that come under the authority of the ATS provider, or those aspects of the services with direct operational implications, are included in the scope of the ATS provider's SMS.

f) operators of certified aerodromes in accordance with Annex 14.

3.1.4 As part of its SSP, each State shall require that international general aviation operators of large or turbojet aeroplanes in accordance with Annex 6, Part II, Section 3, implement an SMS.

Note.— International general aviation operators are not considered to be service providers in the context of this Annex.

3.2 State safety oversight

Each State shall establish and implement a safety oversight system in accordance with Appendix 1.

CHAPTER 4. SAFETY MANAGEMENT SYSTEM (SMS)

Note 1.—Guidance on implementation of an SMS is contained in the Safety Management Manual (SMM) (Doc 9859).

Note 2.—The term "service provider" refers to those organizations listed in Chapter 3, 3.1.3.

4.1 General

4.1.1 Except as required in 4.2, the SMS of a service provider shall:
 a) be established in accordance with the framework elements contained in Appendix 2; and
 b) be commensurate with the size of the service provider and the complexity of its aviation products or services.

4.1.2 The SMS of an approved training organization, in accordance with Annex 1, that is exposed to safety risks related to aircraft operations during the provision of its services shall be made acceptable to the State(s) responsible for the organization' approval.

4.1.3 The SMS of a certified operator of aeroplanes or helicopters authorized to conduct international commercial air transport, in accordance with Annex 6, Part I or Part III, Section II, respectively, shall be made acceptable to the State of the Operator.

Note.— When maintenance activities are not conducted by an approved maintenance organization in accordance with Annex 6, Part I, 8.7, but under an equivalent system as in Annex 6, Part I, 8.1.2, or Part III, Section II, 6.1.2, they are included in the scope of the operator' SMS.

4.1.4 The SMS of an approved maintenance organization providing services to operators of aeroplanes or helicopters engaged in international commercial air transport, in accordance with Annex 6, Part I or Part III, Section II, respectively, shall be made acceptable to the State(s) responsible for the organization' approval.

4.1.5 The SMS of an organization responsible for the type design of aircraft, in accordance with Annex 8, shall be made acceptable to the State of Design.

4.1.6 The SMS of an organization responsible for the manufacture of aircraft, in accordance with Annex 8, shall be made acceptable to the State of Manufacture.

4.1.7 The SMS of an ATS provider, in accordance with Annex 11, shall be made acceptable to the State responsible for the provider' designation.

Note.— The provision of AIS, CNS, MET and/or SAR services, when under the authority of an ATS provider, are included in the scope of the ATS provider' SMS. When the provision of AIS, CNS, MET and/or SAR services are wholly or partially provided by an entity other than an ATS provider, the related services that come under the authority of the ATS provider, or those aspects of their services with direct operational implications, are included in the scope of the ATS provider' SMS.

4.1.8 The SMS of an operator of a certified aerodrome, in accordance with Annex 14, shall be made acceptable to the State responsible for the aerodrome'certification.

4.2 International general aviation —aeroplanes

Note.— Guidance on the implementation of an SMS for general aviation is contained in the Safety Management Manual (SMM) (Doc 9859) and industry codes of practice.

4.2.1 The SMS of an international general aviation operator, conducting operations of large or turbojet aeroplanes in accordance with Annex 6, Part II, Section 3, shall be commensurate with the size and complexity of the operation.

4.2.2 Recommendation.—The SMS should as a minimum include:
   a) a process to identify actual and potential safety hazards and assess the associated risks;
   b) a process to develop and implement remedial action necessary to maintain an acceptable level of safety; and
   c) provision for continuous monitoring and regular assessment of the appropriateness and effectiveness of safety management activities.

제 2 절 Manual on Remotely Piloted Aircraft Systems(RPAS)

Doc 10019
AN/507

Manual on Remotely Piloted Aircraft Systems (RPAS)

Approved by the Secretary General
and published under his authority

First Edition — 2015

International Civil Aviation Organization

TABLE OF CONTENTS

Page

Glossary .... (xi)

Chapter 1. ICAO regulatory framework and scope of the manual **1-1**

    1.1   Overview 1-1
    1.2   History of the legal framework 1-1
    1.3   Foundations of the legal framework 1-4
    1.4   Purpose of the manual 1-7
    1.5   Scope of the manual 1-8
    1.6   Guiding principles (considerations) 1-9

Chapter 2. Introduction to RPAS **2-1**

    2.1   Overview 2-1
    2.2   Description of RPA and associated components 2-1
    2.3   RPAS operations 2-3

Chapter 3. Special authorization **3-1**

    3.1   Overview 3-1
    3.2   General operating rules (Annex 2, Appendix 4) 3-1

Chapter 4. Type certification and airworthiness approvals **4-1**

    4.1   Introduction 4-1
    4.2   General 4-1
    4.3   Governing principles 4-2
    4.4   Initial certification 4-2
    4.5   C2 link 4-5
    4.6   Flight manual 4-5
    4.7   Continuing airworthiness 4-6
    4.8   Configuration deviation list (CDL) and master minimum equipment list (MMEL) 4-6
    4.9   Design oversight 4-6
    4.10   Design organization approval 4-7
    4.11   Production 4-7
    4.12   RPAS product integration 4-7
    4.13   Airworthiness certification 4-8
    4.14   RPAS configuration management records 4-8
    4.15   Continuing validity of certificates 4-8
    4.16   Operation 4-9

무인항공드론 안전관리론

Manual on Remotely Piloted Aircraft Systems

		Page
4.17	Responsibility of States of design, manufacture, registry and the operator	4-9
4.18	Considerations for the future	4-10

Chapter 5. RPA registration — 5-1

5.1	Nationality and registration marks	5-1

Chapter 6. Responsibilities of the RPAS operator — 6-1

6.1	Overview	6-1
6.2	General	6-1
6.3	RPAS operator certificate (ROC)	6-2
6.4	Personnel management	6-4
6.5	Oversight of communications service providers	6-6
6.6	Document requirements	6-7
6.7	Operating facilities	6-9
6.8	RPAS operator responsibilities for continuing airworthiness	6-10
6.9	Remote flight crew and support personnel	6-12

Chapter 7. Safety management — 7-1

7.1	Overview	7-1
7.2	State safety programme (SSP)	7-1
7.3	RPAS operator	7-1
7.4	RPAS operator's safety management system (SMS)	7-2
7.5	Safety responsibilities and accountabilities	7-2
7.6	Hazard identification and safety risk management in RPAS operations	7-3
7.7	Coordination of emergency response planning	7-3

Chapter 8. Licensing and competencies — 8-1

8.1	Overview	8-1
8.2	Fundamentals	8-1
8.3	Licensing authority	8-2
8.4	Guidance for the regulator on rules for the remote pilot licence and RPA observer competency	8-2
8.5	RPAS instructor	8-9
8.6	RPA observer competency	8-11
8.7	Medical assessment	8-12

Chapter 9. RPAS operations — 9-1

9.1	Overview	9-1
9.2	Operational flight planning	9-1
9.3	RPAS manuals	9-1

Chapter 7 SAFETY MANAGEMENT

7.1 OVERVIEW

7.1.1 This chapter presents information regarding the roles and safety responsibilities of State aviation organizations and service providers under safety oversight with respect to RPAS. The areas covered are State Safety Programme (SSP), the oversight of service providers'SMS and the privileges of RPAS operators which include, among others, contracted service providers operating under the safety risk management of the RPAS operator' SMS.

7.1.2 These responsibilities are directly linked to provisions contained in Annex 19 — Safety Management and to guidance material in the Safety Management Manual (SMM) (Doc 9859).

7.1.3 One of the objectives of Annex 19 and its related guidance material is to harmonize the implementation of safety management practices for States and organizations involved in aviation activities. Therefore, the SARPs in Annex 19 are intended to assist States in managing aviation safety risks.

Note.—Additional guidance on the objectives and the establishment and implementation of SSPs and safety management systems are contained in Doc 9859.

7.2 STATE SAFETY PROGRAMME (SSP)

7.2.1 An 'SR is a management system for the regulation and administration of safety by the State. According to Annex 19 (Standard 3.1.1 refers), each State shall establish an SSP in order to achieve an acceptable level of safety performance in civil aviation.

7.2.2 The SSP, and the SMS by its service providers, allow an effective identification of systemic safety deficiencies found in RPAS operations, as well as the resolution of safety concerns.

7.2.3 Provisions regarding safety data collection, analysis and exchange require that the voluntary incident reporting system be non-punitive and afford protection to the sources of the information. Each State is required to establish a mandatory and voluntary incident reporting system and facilitate and promote these reporting schemes by adjusting their applicable laws, regulations and policies, as necessary. RPAS operators, remote pilots and other stakeholders should report safety deficiencies using these systems.

7.2.4 Guidance on a State' mandatory reporting procedures and its voluntary and confidential reporting system can be found in Appendices 2 and 3 to Chapter 4 of Doc 9859.

7.3 RPAS OPERATOR

7.3.1 The RPAS operator is a person, organization or enterprise engaged in or offering to engage in an RPAS operation.

7.3.2 Irrespective of the type of operation (e.g. private, corporate, commercial), all RPAS operators must be certified by the State. One of the requirements for certification is expected to be that the RPAS operator has implemented an effective SMS.

7.4 RPAS OPERATOR' SAFETY MANAGEMENT SYSTEM (SMS)

7.4.1 As part of its SSP, each State must therefore, require that service providers under its authority implement an SMS. In accordance with Annex 19, aircraft operators are service providers and must implement an SMS. This applies equally to RPAS operators.

7.4.2 The potential impact on the organization' safety performance resulting from interaction of internal and external aviation system stakeholders must be taken into consideration when implementing an SMS. It is important to evaluate the risks associated with the RPAS operations being conducted, especially the potential impact on other service providers. The introduction of RPA into non-segregated airspace requires a thorough assessment of the safety performance of the RPAS operations. Based on this, an SMS of an RPAS operator should be:
    a) established in accordance with the SMS framework elements contained in Appendix 2 to Annex 19; and
    b) commensurate with the size of the service provider and the complexity of its aviation products or services.

7.5 SAFETY RESPONSIBILITIES AND ACCOUNTABILITIES

7.5.1 The SMS-related accountabilities, responsibilities and authorities of all appropriate senior managers must be described in the RPAS operator' SMS documentation. Mandatory safety functions performed by the technical staff involved in the establishment and implementation of an RPAS operator' SMS may be embedded into existing job descriptions, processes and procedures. The size, structure and complexity of the organization may vary, but the safety functions must remain.

7.5.2 An RPAS operator is responsible for the safety performance of products or services provided by contractors that do not separately require safety certification or approval, including when the products and services are available directly from the service provider via a worldwide network of independent distribution partners and third parties in different locations (e.g. Inmarsat, SITA, ARINC). In this case the RPAS operator should, under its SMS, ensure the safety performance of the contracted services (see Figure 7-1).

7.5.3 In contrast, if the contractor is certified or approved by the State civil aviation authority, the RPAS operator does not need to include the safety of the provided services or products under its SMS. While all contractors may not necessarily be required to have an SMS, it is nevertheless the RPAS operator' responsibility to ensure that its own safety performance requirements are met.

Note.—Contractual agreements with service providers are addressed in Chapter 6.

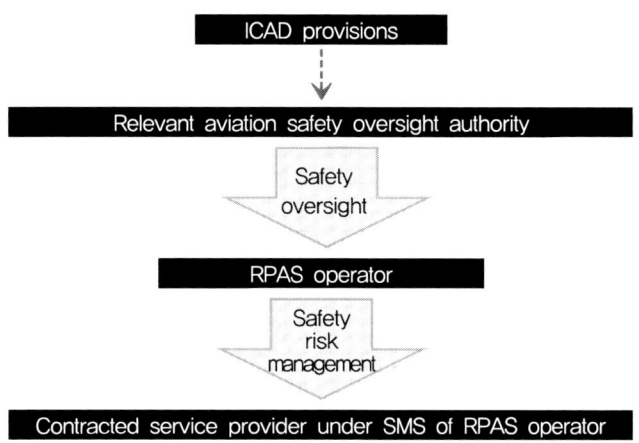

Contracted service provider under the SMS of the RPAS operator

7.6 HAZARD IDENTIFICATION AND SAFETY RISK MANAGEMENT IN RPAS OPERATIONS

Hazards exist in aviation activities. They may also be introduced inadvertently into an operation whenever changes are made to the aviation system. it is necessary to have an effective reporting system in place in order to identify hazards, assess the related risks and develop appropriate mitigations in the context of the RPAS products or services. The establishment of safety-reporting procedures should be addressed and endorsed in the RPAS operator's safety policy, commensurate with the size, structure and complexity of the operations Guidance on hazard identification and safety risk management processes are provided in Chapter 5 of Doc 9859.

7.7 COORDINATION OF EMERGENCY RESPONSE PLANNING

The applicability of emergency response planning by RPAS operators may be extended to other service providers affected by a safety occurrence generated by an RPAS or its operation. Therefore, an RPAS operator should ensure that an emergency response plan is coordinated with the emergency response plans of those organizations with which it would interface.

chapter 02 우리나라 초경량비행장치 관련법규

제1절 항공안전법 [시행 2021.6.9.] [법률 제17613호]

항공안전법 시행령[시행 2021.6.9.][대통령령 제 31755호]
항공안전법 시행규칙[시행 2021.6.11.][국토교통부령 제 786호]

항공안전법 제1조(목적)

　이 법은 「국제민간항공협약」 및 같은 협약의 부속서에서 채택된 표준과 권고되는 방식에 따라 항공기, 경량항공기 또는 초경량비행장치의 안전하고 효율적인 항행을 위한 방법과 국가, 항공사업자 및 항공종사자 등의 의무 등에 관한 사항을 규정함을 목적으로 한다.

항공안전법 제2조(정의) 이 법에서 사용하는 용어의 뜻은 다음과 같다.
1. "**항공기**"란 공기의 반작용(지표면 또는 수면에 대한 공기의 반작용은 제외한다. 이하 같다)으로 뜰 수 있는 기기로서 최대이륙중량, 좌석 수 등 국토교통부령으로 정하는 기준에 해당하는 다음 각 목의 기기와 그 밖에 대통령령으로 정하는 기기를 말한다.
　가. 비행기
　나. 헬리콥터
　다. 비행선
　라. 활공기(滑空機)
2. "**경량항공기**"란 항공기 외에 공기의 반작용으로 뜰 수 있는 기기로서 최대이륙중량, 좌석 수 등 국토교통부령으로 정하는 기준에 해당하는 비행기, 헬리콥터, 자이로플레인(gyroplane) 및 동력패러슈트(powered parachute) 등을 말한다.
3. "**초경량비행장치**"란 항공기와 경량항공기 외에 공기의 반작용으로 뜰 수 있는 장치로서 자체중량, 좌석 수 등 국토교통부령으로 정하는 기준에 해당하는 동력비행장치, 행글라이더, 패러글라이더, 기구류 및 무인비행장치 등을 말한다.
6. "**항공기 사고**"란 사람이 비행을 목적으로 항공기에 탑승하였을 때부터 탑승한 모든 사람이 항공기에서 내릴 때까지[사람이 탑승하지 아니하고 원격조종 등의 방법으로 비행하는 항공기(이하 "무인항공기"라 한다)의 경우에는 비행을 목적으로 움직이는 순간부

터 비행이 종료되어 발동기가 정지되는 순간까지를 말한다] 항공기의 운항과 관련하여 발생한 다음 각 목의 어느 하나에 해당하는 것으로서 국토교통부령으로 정하는 것을 말한다.

   가. 사람의 사망, 중상 또는 행방불명
   나. 항공기의 파손 또는 구조적 손상
   다. 항공기의 위치를 확인할 수 없거나 항공기에 접근이 불가능한 경우

8. "초경량비행장치사고"란 초경량비행장치를 사용하여 비행을 목적으로 이륙[이수(離水)를 포함한다. 이하 같다]하는 순간부터 착륙[착수(着水)를 포함한다. 이하 같다]하는 순간까지 발생한 다음 각 목의 어느 하나에 해당하는 것으로서 국토교통부령으로 정하는 것을 말한다.

   가. 초경량비행장치에 의한 사람의 사망, 중상 또는 행방불명
   나. 초경량비행장치의 추락, 충돌 또는 화재 발생
   다. 초경량비행장치의 위치를 확인할 수 없거나 초경량비행장치에 접근이 불가능한 경우

11. "비행정보구역"이란 항공기, 경량항공기 또는 초경량비행장치의 안전하고 효율적인 비행과 수색 또는 구조에 필요한 정보를 제공하기 위한 공역(空域)으로서 「국제민간항공협약」 및 같은 협약 부속서에 따라 국토교통부장관이 그 명칭, 수직 및 수평 범위를 지정·공고한 공역을 말한다.

12. "영공(領空)"이란 대한민국의 영토와 「영해 및 접속수역법」에 따른 내수 및 영해의 상공을 말한다.

13. "항공로(航空路)"란 국토교통부장관이 항공기, 경량항공기 또는 초경량비행장치의 항행에 적합하다고 지정한 지구의 표면상에 표시한 공간의 길을 말한다.

14. "항공종사자"란 제34조제1항에 따른 항공종사자 자격증명을 받은 사람을 말한다.

> 항공업무에 종사하려는 사람은 국토교통부령으로 정하는 바에 따라 국토교통부장관으로부터 항공종사자 자격증명(이하 "자격증명"이라 한다)을 받아야 한다. 다만, 항공업무 중 무인항공기의 운항 업무인 경우에는 그러하지 아니하다.

21. "비행장"이란 「공항시설법」 제2조제2호에 따른 비행장을 말한다.

> "비행장"이란 항공기·경량항공기·초경량비행장치의 이륙[이수(離水)를 포함한다. 이하 같다]과 착륙[착수(着水)를 포함한다. 이하 같다]을 위하여 사용되는 육지 또는 수면(水面)의 일정한 구역으로서 대통령령으로 정하는 것을 말한다.

24. "항행안전시설"이란 「공항시설법」 제2조제15호에 따른 항행안전시설을 말한다.

> "항행안전시설"이란 유선통신, 무선통신, 인공위성, 불빛, 색채 또는 전파(電波)를 이용하여 항공기의 항행을 돕기 위한 시설로서 국토교통부령으로 정하는 시설을 말한다.

25. "관제권(管制圈)"이란 비행장 또는 공항과 그 주변의 공역으로서 항공교통의 안전을 위하여 국토교통부장관이 지정·공고한 공역을 말한다.
26. "관제구(管制區)"란 지표면 또는 수면으로부터 200미터 이상 높이의 공역으로서 항공교통의 안전을 위하여 국토교통부장관이 지정·공고한 공역을 말한다.
32. "초경량비행장치사용사업"이란 「항공사업법」 제2조제23호에 따른 초경량비행장치사용사업을 말한다.

> "초경량비행장치사용사업"이란 타인의 수요에 맞추어 국토교통부령으로 정하는 초경량비행장치를 사용하여 유상으로 농약살포, 사진촬영 등 국토교통부령으로 정하는 업무를 하는 사업을 말한다.

33. "초경량비행장치사용사업자"란 「항공사업법」 제2조제24호에 따른 초경량비행장치사용사업자를 말한다.

> "초경량비행장치사용사업자"란 제48조제1항에 따라 국토교통부장관에게 초경량비행장치사용사업을 등록한 자를 말한다.
>
> **항공사업법 제48조(초경량비행장치사용사업의 등록)** ① 초경량비행장치사용사업을 경영하려는 자는 국토교통부령으로 정하는 바에 따라 신청서에 사업계획서와 그 밖에 국토교통부령으로 정하는 서류를 첨부하여 국토교통부장관에게 등록하여야 한다. 등록한 사항 중 국토교통부령으로 정하는 사항을 변경하려는 경우에는 국토교통부장관에게 신고하여야 한다.
> ② 제1항에 따른 초경량비행장치사용사업을 등록하려는 자는 다음 각 호의 요건을 갖추어야 한다. 〈개정 2016.12.2.〉
> 1. 자본금 또는 자산평가액이 3천만원 이상으로서 대통령령으로 정하는 금액 이상일 것. 다만, 최대이륙중량이 25킬로그램 이하인 무인비행장치만을 사용하여 초경량비행장치사용사업을 하려는 경우는 제외한다.
> 2. 초경량비행장치 1대 이상 등 대통령령으로 정하는 기준에 적합할 것
> 3. 그 밖에 사업 수행에 필요한 요건으로서 국토교통부령으로 정하는 요건을 갖출 것
> ③ 다음 각 호의 어느 하나에 해당하는 자는 초경량비행장치사용사업의 등록을 할 수 없다.
> 1. 제9조 각 호의 어느 하나에 해당하는 자
> 2. 초경량비행장치사용사업 등록의 취소처분을 받은 후 2년이 지나지 아니한 자

34. "이착륙장"이란 「공항시설법」 제2조제19호에 따른 이착륙장을 말한다.

> "이착륙장"이란 비행장 외에 경량항공기 또는 초경량비행장치의 이륙 또는 착륙을 위하여 사용되는 육지 또는 수면의 일정한 구역으로서 대통령령으로 정하는 것을 말한다.

항공안전법 시행규칙 제5조(초경량비행장치의 기준)

법 제2조제3호에서 "자체중량, 좌석 수 등 국토교통부령으로 정하는 기준에 해당하는 동력비행장치, 행글라이더, 패러글라이더, 기구류 및 무인비행장치 등"이란 다음 각 호의 기준을 충족하는 동력비행장치, 행글라이더, 패러글라이더, 기구류, 무인비행장치, 회전익비행장치, 동력패러글라이더 및 낙하산류 등을 말한다.

1. 동력비행장치 : 동력을 이용하는 것으로서 다음 각 목의 기준을 모두 충족하는 고정익비행장치
   가. 탑승자, 연료 및 비상용 장비의 중량을 제외한 자체중량이 115킬로그램 이하일 것
   나. 연료의 탑재량이 19리터 이하일 것
   다. 좌석이 1개일 것
2. 행글라이더 : 탑승자 및 비상용 장비의 중량을 제외한 자체중량이 70킬로그램 이하로서 체중이동, 타면조종 등의 방법으로 조종하는 비행장치
3. 패러글라이더 : 탑승자 및 비상용 장비의 중량을 제외한 자체중량이 70킬로그램 이하로서 날개에 부착된 줄을 이용하여 조종하는 비행장치
4. 기구류 : 기체의 성질·온도차 등을 이용하는 다음 각 목의 비행장치
   가. 유인자유기구
   나. 무인자유기구(기구 외부에 2킬로그램 이상의 물건을 매달고 비행하는 것만 해당한다. 이하 같다)
   다. 계류식(繫留式)기구
5. 무인비행장치 : 사람이 탑승하지 아니하는 것으로서 다음 각 목의 비행장치
   가. 무인동력비행장치 : 연료의 중량을 제외한 자체중량이 150킬로그램 이하인 무인비행기, 무인헬리콥터 또는 무인멀티콥터
   나. 무인비행선 : 연료의 중량을 제외한 자체중량이 180킬로그램 이하이고 길이가 20미터 이하인 무인비행선
6. 회전익비행장치 : 제1호 각 목의 동력비행장치의 요건을 갖춘 헬리콥터 또는 자이로플레인
7. 동력패러글라이더 : 패러글라이더에 추진력을 얻는 장치를 부착한 다음 각 목의 어느 하나에 해당하는 비행장치
   가. 착륙장치가 없는 비행장치
   나. 착륙장치가 있는 것으로서 제1호 각 목의 동력비행장치의 요건을 갖춘 비행장치

8. 낙하산류 : 항력(抗力)을 발생시켜 대기(大氣) 중을 낙하하는 사람 또는 물체의 속도를 느리게 하는 비행장치
9. 그 밖에 국토교통부장관이 종류, 크기, 중량, 용도 등을 고려하여 정하여 고시하는 비행장치

항공안전법 제57조(주류등의 섭취·사용 제한)

① 항공종사자(제46조에 따른 항공기 조종연습 및 제47조에 따른 항공교통관제연습을 하는 사람을 포함한다. 이하 이 조에서 같다) 및 객실승무원은 「주세법」 제3조제1호에 따른 주류, 「마약류 관리에 관한 법률」 제2조제1호에 따른 마약류 또는 「화학물질관리법」 제22조제1항에 따른 환각물질 등(이하 "주류등"이라 한다)의 영향으로 항공업무(제46조에 따른 항공기 조종연습 및 제47조에 따른 항공교통관제연습을 포함한다. 이하 이 조에서 같다) 또는 객실승무원의 업무를 정상적으로 수행할 수 없는 상태에서는 항공업무 또는 객실승무원의 업무에 종사해서는 아니 된다.
② 항공종사자 및 객실승무원은 항공업무 또는 객실승무원의 업무에 종사하는 동안에는 주류등을 섭취하거나 사용해서는 아니 된다.
③ 국토교통부장관은 항공안전과 위험 방지를 위하여 필요하다고 인정하거나 항공종사자 및 객실승무원이 제1항 또는 제2항을 위반하여 항공업무 또는 객실승무원의 업무를 하였다고 인정할 만한 상당한 이유가 있을 때에는 주류등의 섭취 및 사용 여부를 호흡측정기 검사 등의 방법으로 측정할 수 있으며, 항공종사자 및 객실승무원은 이러한 측정에 따라야 한다. 〈개정 2020. 6. 9.〉
④ 국토교통부장관은 항공종사자 또는 객실승무원이 제3항에 따른 측정 결과에 불복하면 그 항공종사자 또는 객실승무원의 동의를 받아 혈액 채취 또는 소변 검사 등의 방법으로 주류등의 섭취 및 사용 여부를 다시 측정할 수 있다.
⑤ 주류등의 영향으로 항공업무 또는 객실승무원의 업무를 정상적으로 수행할 수 없는 상태의 기준은 다음 각 호와 같다.
  1. 주정성분이 있는 음료의 섭취로 혈중알코올농도가 0.02퍼센트 이상인 경우
  2. 「마약류 관리에 관한 법률」 제2조제1호에 따른 마약류를 사용한 경우
  3. 「화학물질관리법」 제22조제1항에 따른 환각물질을 사용한 경우
⑥ 제1항부터 제5항까지의 규정에 따라 주류등의 종류 및 그 측정에 필요한 세부 절차 및 측정기록의 관리 등에 필요한 사항은 국토교통부령으로 정한다.

항공안전법 제122조(초경량비행장치 신고)
① 초경량비행장치를 소유하거나 사용할 수 있는 권리가 있는 자(이하 "초경량비행장치소유자등"이라 한다)는 초경량비행장치의 종류, 용도, 소유자의 성명, 제129조제4항에 따른 개인정보 및 개인위치정보의 수집 가능 여부 등을 국토교통부령으로 정하는 바에 따라 국토교통부장관에게 신고하여야 한다. 다만, 대통령령으로 정하는 초경량비행장치는 그러하지 아니하다.
② 국토교통부장관은 제1항 본문에 따른 신고를 받은 날부터 7일 이내에 신고수리 여부를 신고인에게 통지하여야 한다.
③ 국토교통부장관이 제2항에서 정한 기간 내에 신고수리 여부 또는 민원 처리 관련 법령에 따른 처리기간의 연장을 신고인에게 통지하지 아니하면 그 기간(민원 처리 관련 법령에 따라 처리기간이 연장 또는 재연장된 경우에는 해당 처리기간을 말한다)이 끝난 날의 다음 날에 신고를 수리한 것으로 본다.
④ 국토교통부장관은 제1항에 따라 초경량비행장치의 신고를 받은 경우 그 초경량비행장치소유자등에게 신고번호를 발급하여야 한다.
⑤ 제4항에 따라 신고번호를 발급받은 초경량비행장치소유자등은 그 신고번호를 해당 초경량비행장치에 표시하여야 한다.

항공안전법 제123조(초경량비행장치 변경신고 등)
① 초경량비행장치소유자등은 제122조제1항에 따라 신고한 초경량비행장의 용도, 소유자의 성명 등 국토교통부령으로 정하는 사항을 변경하려는 경우에는 국토교통부령으로 정하는 바에 따라 국토교통부장관에게 변경신고를 하여야 한다.
② 국토교통부장관은 제1항에 따른 변경신고를 받은 날부터 7일 이내에 신고수리 여부를 신고인에게 통지하여야 한다.
③ 국토교통부장관이 제2항에서 정한 기간 내에 신고수리 여부 또는 민원 처리 관련 법령에 따른 처리기간의 연장을 신고인에게 통지하지 아니하면 그 기간(민원 처리 관련 법령에 따라 처리기간이 연장 또는 재연장된 경우에는 해당 처리기간을 말한다)이 끝난 날의 다음 날에 신고를 수리한 것으로 본다.
④ 초경량비행장치소유자등은 제122조제1항에 따라 신고한 초경량비행장치가 멸실되었거나 그 초경량비행장치를 해체(정비등, 수송 또는 보관하기 위한 해체는 제외한다)한 경우에는 그 사유가 발생한 날부터 15일 이내에 국토교통부장관에게 말소신고를 하여야 한다.
⑤ 제4항에 따른 신고가 신고서의 기재사항 및 첨부서류에 흠이 없고, 법령 등에 규정된 형식상의 요건을 충족하는 경우에는 신고서가 접수기관에 도달된 때에 신고된 것으로 본다.
⑥ 초경량비행장치소유자등이 제4항에 따른 말소신고를 하지 아니하면 국토교통부장관은 30일 이상의 기간을 정하여 말소신고를 할 것을 해당 초경량비행장치소유자등에게 최고하여야 한다.

⑦ 제6항에 따른 최고를 한 후에도 해당 초경량비행장치소유자등이 말소신고를 하지 아니하면 국토교통부장관은 직권으로 그 신고번호를 말소할 수 있으며, 신고번호가 말소된 때에는 그 사실을 해당 초경량비행장치소유자등 및 그 밖의 이해관계인에게 알려야 한다.

항공안전법 시행규칙 제301조(초경량비행장치의 신고)

① 법 제122조제1항 본문에 따라 초경량비행장치소유자등은 법 제124조에 따른 안전성인증을 받기 전(법 제124조에 따른 안전성인증 대상이 아닌 초경량비행장치인 경우에는 초경량비행장치를 소유하거나 사용할 수 있는 권리가 있는 날부터 30일 이내를 말한다)까지 별지 제116호서식의 초경량비행장치 신고서(전자문서로 된 신고서를 포함한다)에 다음 각 호의 서류(전자문서를 포함한다)를 첨부하여 한국교통안전공단 이사장에게 제출하여야 한다. 이 경우 신고서 및 첨부서류는 팩스 또는 정보통신을 이용하여 제출할 수 있다.
  1. 초경량비행장치를 소유하거나 사용할 수 있는 권리가 있음을 증명하는 서류
  2. 초경량비행장치의 제원 및 성능표
  3. 가로 15cm, 세로 10cm의 초경량비행장치 측면사진(무인비행장치의 경우에는 기체제작번호 전체를 촬영한 사진을 포함한다)
② 한국교통안전공단 이사장은 초경량비행장치의 신고를 받으면 별지 제117호서식의 초경량비행장치 신고증명서를 초경량비행장치소유자등에게 발급하여야 하며, 초경량비행장치소유자등은 비행 시 이를 휴대하여야 한다.
③ 한국교통안전공단 이사장은 제2항에 따라 초경량비행장치 신고증명서를 발급하였을 때에는 별지 제118호서식의 초경량비행장치 신고대장을 작성하여 갖추어 두어야 한다. 이 경우 초경량비행장치 신고대장은 전자적 처리가 불가능한 특별한 사유가 없으면 전자적 처리가 가능한 방법으로 작성·관리하여야 한다.
④ 초경량비행장치소유자등은 초경량비행장치 신고증명서의 신고번호를 해당 장치에 표시하여야 하며, 표시방법, 표시장소 및 크기 등 필요한 사항은 국토교통부장관의 승인을 받아 한국교통안전공단 이사장이 정한다.

항공안전법 시행규칙 제302조(초경량비행장치의 변경 신고)

① 법 제123조제1항에서 "초경량비행장치의 용도, 소유자의 성명 등 국토교통부령으로 정하는 사항"이란 다음 각 호의 어느 하나를 말한다.
  1. 초경량비행장치의 용도
  2. 초경량비행장치 소유자등의 성명, 명칭 또는 주소
  3. 초경량비행장치의 보관 장소
② 초경량비행장치소유자등은 제1항 각 호의 사항을 변경하려는 경우에는 그 사유가 있는 날부터 30일 이내에 별지 제116호서식의 초경량비행장치 변경·이전신고서를 한국교통안전공단 이사장에게 제출하여야 한다.

항공안전법 시행규칙 제303조(초경량비행장치 말소신고)

① 법 제123조제4항에 따른 말소신고를 하려는 초경량비행장치 소유자등은 그 사유가 발생한 날부터 15일 이내에 별지 제116호서식의 초경량비행장치 말소신고서를 한국교통안전공단 이사장에게 제출하여야 한다.

② 한국교통안전공단 이사장은 제1항에 따른 신고가 신고서 및 첨부서류에 흠이 없고 형식상 요건을 충족하는 경우 지체 없이 접수하여야 한다.

③ 한국교통안전공단 이사장은 법 제123조제6항에 따른 최고(催告)를 하는 경우 해당 초경량비행장치의 소유자등의 주소 또는 거소를 알 수 없는 경우에는 말소신고를 할 것을 관보에 고시하고, 한국교통안전공단 홈페이지에 공고하여야 한다.

항공안전법 시행령 제24조(신고를 필요로 하지 아니하는 초경량비행장치의 범위)

법 제122조제1항 단서에서 "대통령령으로 정하는 초경량비행장치"란 다음 각 호의 어느 하나에 해당하는 것으로서 「항공사업법」에 따른 항공기대여업·항공레저스포츠사업 또는 초경량비행장치사용사업에 사용되지 아니하는 것을 말한다.

1. 행글라이더, 패러글라이더 등 동력을 이용하지 아니하는 비행장치
2. 기구류(사람이 탑승하는 것은 제외한다)
3. 계류식(繫留式) 무인비행장치
4. 낙하산류
5. 무인동력비행장치 중에서 최대이륙중량이 2킬로그램 이하인 것
6. 무인비행선 중에서 연료의 무게를 제외한 자체무게가 12킬로그램 이하이고, 길이가 7미터 이하인 것
7. 연구기관 등이 시험·조사·연구 또는 개발을 위하여 제작한 초경량비행장치
8. 제작자 등이 판매를 목적으로 제작하였으나 판매되지 아니한 것으로서 비행에 사용되지 아니하는 초경량비행장치
9. 군사목적으로 사용되는 초경량비행장치

항공안전법 시행규칙 제304조(초경량비행장치의 시험비행허가)

① 법 제124조 전단에서 "시험비행 등 국토교통부령으로 정하는 경우"란 제305조제1항에 따른 초경량비행장치 안전성인증 대상으로 다음 각 호의 어느 하나에 해당하는 경우를 말한다.

1. 연구·개발 중에 있는 초경량비행장치의 안전성 여부를 평가하기 위하여 시험비행을 하는 경우
2. 안전성인증을 받은 초경량비행장치의 성능개량을 수행하고 안전성여부를 평가하기 위하여 시험비행을 하는 경우
3. 그 밖에 국토교통부장관이 필요하다고 인정하는 경우

② 법 제124조 전단에 따른 시험비행 등을 위한 허가를 받으려는 자는 별지 제119호서식의 초경량비행장치 시험비행허가 신청서에 해당 초경량비행장치가 같은 조 전단에 따라 국토교통부장관이 정하여 고시하는 초경량비행장치의 비행안전을 위한 기술상의 기준(이하 "초경량비행장치 기술기준"이라 한다)에 적합함을 입증할 수 있는 다음 각 호의 서류를 첨부하여 국토교통부장관에게 제출하여야 한다.
  1. 해당 초경량비행장치에 대한 소개서
  2. 초경량비행장치의 설계가 초경량비행장치 기술기준에 충족함을 입증하는 서류
  3. 설계도면과 일치되게 제작되었음을 입증하는 서류
  4. 완성 후 상태, 지상 기능점검 및 성능시험 결과를 확인할 수 있는 서류
  5. 초경량비행장치 조종절차 및 안전성 유지를 위한 정비방법을 명시한 서류
  6. 초경량비행장치 사진(전체 및 측면사진을 말하며, 전자파일로 된 것을 포함한다) 각 1매
  7. 시험비행계획서
③ 국토교통부장관은 제2항에 따른 신청서를 접수받은 경우 초경량비행장치 기술기준에 적합한지의 여부를 확인한 후 적합하다고 인정하면 신청인에게 시험비행을 허가하여야 한다.

항공안전법 제124조(초경량비행장치 안전성인증)

시험비행 등 국토교통부령으로 정하는 경우로서 국토교통부장관의 허가를 받은 경우를 제외하고는 동력비행장치 등 국토교통부령으로 정하는 초경량비행장치를 사용하여 비행하려는 사람은 국토교통부령으로 정하는 기관 또는 단체의 장으로부터 그가 정한 안정성인증의 유효기간 및 절차·방법 등에 따라 그 초경량비행장치가 국토교통부장관이 정하여 고시하는 비행안전을 위한 기술상의 기준에 적합하다는 안전성인증을 받지 아니하고 비행하여서는 아니 된다. 이 경우 안전성인증의 유효기간 및 절차·방법 등에 대해서는 국토교통부장관의 승인을 받아야 하며, 변경할 때에도 또한 같다.

항공안전법 시행규칙 제305조(초경량비행장치 안전성인증 대상 등)

① 법 제124조 전단에서 "동력비행장치 등 국토교통부령으로 정하는 초경량비행장치"란 다음 각 호의 어느 하나에 해당하는 초경량비행장치를 말한다.
  1. 동력비행장치
  2. 행글라이더, 패러글라이더 및 낙하산류(항공레저스포츠사업에 사용되는 것만 해당한다)
  3. 기구류(사람이 탑승하는 것만 해당한다)
  4. 다음 각 목의 어느 하나에 해당하는 무인비행장치
    가. 제5조제5호가목에 따른 무인비행기, 무인헬리콥터 또는 무인멀티콥터 중에서 최대이륙중량이 25킬로그램을 초과하는 것

　　　나. 제5조제5호나목에 따른 무인비행선 중에서 연료의 중량을 제외한 자체중량이 12킬로그램을 초과하거나 길이가 7미터를 초과하는 것
　5. 회전익비행장치
　6. 동력패러글라이더
② 법 제124조 전단에서 "국토교통부령으로 정하는 기관 또는 단체"란 기술원 또는 별표 43에 따른 시설기준을 충족하는 기관 또는 단체 중에서 국토교통부장관이 정하여 고시하는 기관 또는 단체(이하 "초경량비행장치 안전성 인증기관"이라 한다)를 말한다.

항공안전법 제125조(초경량비행장치 조종자 증명 등)

① 동력비행장치 등 국토교통부령으로 정하는 초경량비행장치를 사용하여 비행하려는 사람은 국토교통부령으로 정하는 기관 또는 단체의 장으로부터 그가 정한 해당 초경량비행장치별 자격기준 및 시험의 절차·방법에 따라 해당 초경량비행장치의 조종을 위하여 발급하는 증명(이하 "초경량비행장치 조종자 증명"이라 한다)을 받아야 한다. 이 경우 해당 초경량비행장치별 자격기준 및 시험의 절차·방법 등에 관하여는 국토교통부령으로 정하는 바에 따라 국토교통부장관의 승인을 받아야 하며, 변경할 때에도 또한 같다.
② 초경량비행장치 조종자 증명을 받은 사람은 다른 사람에게 자기의 성명을 사용하여 초경량비행장치 조종을 수행하게 하거나 초경량비행장치 조종자 증명을 빌려 주어서는 아니 된다.
③ 누구든지 다른 사람의 성명을 사용하여 초경량비행장치 조종을 수행하거나 다른 사람의 초경량비행장치 조종자 증명을 빌려서는 아니 된다.
④ 누구든지 제2항이나 제3항에서 금지된 행위를 알선하여서는 아니 된다.
⑤ 국토교통부장관은 초경량비행장치 조종자 증명을 받은 사람이 다음 각 호의 어느 하나에 해당하는 경우에는 초경량비행장치 조종자 증명을 취소하거나 1년 이내의 기간을 정하여 그 효력의 정지를 명할 수 있다. 다만, 제1호, 제3호의2, 제3호의3 또는 제8호의 어느 하나에 해당하는 경우에는 초경량비행장치 조종자 증명을 취소하여야 한다.
　1. 거짓이나 그 밖의 부정한 방법으로 초경량비행장치 조종자 증명을 받은 경우
　2. 이 법을 위반하여 벌금 이상의 형을 선고받은 경우
　3. 초경량비행장치의 조종자로서 업무를 수행할 때 고의 또는 중대한 과실로 초경량비행장치사고를 일으켜 인명피해나 재산피해를 발생시킨 경우
　3의2. 제2항을 위반하여 다른 사람에게 자기의 성명을 사용하여 초경량비행장치 조종을 수행하게 하거나 초경량비행장치 조종자 증명을 빌려 준 경우
　3의3. 제4항을 위반하여 다음 각 목의 어느 하나에 해당하는 행위를 알선한 경우
　　가. 다른 사람에게 자기의 성명을 사용하여 초경량비행장치 조종을 수행하게 하거나 초경량비행장치 조종자 증명을 빌려 주는 행위

나. 다른 사람의 성명을 사용하여 초경량비행장치 조종을 수행하거나 다른 사람의 초경량비행장치 조종자 증명을 빌리는 행위
　4. 제129조제1항에 따른 초경량비행장치 조종자의 준수사항을 위반한 경우
　5. 제131조에서 준용하는 제57조제1항을 위반하여 주류등의 영향으로 초경량비행장치를 사용하여 비행을 정상적으로 수행할 수 없는 상태에서 초경량비행장치를 사용하여 비행한 경우
　6. 제131조에서 준용하는 제57조제2항을 위반하여 초경량비행장치를 사용하여 비행하는 동안에 같은 조 제1항에 따른 주류등을 섭취하거나 사용한 경우
　7. 제131조에서 준용하는 제57조제3항을 위반하여 같은 조 제1항에 따른 주류등의 섭취 및 사용 여부의 측정 요구에 따르지 아니한 경우
　8. 이 조에 따른 초경량비행장치 조종자 증명의 효력정지기간에 초경량비행장치를 사용하여 비행한 경우
⑥ 국토교통부장관은 초경량비행장치 조종자 증명을 위한 초경량비행장치 실기시험장, 교육장 등의 시설을 지정·구축·운영할 수 있다.
⑦ 제5항에 따른 처분의 기준 및 절차와 그 밖에 필요한 사항은 국토교통부령으로 정한다.

항공안전법 시행규칙 제306조(초경량비행장치의 조종자 증명 등)
① 법 제125조제1항 전단에서 "동력비행장치 등 국토교통부령으로 정하는 초경량비행장치"란 다음 각 호의 어느 하나에 해당하는 초경량비행장치를 말한다.
　1. 동력비행장치
　2. 행글라이더, 패러글라이더 및 낙하산류(항공레저스포츠사업에 사용되는 것만 해당한다)
　3. 유인자유기구
　4. 초경량비행장치 사용사업에 사용되는 무인비행장치. 다만 다음 각 목의 어느 하나에 해당하는 것은 제외한다.
　　가. 제5조제5호가목에 따른 무인비행기, 무인헬리콥터 또는 무인멀티콥터 중에서 연료의 중량을 제외한 자체중량이 12킬로그램 이하인 것
　　나. 제5조제5호나목에 따른 무인비행선 중에서 연료의 중량을 제외한 자체중량이 12킬로그램 이하이고, 길이가 7미터 이하인 것
　5. 회전익비행장치
　6. 동력패러글라이더
② 법 제125조제1항 전단에서 "국토교통부령으로 정하는 기관 또는 단체"란 교통안전공단 및 별표 44의 기준을 충족하는 기관 또는 단체 중에서 국토교통부장관이 정하여 고시하는 기관 또는 단체(이하 "초경량비행장치조종자증명기관"이라 한다)를 말한다.

③ 초경량비행장치조종자증명기관은 법 제125조제1항 후단에 따른 승인을 신청하는 경우에는 다음 각 호의 사항이 포함된 초경량비행장치 조종자 증명 규정에 제·개정 이유서 및 신·구 내용 대비표(변경승인을 신청하는 경우에 한정한다)를 첨부하여 국토교통부장관에게 제출하여야 한다.
  1. 초경량비행장치 조종자 증명 시험의 응시자격
  2. 초경량비행장치 조종자 증명 시험의 과목 및 범위
  3. 초경량비행장치 조종자 증명 시험의 실시 방법과 절차
  4. 초경량비행장치 조종자 증명 발급에 관한 사항
  5. 그 밖에 초경량비행장치 조종자 증명을 위하여 국토교통부장관이 필요하다고 인정하는 사항
④ 제3항에 따른 초경량비행장치 조종자 증명 규정 중 제1항제4호가목에 따른 무인동력비행장치에 대한 자격기준, 시험실시 방법 및 절차 등은 다음 각 호의 구분에 따른 무인동력비행장치별로 구분하여 달리 정해야 한다.
  1. 1종 무인동력비행장치: 최대이륙중량이 25킬로그램을 초과하고 연료의 중량을 제외한 자체중량이 150킬로그램 이하인 무인동력비행장치
  2. 2종 무인동력비행장치: 최대이륙중량이 7킬로그램을 초과하고 25킬로그램 이하인 무인동력비행장치
  3. 3종 무인동력비행장치: 최대이륙중량이 2킬로그램을 초과하고 7킬로그램 이하인 무인동력비행장치
  4. 4종 무인동력비행장치: 최대이륙중량이 250그램을 초과하고 2킬로그램 이하인 무인동력비행장치
⑤ 법 제125조제2항에 따른 행정처분기준은 별표 44의2와 같다.
⑥ 지방항공청장은 법 제125조제2항에 따른 처분을 한 경우에는 그 내용을 별지 제119호의2서식의 초경량비행장치 조종자등 행정처분 대장에 작성·관리하고, 그 처분 내용을 한국교통안전공단의 이사장에 통지해야 한다.
⑦ 제5항에 따른 행정처분 대장은 「전자문서 및 전자거래 기본법」 제2조제1호에 따른 전자문서로 작성·관리할 수 있다.

항공안전법 제126조(초경량비행장치 전문교육기관의 지정 등)
① 국토교통부장관은 초경량비행장치 조종자를 양성하기 위하여 국토교통부령으로 정하는 바에 따라 초경량비행장치 전문교육기관(이하"초경량비행장치 전문교육기관"이라 한다)을 지정할 수 있다.
② 국토교통부장관은 초경량비행장치 전문교육기관이 초경량비행장치 조종자를 양성하는 경우에는 예산의 범위에서 필요한 경비의 전부 또는 일부를 지원할 수 있다.

③ 초경량비행장치 전문교육기관의 교육과목, 교육방법, 인력, 시설 및 장비 등의 지정기준은 국토교통부령으로 정한다.
④ 국토교통부장관은 초경량비행장치 전문교육기관으로 지정받은 자가 다음 각 호의 어느 하나에 해당하는 경우에는 그 지정을 취소할 수 있다. 다만, 제1호에 해당하는 경우에는 그 지정을 취소하여야 한다.
  1. 거짓이나 그 밖의 부정한 방법으로 초경량비행장치 전문교육기관으로 지정받은 경우
  2. 제3항에 따른 초경량비행장치 전문교육기관의 지정기준 중 국토교통부령으로 정하는 기준에 미달하는 경우
⑤ 국토교통부장관은 초경량비행장치 전문교육기관으로 지정받은 자가 제3항의 지정기준을 충족·유지하고 있는지에 대하여 관련 사항을 보고하게 하거나 자료를 제출하게 할 수 있다.
⑥ 국토교통부장관은 초경량비행장치 전문교육기관으로 지정받은 자가 제3항의 지정기준을 충족·유지하고 있는지에 대하여 관계 공무원으로 하여금 사무소 등을 출입하여 관계 서류나 시설·장비 등을 검사하게 할 수 있다. 이 경우 검사를 하는 공무원은 그 권한을 나타내는 증표를 지니고 이를 관계인에게 내보여야 한다.
⑦ 국토교통부장관은 초경량비행장치 조종자의 효율적 활용과 운용능력 향상을 위하여 필요한 경우 교육·훈련 등 조종자의 육성에 관한 사업을 실시할 수 있다.

항공안전법 시행규칙 제307조(초경량비행장치 조종자 전문교육기관의 지정 등)
① 법 제126조제1항에 따른 초경량비행장치 조종자 전문교육기관으로 지정받으려는 자는 별지 제120호서식의 초경량비행장치 조종자 전문교육기관 지정신청서에 다음 각 호의 사항을 적은 서류를 첨부하여 한국교통안전공단에 제출하여야 한다.
  1. 전문교관의 현황
  2. 교육시설 및 장비의 현황
  3. 교육훈련계획 및 교육훈련규정
② 법 제126조제3항에 따른 초경량비행장치 조종자 전문교육기관의 지정기준은 다음 각 호와 같다.
  1. 다음 각 목의 전문교관이 있을 것
    가. 비행시간이 200시간(무인비행장치의 경우 조종경력이 100시간)이상이고, 국토교통부장관이 인정한 조종교육교관과정을 이수한 지도조종자 1명 이상
    나. 비행시간이 300시간(무인비행장치의 경우 조종경력이 150시간)이상이고 국토교통부장관이 인정하는 실기평가과정을 이수한 실기평가조종자 1명 이상
  2. 다음 각 목의 시설 및 장비(시설 및 장비에 대한 사용권을 포함한다)를 갖출 것
    가. 강의실 및 사무실 각 1개 이상
    나. 이륙·착륙 시설

다. 훈련용 비행장치 1대 이상
    3. 교육과목, 교육시간, 평가방법 및 교육훈련규정 등 교육훈련에 필요한 사항으로서 국토교통부장관이 정하여 고시하는 기준을 갖출 것
③ 한국교통안전공단은 제1항에 따라 초경량비행장치 조종자 전문교육기관 지정신청서를 제출한 자가 제2항에 따른 기준에 적합하다고 인정하는 경우에는 별지 제121호 서식의 초경량비행장치 조종자 전문교육기관 지정서를 발급하여야 한다.

제307조의2(초경량비행장치 조종자 육성 등)
① 한국교통안전공단 이사장은 법 제126조제7항에 따른 초경량비행장치 조종자 교육·훈련 과정의 내용·방법 및 운영에 관한 사항을 정할 수 있다.
② 한국교통안전공단 이사장은 제1항에 따른 사항을 정하려면 국토교통부장관의 승인을 받아야 한다. 이를 변경하려는 경우에도 같다.

항공안전법 제127조(초경량비행장치 비행승인)
① 국토교통부장관은 초경량비행장치의 비행안전을 위하여 필요하다고 인정하는 경우에는 초경량비행장치의 비행을 제한하는 공역(이하 "초경량비행장치 비행제한공역"이라 한다)을 지정하여 고시할 수 있다.
② 동력비행장치 등 국토교통부령으로 정하는 초경량비행장치를 사용하여 국토교통부장관이 고시하는 초경량비행장치 비행제한공역에서 비행하려는 사람은 국토교통부령으로 정하는 바에 따라 미리 국토교통부장관으로부터 비행승인을 받아야 한다. 다만, 비행장 및 이착륙장의 주변 등 대통령령으로 정하는 제한된 범위에서 비행하려는 경우는 제외한다.
③ 제2항 본문에 따른 비행승인 대상이 아닌 경우라 하더라도 다음 각 호의 어느 하나에 해당하는 경우에는 제2항의 절차에 따라 국토교통부장관의 비행승인을 받아야 한다.
    1. 제68조제1호에 따른 국토교통부령으로 정하는 고도 이상에서 비행하는 경우
    2. 제78조제1항에 따른 관제공역·통제공역·주의공역 중 국토교통부령으로 정하는 구역에서 비행하는 경우
④ 제2항 및 제3항제2호에 따른 국토교통부장관의 비행승인이 필요한 때에 제131조의2제2항에 따라 무인비행장치를 비행하려는 경우 해당 국가기관등의 장이 국토교통부령으로 정하는 바에 따라 사전에 그 사실을 국토교통부장관에게 알리면 비행승인을 받은 것으로 본다.

항공안전법 시행규칙 제308조(초경량비행장치의 비행승인)
① 법 제127조제2항 본문에서 "동력비행장치 등 국토교통부령으로 정하는 초경량비행장치"란 제5조에 따른 초경량비행장치를 말한다. 다만, 다음 각 호의 어느 하나에 해당하는 초경량비행장치는 제외한다.

1. 영 제24조제1호부터 제4호까지의 규정에 해당하는 초경량비행장치(항공기대여업, 항공레저스포츠사업 또는 초경량비행장치사용사업에 사용되지 아니하는 것으로 한정한다)
2. 제199조제1호나목에 따른 최저비행고도(150미터) 미만의 고도에서 운영하는 계류식 기구
3. 「항공사업법 시행규칙」 제6조제2항제1호에 사용하는 무인비행장치로서 다음 각 목의 어느 하나에 해당하는 무인비행장치
   가. 제221조제1항 및 별표 23에 따른 관제권, 비행금지구역 및 비행제한구역 외의 공역에서 비행하는 무인비행장치
   나. 「가축전염병 예방법」 제2조제2호에 따른 가축전염병의 예방 또는 확산 방지를 위하여 소독·방역업무 등에 긴급하게 사용하는 무인비행장치
4. 다음 각 목의 어느 하나에 해당하는 무인비행장치
   가. 최대이륙중량이 25킬로그램 이하인 무인동력비행장치
   나. 연료의 중량을 제외한 자체중량이 12킬로그램 이하이고 길이가 7미터 이하인 무인비행선
5. 그 밖에 국토교통부장관이 정하여 고시하는 초경량비행장치

② 제1항에 따른 초경량비행장치를 사용하여 비행제한공역을 비행하려는 사람은 법 제127조제2항 본문에 따라 별지 제122호서식의 초경량비행장치 비행승인신청서를 지방항공청장에게 제출하여야 한다. 이 경우 비행승인신청서는 서류, 팩스 또는 정보통신망을 이용하여 제출할 수 있다.

③ 지방항공청장은 제2항에 따라 제출된 신청서를 검토한 결과 비행안전에 지장을 주지 아니한다고 판단되는 경우에는 이를 승인하여야 한다. 이 경우 동일지역에서 반복적으로 이루어지는 비행에 대해서는 6개월의 범위에서 비행기간을 명시하여 승인할 수 있다.

④ 지방항공청장은 제3항에 따른 승인을 하는 경우에는 다음 각 호의 조건을 붙일 수 있다.
   1. 탑승자에 대한 안전점검 등 안전관리에 관한 사항
   2. 비행장치 운용한계치에 따른 기상요건에 관한 사항(항공레저스포츠사업에 사용되는 기구류 중 계류식으로 운영되지 않는 기구류만 해당한다)
   3. 비행경로에 관한 사항

⑤ 법 제127조제3항제1호에서 "국토교통부령으로 정하는 고도"란 다음 각 호에 따른 고도를 말한다.
   1. 사람 또는 건축물이 밀집된 지역: 해당 초경량비행장치를 중심으로 수평거리 150미터 범위 안에 있는 가장 높은 장애물의 상단에서 150미터
   2. 제1호 외의 지역: 지표면·수면 또는 물건의 상단에서 150미터

⑥ 법 제127조제3항제2호에서 "국토교통부령으로 정하는 구역"이란 별표 23 제2호에 따른 관제공역 중 관제권과 통제공역 중 비행금지구역을 말한다.

⑦ 법 제127조제3항제2호에 따른 승인 신청이 다음 각 호의 요건을 모두 충족하는 경우에는 6개월의 범위에서 비행기간을 명시하여 승인할 수 있다.
  1. 교육목적을 위한 비행일 것
  2. 무인비행장치는 최대이륙중량이 7킬로그램 이하일 것
  3. 비행구역은 「초·중등교육법」 제2조 각 호에 따른 학교의 운동장일 것
  4. 비행시간은 정규 및 방과 후 활동 중일 것
  5. 비행고도는 지표면으로부터 고도 20미터 이내일 것
  6. 비행방법 등이 안전·국방 등 비행금지구역의 지정 목적을 저해하지 않을 것
⑧ 법 제127조제4항에 따라 국가기관등의 장이 무인비행장치를 비행하려는 경우 사전에 유·무선 방법으로 지방항공청장에게 통보해야 한다. 다만, 제221조제1항 및 별표 23에 따른 관제권에서 비행하려는 경우에는 해당 관제권의 항공교통업무를 수행하는 자와, 비행금지구역에서 비행하려는 경우에는 해당 구역을 관할하는 자와 사전에 협의가 된 경우에 한정한다.
⑨ 제8항에 따라 무인비행장치를 비행한 국가기관등의 장은 비행 종료 후 지체없이 별지 제122호서식에 따른 초경량비행장치 비행승인신청서를 지방항공청장에게 제출해야 한다

항공안전법 시행령 제25조(초경량비행장치 비행승인 제외 범위)

법 제127조제2항 단서에서 "비행장 및 이착륙장의 주변 등 대통령령으로 정하는 제한된 범위"란 다음 각 호의 어느 하나에 해당하는 범위를 말한다.
  1. 비행장(군 비행장은 제외한다)의 중심으로부터 반지름 3킬로미터 이내의 지역의 고도 500피트 이내의 범위(해당 비행장에서 법 제83조에 따른 항공교통업무를 수행하는 자와 사전에 협의가 된 경우에 한정한다)
  2. 이착륙장의 중심으로부터 반지름 3킬로미터 이내의 지역의 고도 500피트 이내의 범위(해당 이착륙장을 관리하는 자와 사전에 협의가 된 경우에 한정한다)

항공안전법 제128조(초경량비행장치 구조 지원 장비 장착 의무) 초경량비행장치를 사용하여 초경량비행장치 비행제한공역에서 비행하려는 사람은 안전한 비행과 초경량비행장치사고 시 신속한 구조 활동을 위하여 국토교통부령으로 정하는 장비를 장착하거나 휴대하여야 한다. 다만, 무인비행장치 등 국토교통부령으로 정하는 초경량비행장치는 그러하지 아니하다.

항공안전법 시행규칙 제309조(초경량비행장치의 구조지원 장비 등)
① 법 제128조 본문에서 "국토교통부령으로 정하는 장비"란 다음 각 호의 어느 하나에 해당하는 것(제3호부터 제6호까지는 항공레저스포츠사업에 사용되는 기구류 중 계류식으로 운영되지 않는 기구류에만 해당한다)을 말한다. 〈개정 2019. 9. 23.〉
  1. 위치추적이 가능한 표시기 또는 단말기

2. 조난구조용 장비(제1호의 장비를 갖출 수 없는 경우만 해당한다)
　　3. 구급의료용품
　　4. 기상정보를 확인할 수 있는 장비
　　5. 휴대용 소화기
　　6. 항공교통관제기관과 무선통신을 할 수 있는 장비
② 법 제128조 단서에서 "무인비행장치 등 국토교통부령으로 정하는 초경량비행장치"란 다음 각 호의 어느 하나에 해당하는 초경량비행장치를 말한다.
　　1. 동력을 이용하지 아니하는 비행장치
　　2. 계류식 기구
　　3. 동력패러글라이더
　　4. 무인비행장치

항공안전법 제129조(초경량비행장치 조종자 등의 준수사항)

① 초경량비행장치의 조종자는 초경량비행장치로 인하여 인명이나 재산에 피해가 발생하지 아니하도록 국토교통부령으로 정하는 준수사항을 지켜야 한다.
② 초경량비행장치 조종자는 무인자유기구를 비행시켜서는 아니 된다. 다만, 국토교통부령으로 정하는 바에 따라 국토교통부장관의 허가를 받은 경우에는 그러하지 아니하다.
③ 초경량비행장치 조종자는 초경량비행장치사고가 발생하였을 때에는 국토교통부령으로 정하는 바에 따라 지체 없이 국토교통부장관에게 그 사실을 보고하여야 한다. 다만, 초경량비행장치 조종자가 보고할 수 없을 때에는 그 초경량비행장치소유자등이 초경량비행장치사고를 보고하여야 한다.
④ 무인비행장치 조종자는 무인비행장치를 사용하여 「개인정보 보호법」 제2조제1호에 따른 개인정보(이하 "개인정보"라 한다) 또는 「위치정보의 보호 및 이용 등에 관한 법률」 제2조제2호에 따른 개인위치정보(이하 "개인위치정보"라 한다) 등 개인의 공적·사적 생활과 관련된 정보를 수집하거나 이를 전송하는 경우 타인의 자유와 권리를 침해하지 아니하도록 하여야 하며 형식, 절차 등 세부적인 사항에 관하여는 각각 해당 법률에서 정하는 바에 따른다.
⑤ 제1항에도 불구하고 초경량비행장치 중 무인비행장치 조종자로서 야간에 비행 등을 위하여 국토교통부령으로 정하는 바에 따라 국토교통부장관의 승인을 받은 자는 그 승인 범위 내에서 비행할 수 있다. 이 경우 국토교통부장관은 국토교통부장관이 고시하는 무인비행장치 특별비행을 위한 안전기준에 적합한지 여부를 검사하여야 한다. 〈
⑥ 제5항에 따른 승인을 신청하고자 하는 자는 제127조제2항 및 제3항에 따른 비행승인 신청을 함께 할 수 있다.

항공안전법 시행규칙 제310조(초경량비행장치 조종자 준수사항)

① 초경량비행장치 조종자는 법 제129조제1항에 따라 다음 각 호의 어느 하나에 해당하는 행위를 하여서는 아니 된다. 다만, 무인비행장치의 조종자에 대해서는 제4호 및 제5호를 적용하지 아니한다.

1. 인명이나 재산에 위험을 초래할 우려가 있는 낙하물을 투하(投下)하는 행위
2. 주거지역, 상업지역 등 인구가 밀집된 지역이나 그 밖에 사람이 많이 모인 장소의 상공에서 인명 또는 재산에 위험을 초래할 우려가 있는 방법으로 비행하는 행위

2의2. 사람 또는 건축물이 밀집된 지역의 상공에서 건축물과 충돌할 우려가 있는 방법으로 근접하여 비행하는 행위

3. 법 제78조제1항에 따른 관제공역·통제공역·주의공역에서 비행하는 행위. 다만, 법 제127조에 따라 비행승인을 받은 경우와 다음 각 목의 행위는 제외한다.
   가. 군사목적으로 사용되는 초경량비행장치를 비행하는 행위
   나. 다음의 어느 하나에 해당하는 비행장치를 별표 23 제2호에 따른 관제권 또는 비행금지구역이 아닌 곳에서 제199조제1호나목에 따른 최저비행고도(150미터) 미만의 고도에서 비행하는 행위
     1) 무인비행기, 무인헬리콥터 또는 무인멀티콥터 중 최대이륙중량이 25킬로그램 이하인 것
     2) 무인비행선 중 연료의 무게를 제외한 자체 무게가 12킬로그램 이하이고, 길이가 7미터 이하인 것
4. 안개 등으로 인하여 지상목표물을 육안으로 식별할 수 없는 상태에서 비행하는 행위
5. 별표 24에 따른 비행시정 및 구름으로부터의 거리기준을 위반하여 비행하는 행위
6. 일몰 후부터 일출 전까지의 야간에 비행하는 행위. 다만, 제199조제1호나목에 따른 최저비행고도(150미터) 미만의 고도에서 운영하는 계류식 기구 또는 법 제124조 전단에 따른 허가를 받아 비행하는 초경량비행장치는 제외한다.
7. 「주세법」 제2조제1호에 따른 주류, 「마약류 관리에 관한 법률」 제2조제1호에 따른 마약류 또는 「화학물질관리법」 제22조제1항에 따른 환각물질 등(이하 "주류등"이라 한다)의 영향으로 조종업무를 정상적으로 수행할 수 없는 상태에서 조종하는 행위 또는 비행 중 주류등을 섭취하거나 사용하는 행위
8. 제308조제4항에 따른 조건을 위반하여 비행하는 행위
9. 그 밖에 비정상적인 방법으로 비행하는 행위

② 초경량비행장치 조종자는 항공기 또는 경량항공기를 육안으로 식별하여 미리 피할 수 있도록 주의하여 비행하여야 한다.

③ 동력을 이용하는 초경량비행장치 조종자는 모든 항공기, 경량항공기 및 동력을 이용하지 아니하는 초경량비행장치에 대하여 진로를 양보하여야 한다.

④ 무인비행장치 조종자는 해당 무인비행장치를 육안으로 확인할 수 있는 범위에서 조종하여야 한다. 다만, 법 제124조 전단에 따른 허가를 받아 비행하는 경우는 제외한다.
⑤ 「항공사업법」 제50조에 따른 항공레저스포츠사업에 종사하는 초경량비행장치 조종자는 다음 각 호의 사항을 준수하여야 한다.
   1. 비행 전에 해당 초경량비행장치의 이상 유무를 점검하고, 이상이 있을 경우에는 비행을 중단할 것
   2. 비행 전에 비행안전을 위한 주의사항에 대하여 동승자에게 충분히 설명할 것
   3. 해당 초경량비행장치의 제작자가 정한 최대이륙중량 및 풍속 기준을 초과하지 아니하도록 비행할 것
   4. 다음 각 목의 사항(다목부터 마목까지의 사항은 기구류 중 계류식으로 운영되지 않는 기구류의 조종자에게만 해당한다)을 기록하고 유지할 것
      가. 탑승자의 인적사항(성명, 생년월일 및 주소)
      나. 사고 발생 시 비상연락·보고체계 등에 관한 사항
      다. 해당 초경량비행장치의 제작사 매뉴얼에 따른 비행 전·후 점검결과 및 조치에 관한 사항
      라. 기상정보에 관한 사항
      마. 비행 시작·종료시간, 이륙·착륙장소, 비행경로 등 비행에 관한 사항
   5. 기구류 중 계류식으로 운영되지 않는 기구류의 조종자는 다음 각 목의 구분에 따른 사항을 관할 항공교통업무기관에 통보할 것
      가. 비행 전: 비행 시작시간 및 종료예정시간
      나. 비행 후: 비행 종료시간
⑥ 무인자유기구 조종자는 별표 44의3에서 정하는 바에 따라 무인자유기구를 비행해야 한다. 다만, 무인자유기구가 다른 국가의 영토를 비행하는 경우로서 해당 국가가 이와 다른 사항을 정하고 있는 경우에는 이에 따라 비행해야 한다.

항공안전법 제130조(초경량비행장치사용사업자에 대한 안전개선명령)
  국토교통부장관은 초경량비행장치사용사업의 안전을 위하여 필요하다고 인정되는 경우에는 초경량비행장치사용사업자에게 다음 각 호의 사항을 명할 수 있다.
   1. 초경량비행장치 및 그 밖의 시설의 개선
   2. 그 밖에 초경량비행장치의 비행안전에 대한 방해 요소를 제거하기 위하여 필요한 사항으로서 국토교통부령으로 정하는 사항

제131조(초경량비행장치에 대한 준용규정)
  초경량비행장치소유자등 또는 초경량비행장치를 사용하여 비행하려는 사람에 대한 주류등의 섭취·사용 제한에 관하여는 제57조를 준용한다.

제131조의2(무인비행장치의 적용 특례)
① 군용·경찰용 또는 세관용 무인비행장치와 이에 관련된 업무에 종사하는 사람에 대하여는 이 법을 적용하지 아니한다.
② 국가, 지방자치단체, 「공공기관의 운영에 관한 법률」에 따른 공공기관으로서 대통령령으로 정하는 공공기관이 소유하거나 임차한 무인비행장치를 재해·재난 등으로 인한 수색·구조, 화재의 진화, 응급환자 후송, 그 밖에 국토교통부령으로 정하는 공공목적으로 긴급히 비행(훈련을 포함한다)하는 경우(국토교통부령으로 정하는 바에 따라 안전관리 방안을 마련한 경우에 한정한다)에는 제129조제1항, 제2항, 제4항 및 제5항을 적용하지 아니한다.
③ 제129조제3항을 이 조 제2항에 적용할 때에는 "국토교통부장관"은 "소관 행정기관의 장"으로 본다. 이 경우 소관 행정기관의 장은 제129조제3항에 따라 보고받은 사실을 국토교통부장관에게 알려야 한다.

항공안전법 시행규칙 제312조(초경량비행장치사고의 보고 등)
법 제129조제3항에 따라 초경량비행장치사고를 일으킨 조종자 또는 그 초경량비행장치소유자등은 다음 각 호의 사항을 지방항공청장에게 보고하여야 한다.
1. 조종자 및 그 초경량비행장치소유자등의 성명 또는 명칭
2. 사고가 발생한 일시 및 장소
3. 초경량비행장치의 종류 및 신고번호
4. 사고의 경위
5. 사람의 사상(死傷) 또는 물건의 파손 개요
6. 사상자의 성명 등 사상자의 인적사항 파악을 위하여 참고가 될 사항

항공안전법 제312조의2(무인비행장치의 특별비행승인)
① 법 제129조 제5항 전단에 따라 야간에 비행하거나 육안으로 확인할 수 없는 범위에서 비행하려는 자는 별지 제123호의2서식의 무인비행장치 특별비행승인 신청서에 다음 각 호의 서류를 첨부하여 국토교통부장관에게 제출하여야 한다.
1. 무인비행장치의 종류·형식 및 제원에 관한 서류
2. 무인비행장치의 성능 및 운용한계에 관한 서류
3. 무인비행장치의 조작방법에 관한 서류
4. 무인비행장치의 비행절차, 비행지역, 운영인력 등이 포함된 비행계획서
5. 안전성인증서(제305조제1항에 따른 초경량비행장치 안전성인증 대상에 해당하는 무인비행장치에 한정한다)
6. 무인비행장치의 안전한 비행을 위한 무인비행장치 조종자의 조종 능력 및 경력 등을 증명하는 서류

7. 해당 무인비행장치 사고에 따른 제3자 손해 발생 시 손해배상 책임을 담보하기 위한 보험 또는 공제 등의 가입을 증명하는 서류(「항공사업법」 제70조제4항에 따라 보험 또는 공제에 가입하여야 하는 자로 한정한다)
8. 별지 제122호서식의 초경량비행장치 비행승인신청서(법 제129조제6항에 따라 법 제127조제2항 및 제3항의 비행승인 신청을 함께 하려는 경우에 한정한다)
9. 그 밖에 국토교통부장관이 정하여 고시하는 서류

② 지방항공청장은 제1항에 따른 신청서를 제출받은 날부터 30일(새로운 기술에 관한 검토 등 특별한 사정이 있는 경우에는 90일) 이내에 법 제129조제5항에 따른 무인비행장치 특별비행을 위한 안전기준에 적합한지 여부를 검사한 후 적합하다고 인정하는 경우에는 별지 제123호의3서식의 무인비행장치 특별비행승인서를 발급하여야 한다. 이 경우 지방항공청장은 항공안전의 확보 또는 인구밀집도, 사생활 침해 및 소음 발생 여부 등 주변환경을 고려하여 필요하다고 인정되는 경우 비행일시, 장소, 방법 등을 정하여 승인할 수 있다.

③ 제1항 및 제2항에 규정한 사항 외에 무인비행장치 특별비행승인을 위하여 필요한 사항은 국토교통부장관이 정하여 고시한다.

항공안전법 제313조(초경량비행장치사용사업자에 대한 안전개선명령)

법 제130조제2호에서 "국토교통부령으로 정하는 사항"이란 다음 각 호의 어느 하나에 해당하는 사항을 말한다.
1. 초경량비행장치사용사업자가 운용중인 초경량비행장치에 장착된 안전성이 검증되지 아니한 장비의 제거
2. 초경량비행장치 제작자가 정한 정비절차의 이행
3. 그 밖에 안전을 위하여 지방항공청장이 필요하다고 인정하는 사항

항공안전법 제313조의2(국가기관등 무인비행장치의 긴급비행)

① 법 제131조의2제2항에 따른 무인비행장치의 적용특례가 적용되는 긴급 비행의 목적은 다음 각 호의 어느 하나에 해당하는 공공목적으로 한다.
1. 재해·재난으로 인한 수색·구조
2. 시설물 붕괴·전도 등으로 인한 재해·재난이 발생한 경우 또는 발생할 우려가 있는 경우의 안전진단
3. 산불, 건물·선박화재 등 화재의 진화·예방
4. 응급환자 후송
5. 응급환자를 위한 장기(臟器) 이송 및 구조·구급활동
6. 산림 방제(防除)·순찰
7. 산림보호사업을 위한 화물 수송
8. 대형사고 등으로 인한 교통장애 모니터링

9. 풍수해 및 수질오염 등이 발생하는 경우 긴급점검
10. 테러 예방 및 대응
11. 그 밖에 제1호부터 제10호까지에서 규정한 공공목적과 유사한 공공목적

② 법 제131조의2제2항에 따른 안전관리방안에는 다음 각 호의 사항이 포함되어야 한다.
1. 무인비행장치의 관리 및 점검계획
2. 비행안전수칙 및 교육계획
3. 사고 발생 시 비상연락·보고체계 등에 관한 사항
4. 무인비행장치 사고로 인하여 지급할 손해배상 책임을 담보하기 위한 보험 또는 공제의 가입 등 피해자 보호대책
5. 긴급비행 기록관리 등에 관한 사항

항공안전법 제161조(초경량비행장치 불법 사용 등의 죄)

① 다음 각 호의 어느 하나에 해당하는 자는 3년 이하의 징역 또는 3천만원 이하의 벌금에 처한다.
1. 제131조에서 준용하는 제57조제1항을 위반하여 주류등의 영향으로 초경량비행장치를 사용하여 비행을 정상적으로 수행할 수 없는 상태에서 초경량비행장치를 사용하여 비행을 한 사람
2. 제131조에서 준용하는 제57조제2항을 위반하여 초경량비행장치를 사용하여 비행하는 동안에 주류등을 섭취하거나 사용한 사람
3. 제131조에서 준용하는 제57조제3항을 위반하여 국토교통부장관의 측정 요구에 따르지 아니한 사람

② 제124조에 따른 비행안전을 위한 기술상의 기준에 적합하다는 안전성인증을 받지 아니한 초경량비행장치를 사용하여 제125조제1항에 따른 초경량비행장치 조종자 증명을 받지 아니하고 비행을 한 사람은 1년 이하의 징역 또는 1천만원 이하의 벌금에 처한다.

③ 제122조 또는 제123조를 위반하여 초경량비행장치의 신고 또는 변경신고를 하지 아니하고 비행을 한 자는 6개월 이하의 징역 또는 500만원 이하의 벌금에 처한다.

④ 제129조제2항을 위반하여 국토교통부장관의 허가를 받지 아니하고 무인자유기구를 비행시킨 사람은 500만원 이하의 벌금에 처한다.

⑤ 제127조제2항을 위반하여 국토교통부장관의 승인을 받지 아니하고 초경량비행장치 비행제한공역을 비행한 사람은 200만원 이하의 벌금에 처한다.

항공안전법 제162조(명령 위반의 죄항공안전법)

제130조에 따른 초경량비행장치사용사업의 안전을 위한 명령을 이행하지 아니한 초경량비행장치사용사업자는 1천만원 이하의 벌금에 처한다.

항공안전법 제166조(과태료)
① 다음 각 호의 어느 하나에 해당하는 자에게는 500만원 이하의 과태료를 부과한다.
　10. 제124조를 위반하여 초경량비행장치의 비행안전을 위한 기술상의 기준에 적합하다는 안전성인증을 받지 아니하고 비행한 사람(제161조제2항이 적용되는 경우는 제외한다)
　11. 제132조제1항에 따른 보고 등을 하지 아니하거나 거짓 보고 등을 한 사람
　12. 제132조제2항에 따른 질문에 대하여 거짓 진술을 한 사람
　13. 제132조제8항에 따른 운항정지, 운용정지 또는 업무정지를 따르지 아니한 자
　14. 제132조제9항에 따른 시정조치 등의 명령에 따르지 아니한 자
② 다음 각 호의 어느 하나에 해당하는 자에게는 300만원 이하의 과태료를 부과한다.
　3. 제125조제1항을 위반하여 초경량비행장치 조종자 증명을 받지 아니하고 초경량비행장치를 사용하여 비행을 한 사람(제161조제2항이 적용되는 경우는 제외한다)
　4. 제125조제2항부터 제4항까지를 위반한 사람으로서 다음 각 목의 어느 하나에 해당하는 사람
　　가. 다른 사람에게 자기의 성명을 사용하여 초경량비행장치 조종을 수행하게 하거나 초경량비행장치 조종자 증명을 빌려 준 사람
　　나. 다른 사람의 성명을 사용하여 초경량비행장치 조종을 수행하거나 다른 사람의 초경량비행장치 조종자 증명을 빌린 사람
　　다. 가목 및 나목의 행위를 알선한 사람
③ 다음 각 호의 어느 하나에 해당하는 자에게는 200만원 이하의 과태료를 부과한다.
　8. 제129조제1항을 위반하여 국토교통부령으로 정하는 준수사항을 따르지 아니하고 초경량비행장치를 이용하여 비행한 사람
　9. 제127조제3항을 위반하여 국토교통부장관의 승인을 받지 아니하고 초경량비행장치를 이용하여 비행한 사람
　10. 제129조제5항을 위반하여 국토교통부장관이 승인한 범위 외에서 비행한 사람
④ 다음 각 호의 어느 하나에 해당하는 자에게는 100만원 이하의 과태료를 부과한다.
　4. 제122조제5항을 위반하여 신고번호를 해당 초경량비행장치에 표시하지 아니하거나 거짓으로 표시한 초경량비행장치소유자등
　5. 제128조를 위반하여 국토교통부령으로 정하는 장비를 장착하거나 휴대하지 아니하고 초경량비행장치를 사용하여 비행을 한 자
⑤ 다음 각 호의 어느 하나에 해당하는 자에게는 50만원 이하의 과태료를 부과한다.
　1. 제121조제1항에서 준용하는 제13조 또는 제15조를 위반하여 경량항공기의 변경등록 또는 말소등록을 신청하지 아니한 경량항공기소유자등
⑥ 다음 각 호의 어느 하나에 해당하는 자에게는 30만원 이하의 과태료를 부과한다.
　1. 제123조제4항을 위반하여 초경량비행장치의 말소신고를 하지 아니한 초경량비행장치소유자등

2. 제129조제3항을 위반하여 초경량비행장치사고에 관한 보고를 하지 아니하거나 거짓으로 보고한 초경량비행장치 조종자 또는 그 초경량비행장치소유자등

항공안전법 제167조(과태료의 부과·징수절차)

제166조에 따른 과태료는 대통령령으로 정하는 바에 따라 국토교통부장관이 부과·징수한다.

위반행위	과태료 금액		
	1차위반	2차위반	3차이상 위반
음주, 약물 등을 하고 비행한 자	3년 이하 징역, 3,000만원 이하 벌금		
안전성 인증 검사 없이 비행한 경우 보험 없이 사용 사업한 자	50만원	250만원	500만원 이하
기체 신고, 변경, 말소하지 않고 비행한 자	50만원	250만원	500만원 이하 또는 6개월 징역
안전성검사 받지 않은 기체를 조종자 증명 없이 비행한자	1년 이하 징역, 1,000만원 이하		
신고 표시 하지 않거나 허위로 한 자	50만원	75만원	100만원 이하
말소 신고를 하지 않은 경우	15만원	22.5만원	30만원 이하
안정성 인증 검사 없이 비행한 경우(*무자격자)	250만원	375만원	500만원 이하
조종자 증명 없이 비행한 경우	150만원	225만원	300만원 이하
고도, 관제, 통제, 주의 공역 비행 위반	50만원	75만원	100만원 이하
안전한 비행, 사고대비 장비 장착 위반	50만원	75만원	100만원 이하
조종자 준수사항 위반	100만원	150만원	200만원
사고에 관한 보고를 하지 않거나 허위보고 시	15만원	22.5만원	30만원
승인 받지 않고 야간비행 한 경우	100만원	150만원	200만원
업무보고 서류 허위보고	250만원	375만원	500만원
비행장치, 서류, 장부, 시설의 검사와 질문에 거짓 진술 시	250만원	375만원	500만원
안전운항을 위한 운항정지, 운용정지 또는 업무정지를 따르지 않은 경우	250만원	375만원	500만원 이하
안전운항을 위한 시정조치 등의 명령에 따르지 않은 경우	250만원	375만원	500만원 이하

제2절 항공사업법 [시행 2020.12.10.] [법률 제17462호]

항공사업법 시행령[시행 2021. 1. 5.] [대통령령 제31367호]
항공사업법 시행규칙[시행 2020. 12. 10.] [국토교통부령 제782호]

항공사업법 제1조(목적) 이 법은 항공정책의 수립 및 항공사업에 관하여 필요한 사항을 정하여 대한민국 항공사업의 체계적인 성장과 경쟁력 강화 기반을 마련하는 한편, 항공사업의 질서유지 및 건전한 발전을 도모하고 이용자의 편의를 향상시켜 국민경제의 발전과 공공복리의 증진에 이바지함을 목적으로 한다.

항공사업법 제2조(정의) 이 법에서 사용하는 용어의 뜻은 다음과 같다. 〈개정 2017. 1. 17.〉
1. "항공사업"이란 이 법에 따라 국토교통부장관의 면허, 허가 또는 인가를 받거나 국토교통부장관에게 등록 또는 신고하여 경영하는 사업을 말한다.
4. "초경량비행장치"란 「항공안전법」 제2조제3호에 따른 초경량비행장치를 말한다.
6. "비행장"이란 「공항시설법」 제2조제2호에 따른 비행장을 말한다.
21. "항공기대여업"이란 타인의 수요에 맞추어 유상으로 항공기, 경량항공기 또는 초경량비행장치를 대여(貸與)하는 사업(제26호나목의 사업은 제외한다)을 말한다.
22. "항공기대여업자"란 제46조제1항에 따라 국토교통부장관에게 항공기대여업을 등록한 자를 말한다.
23. "초경량비행장치사용사업"이란 타인의 수요에 맞추어 국토교통부령으로 정하는 초경량비행장치를 사용하여 유상으로 농약살포, 사진촬영 등 국토교통부령으로 정하는 업무를 하는 사업을 말한다.
24. "초경량비행장치사용사업자"란 제48조제1항에 따라 국토교통부장관에게 초경량비행장치사용사업을 등록한 자를 말한다.
26. "항공레저스포츠사업"이란 타인의 수요에 맞추어 유상으로 다음 각 목의 어느 하나에 해당하는 서비스를 제공하는 사업을 말한다.
  가. 항공기(비행선과 활공기에 한정한다), 경량항공기 또는 국토교통부령으로 정하는 초경량비행장치를 사용하여 조종교육, 체험 및 경관조망을 목적으로 사람을 태워 비행하는 서비스
  나. 다음 중 어느 하나를 항공레저스포츠를 위하여 대여하여 주는 서비스
  1) 활공기 등 국토교통부령으로 정하는 항공기
  2) 경량항공기
  3) 초경량비행장치
  다. 경량항공기 또는 초경량비행장치에 대한 정비, 수리 또는 개조서비스

항공사업법 시행규칙 제6조(초경량비행장치사용사업의 사업범위 등)

① 법 제2조제23호에서 "국토교통부령으로 정하는 초경량비행장치"란 「항공안전법 시행규칙」 제5조제2항제5호에 따른 무인비행장치(이하 "무인비행장치"라 한다)를 말한다.

② 법 제2조제23호에서 "농약살포, 사진촬영 등 국토교통부령으로 정하는 업무"란 다음 각 호의 어느 하나에 해당하는 업무를 말한다].
  1. 비료 또는 농약 살포, 씨앗 뿌리기 등 농업 지원
  2. 사진촬영, 육상·해상 측량 또는 탐사
  3. 산림 또는 공원 등의 관측 또는 탐사
  4. 조종교육
  5. 그 밖의 업무로서 다음 각 목의 어느 하나에 해당하지 아니하는 업무
    가. 국민의 생명과 재산 등 공공의 안전에 위해를 일으킬 수 있는 업무
    나. 국방·보안 등에 관련된 업무로서 국가 안보에 위협을 가져올 수 있는 업무

항공사업법 제48조(초경량비행장치사용사업의 등록)

① 초경량비행장치사용사업을 경영하려는 자는 국토교통부령으로 정하는 바에 따라 신청서에 사업계획서와 그 밖에 국토교통부령으로 정하는 서류를 첨부하여 국토교통부장관에게 등록하여야 한다. 등록한 사항 중 국토교통부령으로 정하는 사항을 변경하려는 경우에는 국토교통부장관에게 신고하여야 한다.

② 제1항에 따른 초경량비행장치사용사업을 등록하려는 자는 다음 각 호의 요건을 갖추어야 한다.
  1. 자본금 또는 자산평가액이 3천만원 이상으로서 대통령령으로 정하는 금액 이상일 것. 다만, 최대이륙중량이 25킬로그램 이하인 무인비행장치만을 사용하여 초경량비행장치사용사업을 하려는 경우는 제외한다.
  2. 초경량비행장치 1대 이상 등 대통령령으로 정하는 기준에 적합할 것
  3. 그 밖에 사업 수행에 필요한 요건으로서 국토교통부령으로 정하는 요건을 갖출 것

③ 다음 각 호의 어느 하나에 해당하는 자는 초경량비행장치사용사업의 등록을 할 수 없다.
  1. 제9조 각 호의 어느 하나에 해당하는 자
  2. 초경량비행장치사용사업 등록의 취소처분을 받은 후 2년이 지나지 아니한 자. 다만, 제9조제2호에 해당하여 제49조제8항에 따라 초경량비행장치사용사업 등록이 취소된 경우는 제외한다.

항공사업법 제49조(초경량비행장치사용사업에 대한 준용규정)

① 초경량비행장치사용사업의 사업계획에 관하여는 제32조를 준용한다.
② 초경량비행장치사용사업의 명의대여 등의 금지에 관하여는 제33조를 준용한다.
③ 초경량비행장치사용사업의 양도·양수에 관하여는 제34조를 준용한다.
④ 초경량비행장치사용사업의 합병에 관하여는 제35조를 준용한다.

⑤ 초경량비행장치사용사업의 상속에 관하여는 제36조를 준용한다.
⑥ 초경량비행장치사용사업의 휴업 및 폐업에 관하여는 제37조 및 제38조를 준용한다.
⑦ 초경량비행장치사용사업의 사업개선 명령에 관하여는 제39조를 준용한다. 이 경우 제39조제2호 중 "항공기"는 "초경량비행장치"로, 같은 조 제3호 중 "「항공안전법」 제2조제6호에 따른 항공기사고"는 "「항공안전법」 제2조제8호에 따른 초경량비행장치사고"로 본다.
⑧ 초경량비행장치사용사업의 등록취소 또는 사업정지에 관하여는 제40조(같은 조 제1항제13호는 제외한다)를 준용한다.
⑨ 초경량비행장치사용사업에 대한 과징금의 부과에 관하여는 제41조를 준용한다. 이 경우 제41조제1항 중 "10억원"은 "3천만원"으로 본다.

항공사업법 시행규칙 제47조(초경량비행장치사용사업의 등록)
① 법 제48조에 따른 초경량비행장치사용사업을 하려는 자는 별지 제26호서식의 등록신청서(전자문서로 된 신청서를 포함한다)에 다음 각 호의 서류(전자문서를 포함한다)를 첨부하여 지방항공청장에게 제출하여야 한다. 이 경우 지방항공청장은 「전자정부법」 제36조제1항에 따른 행정정보의 공동이용을 통하여 법인 등기사항증명서(신청인이 법인인 경우만 해당한다) 및 부동산 등기사항증명서를 확인하여야 한다.
  1. 해당 신청이 법 제48조제2항에 따른 등록요건에 적합함을 증명 또는 설명하는 서류 1부
  2. 다음 각 목의 사항을 포함하는 사업계획서
   가. 사업목적 및 범위
   나. 초경량비행장치의 안전성 점검 계획 및 사고 대응 매뉴얼 등을 포함한 안전관리대책
   다. 자본금
   라. 상호·대표자의 성명과 사업소의 명칭 및 소재지
   마. 사용시설·설비 및 장비 개요
   바. 종사자 인력의 개요
   사. 사업 개시 예정일
  3. 부동산을 사용할 수 있음을 증명하는 서류(타인의 부동산을 사용하는 경우만 해당한다)
② 지방항공청장은 제1항에 따른 등록신청서의 내용이 명확하지 아니하거나 첨부서류가 미비한 경우에는 7일 이내에 그 보완을 요구하여야 한다.
③ 지방항공청장은 제1항 및 제2항에 따른 등록 신청이 적합하다고 인정하는 경우에는 별지 제9호서식의 등록대장에 등록사실을 적은 후 별지 제10호서식의 등록증을 발급하여야 한다.
④ 지방항공청장은 제3항에 따른 등록 신청 내용을 심사하는 경우 초경량비행장치사용사업

의 등록 신청인과 계약한 이착륙장 시설·설비의 소유자 등이 해당 계약을 이행할 수 있는지 여부에 관하여 관계 행정기관 또는 단체의 의견을 들을 수 있다.
⑤ 제3항의 등록대장은 전자적 처리가 불가능한 특별한 사유가 없으면 전자적 처리가 가능한 방법으로 작성·관리하여야 한다.

항공사업법 시행규칙 제48조(초경량비행장치 사용사업 변경신고)
① 법 제48조제1항 후단에서 "국토교통부령으로 정하는 사항"이란 다음 각 호의 사항을 말한다.
  1. 자본금의 감소
  2. 사업소의 신설 또는 변경
  3. 대표자 변경
  4. 대표자의 대표권 제한 및 그 제한의 변경
  5. 상호의 변경
  6. 사업 범위의 변경
② 법 제48조제1항 후단에 따라 변경신고를 하려는 자는 변경 사유가 발생한 날부터 30일 이내에 별지 제13호서식의 변경신고서에 변경 사실을 증명할 수 있는 서류를 첨부하여 지방항공청장에게 제출하여야 한다.

항공사업법 제71조(경량항공기 등의 영리 목적 사용금지)
누구든지 경량항공기 또는 초경량비행장치를 사용하여 비행하려는 자는 다음 각 호의 어느 하나에 해당하는 경우를 제외하고는 경량항공기 또는 초경량비행장치를 영리 목적으로 사용해서는 아니 된다.
  1. 항공기대여업에 사용하는 경우
  2. 초경량비행장치사용사업에 사용하는 경우
  3. 항공레저스포츠사업에 사용하는 경우

항공사업법 제78조(항공사업자의 업무 등에 관한 죄)
② 다음 각 호의 어느 하나에 해당하는 자는 1년 이하의 징역 또는 1천만원 이하의 벌금에 처한다.
  9. 제48조제1항에 따른 등록을 하지 아니하고 초경량비행장치사용사업을 경영한 자
  10. 제49조제2항에서 준용하는 제33조에 따른 명의대여 등의 금지를 위반한 초경량비행장치사용사업자
③ 다음 각 호의 어느 하나에 해당하는 자는 1천만원 이하의 벌금에 처한다.
  13. 제49조제7항에서 준용하는 제39조에 따른 명령을 위반한 초경량비행장치사용사업자

제3절 공항시설법 [시행 2021. 1. 1.] [법률 제17689호]

공항시설법 시행령[시행 2021. 3. 16.] [대통령령 제31535호]
공항시설법 시행규칙[시행 2021. 6. 11.] [국토교통부령 제856호]

공항시설법 제1조(목적) 이 법은 공항·비행장 및 항행안전시설의 설치 및 운영 등에 관한 사항을 정함으로써 항공산업의 발전과 공공복리의 증진에 이바지함을 목적으로 한다.

공항시설법 제2조(정의) 이 법에서 사용하는 용어의 뜻은 다음과 같다.
  2. "비행장"이란 항공기·경량항공기·초경량비행장치의 이륙[이수(離水)를 포함한다. 이하 같다]과 착륙[착수(着水)를 포함한다. 이하 같다]을 위하여 사용되는 육지 또는 수면(水面)의 일정한 구역으로서 대통령령으로 정하는 것을 말한다.
  3. "공항"이란 공항시설을 갖춘 공공용 비행장으로서 국토교통부장관이 그 명칭·위치 및 구역을 지정·고시한 것을 말한다.
  8. "비행장시설"이란 비행장에 설치된 항공기의 이륙·착륙을 위한 시설과 그 부대시설로서 국토교통부장관이 지정한 시설을 말한다.
  12. "활주로"란 항공기 착륙과 이륙을 위하여 국토교통부령으로 정하는 크기로 이루어지는 공항 또는 비행장에 설정된 구역을 말한다.
  15. "항행안전시설"이란 유선통신, 무선통신, 인공위성, 불빛, 색채 또는 전파(電波)를 이용하여 항공기의 항행을 돕기 위한 시설로서 국토교통부령으로 정하는 시설을 말한다.
  16. "항공등화"란 불빛, 색채 또는 형상(形象)을 이용하여 항공기의 항행을 돕기 위한 항행안전시설로서 국토교통부령으로 정하는 시설을 말한다.
  17. "항행안전무선시설"이란 전파를 이용하여 항공기의 항행을 돕기 위한 시설로서 국토교통부령으로 정하는 시설을 말한다.
  19. "이착륙장"이란 비행장 외에 경량항공기 또는 초경량비행장치의 이륙 또는 착륙을 위하여 사용되는 육지 또는 수면의 일정한 구역으로서 대통령령으로 정하는 것을 말한다.

공항시설법 시행령 제2조(비행장의 구분) 「공항시설법」(이하 "법"이라 한다) 제2조제2호에서 "대통령령으로 정하는 것"이란 다음 각 호의 것을 말한다.
  1. 육상비행장
  2. 육상헬기장
  3. 수상비행장
  4. 수상헬기장

5. 옥상헬기장
6. 선상(船上)헬기장
7. 해상구조물헬기장

공항시설법 시행령 제34조(이착륙장의 관리기준)

① 법 제25조제3항에 따른 이착륙장의 관리기준은 다음 각 호와 같다.
  1. 제32조에 따른 이착륙장의 설치기준에 적합하도록 유지할 것
  2. 이착륙장 시설의 기능 유지를 위하여 점검·청소 등을 할 것
  3. 개량이나 그 밖의 공사를 하는 경우에는 필요한 표지의 설치 또는 그 밖의 적절한 조치를 하여 경량항공기·초경량비행장치의 이륙 또는 착륙을 방해하지 아니할 것
  4. 이착륙장에 사람·차량 등이 임의로 출입하지 아니하도록 할 것
  5. 기상악화, 천재지변이나 그 밖의 원인으로 인하여 경량항공기·초경량비행장치의 이륙·착륙이 저해될 우려가 있는 경우에는 지체 없이 해당 이착륙장의 사용을 일시 정지하는 등 위해를 예방하기 위하여 필요한 조치를 할 것
  6. 관계 행정기관 및 유사시에 지원하기로 협의된 기관과 수시로 연락할 수 있는 설비 또는 비상연락망을 갖출 것
  7. 그 밖에 국토교통부장관이 정하여 고시하는 이착륙장 관리기준에 적합하게 관리할 것

② 이착륙장을 관리하는 자는 다음 각 호의 사항이 포함된 이착륙장 관리규정을 정하여 관리하여야 한다.
  1. 이착륙장의 운용 시간
  2. 이착륙의 방향과 비행구역 등을 특별히 한정하는 경우에는 그 내용
  3. 경량항공기·초경량비행장치를 위한 연료·자재 등의 보급 장소, 정비나 점검 장소 및 계류 장소(해당 보급·정비·점검 등의 방법을 지정하려는 경우에는 그 방법을 포함한다)
  4. 이착륙장의 출입 제한 방법
  5. 이착륙장 안에서의 행위를 제한하려는 경우에는 그 제한 대상 행위
  6. 경량항공기·초경량비행장치의 안전한 이륙 또는 착륙을 위한 이착륙 절차의 준수에 관한 사항

③ 이착륙장을 관리하는 자는 다음 각 호의 사항이 기록된 이착륙장 관리대장을 갖추어 두고 관리하여야 한다.
  1. 이착륙장의 설비상황
  2. 이착륙장 시설의 신설·증설·개량 등 시설의 변동 내용
  3. 재해·사고 등이 발생한 경우에는 그 시각·원인·상황과 이에 대한 조치
  4. 관계 기관과의 연락사항
  5. 경량항공기 또는 초경량비행장치의 이착륙장 사용상황

공항시설법 시행규칙 제5조(항행안전시설)
1. 항공등화 : 불빛을 이용하여 항공기의 항행을 돕기 위한 시설
2. 항행안전무선시설 : 전파를 이용하여 항공기의 항행을 돕기 위한 시설
3. 항공정보통신시설 : 전기통신을 이용하여 항공교통업무에 필요한 정보를 제공·교환하기 위한 시설

공항시설법 시행규칙 제6조(항공등화) 법 제2조제16호에 따른 항공등화는 다음 각 호와 같다.
5. 활주로등(Runway Edge Lights) : 이륙 또는 착륙하려는 항공기에 활주로를 알려주기 위하여 그 활주로 양측에 설치하는 등화
14. 유도로등(Taxiway Edge Lights) : 지상주행 중인 항공기에 유도로·대기지역 또는 계류장 등의 가장자리를 알려주기 위하여 설치하는 등화
16. 활주로유도등(Runway Leading Lighting Systems) : 활주로의 진입경로를 알려주기 위하여 진입로를 따라 집단으로 설치하는 등화
20. 풍향등(Illuminated Wind Direction Indicator) : 항공기에 풍향을 알려주기 위하여 설치하는 등화

■ 공항시설법 시행규칙 별표 #9
1. 장애물 제한표면(진입표면, 전이표면, 수평표면, 원추표면) 보다 높게 위치한 고정 장애물에는 항공장애 표시등(이하 "표시등"이라 한다) 및 항공장애 주간표지(이하 "표지"라 한다)를 설치하여야 한다. 다만, 다음 각 목의 어느 하나에 해당하는 경우는 그러하지 아니하다.
   가. 장애물이 다른 고정 장애물 또는 자연 장애물의 장애물차폐면보다 낮은 구조물에는 표시등 및 표지의 설치를 생략할 수 있다. 다만, 지방항공청이 항공기의 항행 안전을 해칠 우려가 있다고 인정하는 구조물과 다른 고정 장애물 또는 자연 장애물에 의하여 부분적으로만 차폐되는 경우는 제외한다.
   나. 장애물이 주간에 별표 14에 따른 중광도 A형태의 표시등을 설치하여 운영되는 구조물 중 그 높이가 지표 또는 수면으로부터 150미터 이하인 구조물에는 표지의 설치를 생략할 수 있다.
   다. 장애물이 주간에 별표 14에 따른 고광도 표시등(이하 "고광도 표시등"이라 한다)을 설치하여 운영되는 경우에는 표지의 설치를 생략할 수 있다.
   라. 장애물이 등대(lighthouse)인 경우에는 표시등의 설치를 생략할 수 있다.
   마. 고정 장애물 또는 자연 장애물에 의하여 비행(항공)로가 광범위하게 장애가 되는 곳에서 정해진 비행(항공)로 미만으로 안전한 수직 간격이 확보된 비행절차가 정해져 있는 경우에는 수평표면 또는 원추표면 보다 높게 위치한 고정 장애물의 경우에도 표시등 및 표지의 설치를 생략할 수 있다.

바. 기타 지방항공청장이 항공기의 항행안전을 해칠 우려가 없다고 인정하는 구조물 등은 표시등 및 표지의 설치를 생략할 수 있다.
5. 항공등화의 광도 및 색상 등의 설치기준(공항시설법 시행규칙 제39조제2항제3호 관련)

■ 공항시설법 시행규칙 별표 #14

항공등화의 설치기준(제36조제2항제1호 관련)

항공등화 종류	육상비행장					육상 헬기장	최소광도 (cd)	색상
	비계기 진입 활주로	계기진입 활주로						
		비정밀	카테고리 I	카테고리 II	카테고리 III			
비행장등대	○	○	○	○	○		2,000	흰색, 녹색
활주로등	○	○	○	○	○		10,000	노란색, 흰색
유도로등	○	○	○	○	○		2	파란색
유도로중심선등					○		20	노란색, 녹색
정지선등				○	○		20	붉은색
활주로경계등			○	○	○		30	노란색
풍향등	○	○	○	○	○	○	-	흰색
유도로안내등	○	○	○	○	○		10	붉은색, 노란색 및 흰색

무인항공산업 - 안전관리시스템의 길잡이
무인항공 드론 안전관리론

초 판 발 행 | 2016년 8월 25일
개정4판1쇄 | 2023년 4월 1일

저　　　자 | 류영기·박장환
발　행　인 | 김길현
발　행　처 | (주) 골든벨
등　　　록 | 제1987-000018호
I S B N | 979-11-5806-135-7
가　　　격 | 22,000원

이 책을 만든 사람들

표 지 디 자 인 | 조경미, 엄해정, 남동우	제 작 진 행 | 최병석
웹 매 니 지 먼 트 | 안재명, 서수진, 김경희	오 프 마 케 팅 | 우병춘, 이대권, 이강연
공 급 관 리 | 오민석, 정복순, 김봉식	회 계 관 리 | 김경아

㉾04316 서울특별시 용산구 원효로 245(원효로 1가 53-1) 골든벨 빌딩 5~6F
● TEL : 도서 주문 및 발송 02-713-4135 / 회계 경리 02-713-4137
　　　 내용 관련 문의 02-713-7452 / 해외 오퍼 및 광고 02-713-7453
● FAX : 02-718-5510　　● http : // www.gbbook.co.kr　　● E-mail : 7134135@naver.com

이 책에서 내용의 일부 또는 도해를 다음과 같은 행위자들이 사전 승인 없이 인용할 경우에는 저작권법 제93조
「손해배상청구권」에 적용 받습니다.
　① 단순히 공부할 목적으로 부분 또는 전체를 복제하여 사용하는 학생 또는 복사업자
　② 공공기관 및 사설교육기관(학원, 인정직업학교), 단체 등에서 영리를 목적으로 복제·배포하는 대표, 또는 당해 교육자
　③ 디스크 복사 및 기타 정보 재생 시스템을 이용하여 사용하는 자

※ 파본은 구입하신 서점에서 교환해 드립니다.